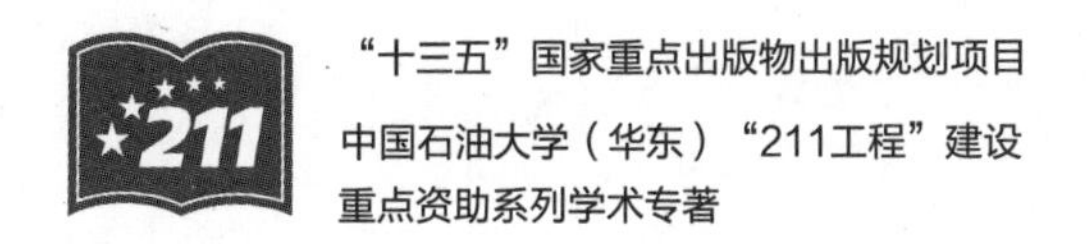


“十三五”国家重点出版物出版规划项目
中国石油大学（华东）“211工程”建设
重点资助系列学术专著

页岩气开发理论与技术丛书

# 页岩气早中期资源评价

EVALUATION METHOD OF SHALE GAS RESOURCE
IN EARLY AND MIDDLE EXPLORATION STAGE

林腊梅 金 强 韩作振 著

中国石油大学出版社
CHINA UNIVERSITY OF PETROLEUM PRESS

**图书在版编目(CIP)数据**

页岩气早中期资源评价/林腊梅,金强,韩作振著
.—东营:中国石油大学出版社,2016.11

ISBN 978-7-5636-5425-3

Ⅰ.①页… Ⅱ.①林… ②金… ③韩… Ⅲ.①油页岩资源—资源评价—中国 Ⅳ.①TE155

中国版本图书馆 CIP 数据核字(2016)第 278539 号

**书　　名:** 页岩气早中期资源评价
**作　　者:** 林腊梅　金　强　韩作振

---

**责任编辑:** 王金丽(电话　0532—86983567)
**封面设计:** 悟本设计

---

**出 版 者:** 中国石油大学出版社
(地址:山东省青岛市黄岛区长江西路 66 号　邮编:266580)
**网　　址:** http://www.uppbook.com.cn
**电子邮箱:** shiyoujiaoyu@126.com
**排 版 者:** 青岛汇英栋梁文化传媒有限公司
**印 刷 者:** 青岛国彩印刷有限公司
**发 行 者:** 中国石油大学出版社(电话　0532—86981531,86983437)
**开　　本:** 185 mm×260 mm
**印　　张:** 10.75
**字　　数:** 262 千
**版 印 次:** 2016 年 11 月第 1 版　2016 年 11 月第 1 次印刷
**书　　号:** ISBN 978-7-5636-5425-3
**印　　数:** 1—1 000 册
**定　　价:** 60.00 元

## 内容简介

本书结合我国目前页岩气勘探开发阶段特点和资料条件，对适用于早中期阶段的页岩气资源评价方法进行了探索。本书主要内容包括页岩气的概念和内涵、页岩气资源评价方法研究现状、我国页岩气资源评价基础条件及早中期页岩气资源评价方法，并以胶莱盆地为例，分析了页岩气形成条件和资源潜力，还从地质、技术、经济及环境等方面探讨了页岩气的勘探开发风险。

本书可供从事页岩气理论研究和勘探开发的科研人员阅读，也可供从事新能源研究的人员及石油院校相关专业的师生参考。

## 内容简介

# 总序

Preface

"211 工程"于 1995 年经国务院批准正式启动，是新中国成立以来由国家立项的高等教育领域规模最大、层次最高的工程，是国家面对世纪之交的国内国际形势而作出的高等教育发展的重大决策。"211 工程"抓住学科建设、师资队伍建设等决定高校水平提升的核心内容，通过重点突破带动高校整体发展，探索了一条高水平大学建设的成功之路。经过 17 年的实施建设，"211 工程"取得了显著成效，带动了我国高等教育整体教育质量、科学研究、管理水平和办学效益的提高，初步奠定了我国建设若干所具有世界先进水平的一流大学的基础。

1997 年，中国石油大学跻身"211 工程"重点建设高校行列，学校建设高水平大学面临着重大历史机遇。在"九五"、"十五"、"十一五""211 工程"的三期建设过程中，学校始终围绕提升学校水平这个核心，以面向石油石化工业重大需求为使命，以实现国家油气资源创新平台重点突破为目标，以提升重点学科水平，打造学术领军人物和学术带头人，培养国际化、创新型人才为根本，坚持有所为、有所不为，以优势带整体，以特色促水平，学校核心竞争力显著增强，办学水平和综合实力明显提高，为建设石油学科国际一流的高水平研究型大学打下良好的基础。经过"211 工程"建设，学校石油石化特色更加鲜明，学科优势更加突出，"优势学科创新平台"建设顺利，5 个国家重点学科、2 个国家重点(培育)学科处于国内领先、国际先进水平。根据 ESI 2012 年 3 月份更新的数据，我校工程学和化学 2 个学科领域首次进入 ESI 世界排名，体现了学校石油石化主干学科实力和水平的明显提升。高水平师资队伍建设取得实质性进展，培养汇聚了两院院士、长江学者特聘教授、国家杰出青年基金获得者、国家"千人计划"、"百千万人才工程"入选者等一批高层次人才队伍，为学校未来发展提供了人才保证。科技创新能力大幅提升，高层次项目、高水平成果不断涌现，年到位科研经费突破 4 亿元，初步建立起石油特色鲜明的科技创新体系，成为国家科技创新体系的重要组成部分。创新人才培养能力不断提高，开展“卓越工程师教育培养计划”和拔尖创新人才培育特区，积极探索国际化人才的培养，深化研究生培养机制改革，初步构建了与创新人才培养相适应的创新人才培养模式和研究生培养机制。公共服务支撑体系建设不断完善，建成了先进、高效、快捷的公共服务体系，学校办学的软硬件条件显著改善，有力保障了教学、科研以及管理水平的提升。

17年来的“211工程”建设轨迹成为学校发展的重要线索和标志。“211工程”建设所取得的经验成为学校办学的宝贵财富。一是必须要坚持有所为、有所不为，通过强化特色、突出优势，率先从某几个学科领域突破，努力实现石油学科国际一流的发展目标。二是必须坚持滚动发展、整体提高，通过以重点带动整体，进一步扩大优势，协同发展，不断提高整体竞争力。三是必须坚持健全机制、搭建平台，通过完善“联合、开放、共享、竞争、流动”的学科运行机制和以项目为平台的各项建设机制，加强统筹规划、集中资源力量、整合人才队伍，优化各项建设环节和工作制度，保证各项工作的高效有序开展。四是必须坚持凝聚人才、形成合力，通过推进“211工程”建设任务和学校各项事业发展，培养和凝聚大批优秀人才，锻炼形成一支甘于奉献、勇于创新的队伍，各学院、学科和各有关部门协调一致、团结合作，在全校形成强大合力，切实保证各项建设任务的顺利实施。这些经验是在学校“211工程”建设的长期实践中形成的，今后必须要更好地继承和发扬，进一步推动高水平研究型大学的建设和发展。

为更好地总结“211工程”建设的成功经验，充分展示“211工程”建设的丰富成果，学校自2008年开始设立专项资金，资助出版与“211工程”建设有关的系列学术专著，专款资助石大优秀学者以科研成果为基础的优秀学术专著的出版，分门别类地介绍和展示学科建设、科技创新和人才培养等方面的成果和经验。相信这套丛书能够从不同的侧面、从多个角度和方向，进一步传承先进的科学研究成果和学术思想，展示我校“211工程”建设的巨大成绩和发展思路，从而对扩大我校在社会上的影响，提高学校学术声誉，推进我校今后的“211工程”建设有着重要而独特的贡献和作用。

最后，感谢广大学者为学校“211工程”建设付出的辛勤劳动和巨大努力，感谢专著作者孜孜不倦地整理总结各项研究成果，为学术事业、为学校和师生留下宝贵的创新成果和学术精神。

**中国石油大学(华东)校长**

**2012年9月**

# 前言

# Foreword

页岩气是低品位、高风险、高潜能的非常规天然气资源。我国页岩气勘探开发工作已全面铺开，国家支持力度强、资金投入大，但页岩气地质条件复杂、层系多、类型多、区域性差异大，对页岩气资源"家底"尚未摸清。2010年，国土资源部组织开展了"全国页岩气资源潜力调查评价及有利区优选"工作，初步预测我国上扬子及滇黔桂区、中下扬子及东南区、华北和东北区以及西北区总的页岩气资源潜力为$25\times10^{12}$ $m^3$，初步优选有利区180个。各石油公司在四川盆地及周缘、鄂尔多斯盆地等地区积极开展了页岩气勘查开发探索性工作，取得了重要突破和成果，展现了我国广阔的页岩气资源前景。

我国页岩气资源具有实现跨越式发展的基础条件，但也存在着严重的挑战，主要表现在资源"家底"不清、关键参数变化规律未掌握、评价方法体系缺乏等，制约了页岩气勘探开发的快速发展。因此亟须加强页岩气资源评价基础理论和方法研究，全面开展页岩气资源调查评价，引导我国页岩气勘查开发不断取得突破，促进页岩气产业跨越式发展，提高国内油气能源供给能力。

资源评价是页岩气勘探开发工作部署的重要基础和依据。页岩气资源评价贯穿整个勘探开发过程，资源量计算和有利区优选是核心内容，也是掌握页岩气资源分布规律、进行页岩气开发、提供页岩气发展动力及规避勘探开发风险的重要依据。页岩气在赋存方式、形成条件、富集机理、分布规律及开发方式等方面均不同于常规油气藏，其油气规模和数量的准确评价，以及有利区的优选方法和标准仍然是一个探索课题。常规油气及北美海相页岩气相对成熟的资源评价方法无法直接应用于我国页岩气资源评价，在含气量等关键参数的获取和厘定方面也还存在许多关键问题，这些问题阻碍了页岩气资源评价工作的顺利展开和快速推进。

本书结合我国目前页岩气勘探开发阶段的特点和资料条件，对适用于早中期阶段的页岩气资源评价方法进行了探索。本书第一、二、三、四、五、六、八章由林腊梅编写，第七章由韩作振编写，全书由金强审读。

本书为青岛市战略性新兴产业培育计划——页岩气勘探开发工艺与技术装备项目资助成果。本书在编写过程中得到了张金川等教授的指导，在此表示感谢。

由于资料和水平所限，问题难免，期望在今后的积累过程中不断总结和深化。

著　者

**2016 年 10 月**

# 目录

Contents

○○○○ 第一章

# 页岩气

近年来，美国海相页岩气勘探开发取得了重大突破，产量迅猛增长，对美国天然气市场供应和能源格局产生了巨大影响，引起了世界各国的广泛关注，也引起了我国的高度重视，各级政府部门、企业、高校及相关研究院所等逐步开展针对我国地质特点的页岩气资源调查、研究及勘探开发工作，快速推进了我国页岩气资源开发和利用进程。

## 第一节　页岩气的概念和含义

泥页岩指主要组成物质粒度小于 0.005 mm 或 0.003 9 mm（刘宝珺等，1980；冯增昭等，1993）或 0.062 5 mm（Aplin 等，1999；Macquaker 等，2003）的碎屑岩，由黏土矿物、石英、长石、云母等陆源碎屑矿物，有机质及自生矿物等组成。

暗色泥页岩的发育是页岩气形成的基础。只要具备水体安静、有机质供给充足及还原环境等条件，海相、海陆过渡相及陆相都可以形成富含有机质的暗色泥页岩。海相页岩主要形成于沉积速率较快、地质条件较为封闭、有机质供给丰富的台地、陆棚及深海或远洋区，特别是在循环极差的停滞水环境中较易沉积形成。此类页岩大多呈黑色，富含有机质和分散状、浸染状以及薄层状黄铁矿，代表相对缺氧的还原静水环境。海陆过渡相的暗色泥页岩主要发育在沼泽、潟湖等沉积环境，特点是暗色泥页岩单层厚度不大，与陆相、海陆过渡相砂质岩薄互层，并夹有煤层；有机质以Ⅲ型干酪根为主。陆相暗色泥页岩主要形成于湖泊环境，发育在与海相页岩相似的水进体系域沉积背景中。其特点是相变快、暗色泥页岩的分布分隔性较强；单层厚度薄，但累积厚度大，垂向上砂泥岩互层变化频率较快；有机质类型多，以Ⅱ和Ⅲ型干酪根为主；泥页岩埋深变化大，有机质热演化程度变化大（表 1-1）。

**表 1-1　我国海相、海陆过渡相及陆相页岩沉积特点对比**

| 沉积环境 | 海　相 | 海陆过渡相 | 陆　相 |
| --- | --- | --- | --- |
| 地质时代 | 下古生代—上古生代 | 上古生代 | 中生代—新生代 |
| 主要岩性 | 黑色页岩 | 暗色泥页岩 | 暗色泥页岩 |
| 伴生地层 | 海相砂质岩、碳酸盐岩 | 煤层、砂质岩 | 陆相砂质岩 |
| 泥页岩产出 | 厚层状，相对独立发育 | 与砂质岩、煤层薄互层 | 薄层状，与砂质岩互层频繁 |

续表

| 沉积环境 | 海　相 | 海陆过渡相 | 陆　相 |
| --- | --- | --- | --- |
| 有机质类型 | Ⅰ和Ⅱ为主 | Ⅲ为主 | Ⅱ和Ⅲ为主 |
| 热演化程度 | 成熟—过成熟 | 成　熟 | 低熟—高成熟 |
| 天然气成因 | 热解、生物再作用($R_o$>1.2%) | 热　解 | 生物、热解($R_o$>0.4%) |
| 地层压力 | 低压—常压 | 常压—高压 | 常压—高压 |
| 发育规模 | 区域分布，局部被叠合于现今的盆地范围内 | 局部发育 | 局部发育，受现今盆地范围影响较大(中生界差异较大) |
| 主体分布区 | 南方、东北、西北、青藏 | 西北、华北 | 华北、西北 |
| 主要类型 | 浅埋型、深埋型 | 浅埋型、深埋型 | 深埋型为主 |
| 游离气储集介质 | 裂缝为主 | 孔隙及层间砂岩夹层 | 裂缝、孔隙及层间砂岩夹层 |

我国对泥页岩含义的理解侧重于成分概念(以黏土矿物为主的)，美国更侧重于粒度概念(无论哪种矿物)。页岩气储层必须经过压裂才能开发，因此有利的页岩气储层要求黏土矿物含量(与足够的有机质丰度密切相关)和脆性矿物含量(易于压裂)匹配。

Curtis(2002)对页岩气进行了界定，他认为页岩气在本质上就是连续生成的生物化学成因气、热成因气或两者的混合；它具有普遍的地层饱含气性、隐蔽聚集机理、多种岩性封闭以及相对很短的运移距离；它可以在天然裂缝和孔隙中以游离方式存在、在干酪根和黏土颗粒表面上以吸附状态存在，甚至在干酪根和沥青质中以溶解状态存在。

Matt(2003)发展了 Curtis 的概念，进一步指出，饱含于非常规的页岩储层中的天然气，以吸附状态存在于微孔隙和中等孔隙之中，也以压缩状态存在于大孔隙和天然裂缝之中。

张金川(2004,2012)定义页岩气是主体以吸附和游离两种状态同时赋存于具有自身生气能力泥岩或页岩层系中的天然气。除了泥页岩本身以外，含气层段也包括了部分(粉)砂质和灰质夹层。页岩气聚集具有源岩储层化、储层致密化、聚气原地化、分布规模化等特点。

从机理角度来说，页岩气的形成是天然气在源岩中大规模滞留的结果。传统意义上的“泥页岩裂缝油气”(表 1-2)是现代概念页岩气的一部分。

**表 1-2　传统泥页岩裂缝油气与页岩气特点对比**

| 特点比较 | 泥页岩裂缝油气 | 页岩气 | 共　性 |
| --- | --- | --- | --- |
| 界　定 | 赋存于泥页岩裂缝中的油气 | 同时以吸附和游离状态赋存于以泥页岩为主地层中的天然气 | 泥岩或页岩地层中含烃 |
| 天然气成因 | 热成熟 | 从生物气到高过成熟气 | 热成熟产气为主 |
| 赋存介质 | 泥岩或页岩裂缝 | 泥页岩及其砂岩夹层中的裂缝、孔隙、有机质等 | 泥岩或页岩裂缝 |
| 赋存相态 | 游离(油气) | 游离(气)+吸附(气) | 游离(气) |
| 主控因素 | 构造裂缝 | 各类裂缝、有机碳含量、有机质成熟度等 | 裂　缝 |
| 理论模式 | 岩石破裂理论、幕式理论、浮力理论 | 吸附理论、活塞式与置换式复杂理论 | 岩石破裂理论、复杂成藏理论 |

续表

| 特点比较 | 泥页岩裂缝油气 | 页岩气 | 共　性 |
|---|---|---|---|
| 成藏特点 | 以油为主的原地、就近或异地聚集 | 以气为主的原地聚集 | 近邻或烃源岩内部成藏 |
| 保存特点 | 良好的封闭和保存条件 | 抗破坏(构造运动)能力较强 | 适当保存 |
| 生产特点 | 采收率高,产量递减快 | 采收率低,生产周期长 | 特殊开发技术 |

## 一、页岩气特点

美国页岩气的勘探开发经验表明,页岩气产出较好的地区通常有高的有机碳含量、厚度、孔隙度和渗透率,适当的热成熟度和深度,以及裂缝、湿度、温度、压力等要素的良好匹配(Curtis,2002;Hill,2002;Mavor,2003;Montgomery,2005;Ross,2008)。美国地质调查局(USGS)提出了海相页岩气选区的参考指标,如富有机质页岩厚度大于 15 m、有机碳含量(*TOC*)大于 2%、有机质成熟度($R_o$)大于 1.1%、孔隙度大于 4%、含水饱和度低、伴有微裂缝等。

从目前已开发页岩气藏的共性来看,页岩气的富集主要具有以下地质特点:

1. 赋存介质

页岩中的天然气主体以游离态和吸附态存在于泥页岩中,前者主要赋存于页岩孔隙和裂缝中,后者主要赋存于有机质、干酪根、黏土矿物及孔隙表面。此外还有少量天然气以溶解态存在于泥页岩的干酪根、沥青质、液态原油以及残留水中。泥页岩层系中的砂质夹层(包括粉砂岩、粉砂质泥岩、泥质粉砂岩,甚至其中的砂岩)是游离气富集和产出的重要场所。将以往以"源岩"角色被研究的泥页岩作为"储集层"进行重新看待,必定会为页岩气的成藏、富集、评价、开发、生产等方面的研究和生产带来许多特殊性。

2. 天然气成因类型

泥页岩中的有机质类型多样,可以分为Ⅰ型、Ⅱ型或Ⅲ型。各种类型有机质均具有生成天然气的潜力,但生气演化特征各具特点。无论有机质为何种类型,当适于产甲烷菌活动的条件具备时,均可在成熟度较低时被微生物降解生成生物气,在成熟度较高时发生热降解或热裂解而形成热成因气。从已有实例来看,页岩气可以是生物化学成因气、热成因气或两者的混合,具体可能包括通常所指的生物气、低熟—未熟气、成熟气、高熟—过熟气、二次生气、过渡带作用气(生物再作用气)以及沥青生气等多种类型,这一特点为页岩气的形成提供了广泛的物质基础。

美国密执安盆地边缘发现的页岩气为有机质深埋后又被抬升,经历淡水淋滤微生物作用而形成的二次生气(Martini 等,2003;Curtis,2002)。密执安盆地 Antrim 页岩的镜质体反射率仅为 0.4%~0.6%(Rullkötter 等,1992),地球化学和同位素指标表明,这些页岩中的天然气大部分是生物成因的,甚至目前还在生气。这些浅层生物气被认为是在过去的 22 000 a 中在地下水循环过程中通过微生物作用形成的。更新世冰山加载、卸载及冰川融水对地层岩石的力学性质产生了重要影响,提高了页岩裂缝的发育程度。在更新世冰川消失的过程中,地表水和大气降水充注到密执安盆地上泥盆统的 Antrim 页岩,极大地促进了盆地边缘浅层生物气的形成(Martini 等,1998)。在伊利诺斯盆地东部也有类似的现象发生，在新 Albany 页岩中亦产生生物气。显然，任何富含有机质的页岩层都是潜在的页岩气藏，而不用考虑它们的成熟度。在适当的条件下，细菌能在地下很短的时间内生成大量的甲烷气体。

圣胡安盆地 Lewis 页岩气和福特沃斯盆地中 Barnett 页岩中的天然气主要来源于有机质的热成熟作用。福特沃斯盆地 Barnett 页岩中的天然气是由高成熟度条件下原油裂解形成的（Jarvie 等，2007）。GTI 公布了 Barnett 页岩气产气区的成熟度 $R_o$ 为 1.0%～1.3%。在伊利诺斯盆地南部深层页岩中的天然气是热成因的，而盆地北部浅层页岩中的天然气为热成因和生物成因的混合。

3. 储集物性

泥页岩基质孔隙度一般小于 10%，属于典型的致密储层（$\phi \leqslant 12\%$）。当考虑裂缝等因素时，泥页岩的总孔隙度（孔隙＋裂缝）也仍属于致密储层范畴，其中有效的含气孔隙度一般只有泥页岩总孔隙度的 50%左右。故游离气是页岩气的重要构成部分，但又不是其中的唯一存在方式。具有工业价值页岩气的有效含气孔隙度下限降至 1%。

4. 页岩气赋存方式

天然气在页岩中主要以三种状态赋存，即游离态、吸附态及溶解态，以吸附态和游离态为主。

页岩气以游离态存在于孔隙或裂缝中。对泥页岩的微观研究发现，其中含有大量微孔隙和微裂缝，它们的直径和宽度远远大于甲烷分子的直径，具有储存游离相甲烷天然气的条件；另外由于构造作用，泥页岩还可以发育大量构造裂缝，这些构造裂缝既是游离天然气的储集空间，又是渗滤通道，可以在裂缝集中发育的位置形成页岩气甜点。

页岩气以吸附态赋存在干酪根有机质、黏土矿物等的表面。泥页岩区别于砂岩储层的一个典型特征就是粒度细、黏土含量高、有机质含量高。由于具有这些特点，泥页岩具有很强的吸附力，天然气分子可以大量地吸附在有机质和黏土矿物表面，并且稳定存在。

页岩气以溶解态赋存在干酪根、沥青质、残留水和液态烃中。以溶解态赋存在页岩中的天然气只占极小比例，溶解量取决于温度、压力等条件。一般在页岩气的勘探开发中不考虑溶解态存在的天然气的含量。

吸附态的赋存方式是页岩气聚集的重要特征。吸附态的天然气量可占天然气总量的 20%～85%，平均为 50%，介于煤层气（吸附气含量在 85%以上）和常规气（吸附气含量通常忽略为零）之间。吸附气和游离气大约各占 50%，其相对比例主要取决于泥页岩的矿物组构、裂缝及孔隙发育程度、埋藏深度以及保存条件等。这一特点决定了页岩气通常具有较好的稳定性和较强的可保存性，即页岩气具有相对较强的抗构造破坏能力。在常规储层油气难以聚集成藏和保存的构造单元中，有可能发现并产出页岩气。通常情况下，赋存在页岩裂缝中或细粒砂岩夹层及透镜体中的天然气与常规天然气藏中的类似。

由于认识到泥页岩中吸附态天然气的大量存在，人们对泥页岩的认识发生了从烃源岩到储层的转变。通过一定的开发技术，泥页岩中也可以产出工业价值的天然气。

5. 富集过程

泥页岩储集物性致密，除裂缝非常发育（常规意义上的裂缝性油气藏）外，外来运移的天然气难以运聚其中。从某种意义上来说，页岩气就是烃源岩生排气作用后在泥页岩中所形成的天然气残留（也即通常所称的排烃残留气），或者是泥页岩（气源岩）在生气阶段之初已经生成但尚未来得及大量排出的天然气。在泥页岩内部，所生成的天然气可能仅发生了初次运移(页岩内)及非常有限的二次运移(页岩层附近粉砂质和砂质岩类夹层内)。对于页岩气，页岩本身既是源岩又是储层，为典型的"自生自储"成藏模式，具典型的原地生、原地储、原地保存等"原地"模式和特点。从这一意义出发，不含有机质或有机质被完全氧化的红色泥页岩不具备页岩气成藏条件。

6. 成藏条件下限

由于页岩聚气的特殊性，页岩气的成藏下限明显降低，即按照页岩气开发工业经济标准并与常规储层气相比，页岩气的成藏门限明显降低，如泥页岩的有机碳含量最低可降至0.3%，有机质成熟度可降至0.4%，有效的储集孔隙度可降至1%，总的吨岩含气量水平可降至0.4 $cm^3$，天然气聚集的盖层厚度条件可降至0 m，有机质的热演化成熟度($R_o$)可升至4.0%，成藏深度界限可升至地表，等等。这一特点为页岩气的形成和发育提供了广阔的物理空间。

7. 聚集机理

页岩气既具有致密砂岩气(根缘气)特点，又受吸附特点气(煤层气)约束，既具有多种类型成藏机理，又有明显的自身特殊性。在表现方式上，煤层气的吸附气机理、根缘气的活塞式天然气运移、常规储层气的置换式排驱以及溶解气的过程特点等均可不同程度地体现，天然气的吸附与扩散、压缩与相变、溶解与脱溶、聚集与逸散等过程连续发生，反映了复杂的天然气聚集过程和特点。这些复杂性也为页岩气的勘探分析与评价带来了新的问题和内容。

8. 页岩气是天然气成藏与分布序列的重要组成

根据天然气成藏与分布机理序列理论，盆地中的天然气在聚集和分布上将构成一个完整的序列。即在基本条件具备的典型盆地中，从盆地中心向盆地边缘、从构造深部位向埋藏浅部位，在盆地的平面和剖面上依次可形成煤层气(在或不在经济埋深范围)、页岩气、根缘气、水溶气、常规储层气以及水合物等。作为气源岩的页岩是序列中天然气的重要提供者，页岩气是盆地内完整天然气系统的重要构成者，是潜力较大的非常规天然气资源类型。在平面和剖面上，页岩气可与其他类型天然气藏形成多种组合共生关系。

此外，页岩气资源还具有分布连续、丰度低、开发成本大、产量低、寿命长等特点。

## 二、页岩气形成条件

泥页岩中天然气的赋存非常普遍，但要形成页岩气富集还需要具备一定的地质条件。对页岩气来说，泥页岩本身既是气源岩又是储集层和封盖层，具有典型的"自生自储"和原地成藏特点，因此不需要考虑二次运移和常规的聚气圈闭等问题。形成页岩气富集的基本地质条件包括生气、储集以及封存等三个主要方面。

### (一) 大规模的生气能力

由于页岩中富集的天然气难以从外部获得，故形成页岩气的首要条件就是页岩本身具备良好的大规模生气能力。富含有机质泥页岩中天然气的生成主要取决于岩石中原始沉积有机质的类型、丰度以及热演化程度等。

虽然Ⅰ型干酪根以生油为主要特点、Ⅲ型干酪根以生气为基本特点，但当Ⅰ型干酪根进入高热演化程度($R_o$>1.2%)时，干酪根热解及已生成原油裂解所生成的天然气总量将远远大于Ⅲ型干酪根，并且由于干酪根热解演化中间产物(原油、沥青及其他残余有机物等)的缓冲作用，Ⅰ型干酪根常具有量大、时长、样多的生气过程和特点。尽管如此，要达到一定的生气强度和总生气量，还需要较高丰度的有机质作为前提。结合我国地质情况和特点，页岩有机碳含量的勘探下限可以认为是0.5%，但开发下限确定为2.0%。

相对于常规储层气藏来说，页岩的含气丰度较低，而其开发成本相对较高，因此要具有一定的工业价值就需要依靠较大的有效厚度及分布规模来弥补。通常情况下，海相页岩的单层厚度大，分布面积广，一般具有较大的规模。海陆过渡相和陆相泥页岩单层厚度薄，常与砂岩频繁形成薄互层，受沉积相影响，其分布面积相对较小且分隔性较强，是否能够形成工业价值尚需根据具体地质条件进行分析。

### (二) 良好的储集性能

事实上，采用常规储层的储集性能来表征页岩的储集特点未必妥当，因为常规意义上的天然气仅指游离气，储集条件表征的主要参数是孔隙度、渗透率及含水饱和度等。而页岩气的赋存相态至少包括吸附态和游离态两种，游离态和吸附态相关的表征参数均在考虑之列。除了孔隙度、渗透率等特征之外，其他如有机生气地球化学主要参数、矿物学组构参数、裂缝发育特点和程度等也都对页岩聚气具有重要影响。由于"储集条件"这一种说法已经作为习惯被油气地质学家广泛采用，故在页岩气研究中仍然采用这一术语对页岩的含气性条件进行表征。

页岩气具有游离和吸附的两重性。对于游离气，由于页岩的储集物性属于致密且天然气的生成模式为自生自储，故常规储层意义上互不连通的死孔隙、微孔隙属于页岩气重要的储集空间。而对于裂缝，它已不再仅仅是页岩气运移聚集的通道，更重要的是它作为储集空间而影响页岩的含气量。裂缝既可能是页岩气富集的积极因素，同时也可能是页岩气破坏的直接原因。根据Barnett页岩气开发经验，天然裂缝不但没有增加页岩的总含气量，反而降低了天然气的产能。Bowker(2003)统计认为，位于高裂缝发育区钻井的页岩气产能往往最差，在构造高点、局部断层或者喀斯特塌陷附近的钻井中，天然裂缝往往比较发育，但其中的页岩气产能往往比其他地区钻井要差，表现为生产能力下降和含水量提高。因此较好的孔隙度和适度的裂缝发育程度是页岩气具有良好储集性能的必要条件；由于吸附天然气可能占到页岩总含气量的50%，故决定页岩吸附气能力的相关因素(如温压条件、有机质含量以及黏土矿物组构等)也构成了页岩储集条件评价的重要指标。较高的有机质含量、与干酪根配套的有机质成熟度以及适当的温压条件等也是页岩气富集的有利条件。

甜点是指孔、渗物性相对较好且具有较大工业产能的天然气富集区带，而黄油层又表现为甜点的成层分布，它们是非常规天然气勘探的主要目标。对于页岩气，甜点不应当仅指孔隙度发育的物性相对高值区，还应当包括具有优质生气能力且具有较高脆性矿物含量等特点的区带。

### (三) 良好的封存作用

页岩气虽然对盖层和保存条件的要求不高，但良好的封盖条件对工业性页岩气的富集无疑具有积极作用。页岩气赋存于页岩当中，由于大约半数的页岩气是以吸附方式存在，故页岩气具有较强的抗构造破坏能力，能够在常规储层气藏难以形成或保存的地区聚集。即使在构造作用破坏程度较高的地区，只要有天然气的不断生成，就仍然会有页岩气的持续存在。

特殊的赋存机理决定了页岩气藏所需的圈闭与保存条件并不像常规储层油气藏那样苛刻，因为储集介质致密，页岩本身就可以作为页岩气藏的封闭条件。在某些页岩气盆地中，页岩上覆、下伏致密岩石还可以对页岩气起到进一步的封盖作用，在 East Newark 气田，Barnett 页岩上、下均被致密的碳酸盐岩所封闭，近年来已成为美国页岩气产量增长最快的区域。

## 三、与其他类型油气藏的关系

### （一）页岩储层与砂岩储层

页岩气储层与常规油气储层相比具有很多特殊性（表 1-3）。从碎屑岩粒度划分来看，页岩气储层占据了粒度分级最末端（主体颗粒直径小于 0.005 mm），黏土矿物和有机质是其主要组成，这决定了页岩气储层具有较强的生气能力和吸附能力。有机质成熟后，烃类持续生成，在使源岩本身达到吸附饱和并充满其中的储集空间后，多余的烃类才能向源岩外运移，为常规储层提供烃类来源。即使泥页岩本身生气能力较弱，无法生成足够数量的烃类充注常规圈闭，但也极有可能使源岩本身达到饱和或近饱和，可以成为页岩气勘探的目标。从这个角度来说，页岩气成藏对源岩的要求比常规油气成藏门槛低得多，分布也广得多。

**表 1-3　页岩储层与常规（砂岩）储层主要特征对比表**

| 对比项目 | 页岩储层 | 砂岩储层 |
| --- | --- | --- |
| 岩石成分 | 黏土矿物、有机质、矿物碎屑 | 矿物碎屑 |
| 颗粒粒度 | 主体颗粒直径<0.005 mm | 主体颗粒直径>0.05 mm |
| 比表面积 | 大 | 相对较小 |
| 生气能力 | 有 | 无 |
| 源储关系 | 源储同层 | 源储不同层 |
| 天然气主要赋存状态 | 吸附态、游离态 | 游离态 |
| 孔隙大小 | 中孔、微孔为主 | 中孔、宏孔为主 |
| 孔隙度 | 小于 10%，一般 1%～5% | 大于 5%，一般大于 10% |
| 渗透性 | $(0.001\sim2)\times10^{-3}\ \mu m^2$ | 一般大于 $0.1\times10^{-3}\ \mu m^2$ |
| 地层水 | 储层中通常无水或少量水 | 有边水、底水 |
| 成藏机理 | 残　留 | 运　移 |
| 含气丰度 | 低 | 高 |
| 勘探开发目标 | 相对高含气量有利区、甜点 | 圈　闭 |
| 压裂措施 | 必　要 | 不是必须 |
| 裂　缝 | 必要，天然或人工产生均可 | 不是必须 |
| 开采范围 | 较大面积 | 圈闭内 |
| 开发深度 | 目前限于 4 000 m 以浅 | 一般不受限 |
| 产气特征 | 产量低，开发周期长 | 产量高，开发周期短 |

页岩气烃源岩与储层合二为一，在研究页岩气储层含气特征时，研究对象、研究方法、研究内容和侧重点上，都与常规储层存在差异。泥页岩层系本身的地化特征和矿物组成是评价页岩气储层的重要指标和依据，而这两方面内容对常规储层来说都是不必要的。后文将分别讨论页岩中吸附天然气和游离天然气的储集特征。

### （二）页岩气与页岩油

20 世纪 60 年代以来，我国就已在不同含油气盆地中发现了“泥页岩裂缝性油藏”。随着页岩气富集理论的深入及勘探开发技术的进步，被赋予全新机理意义的页岩油目前已成为各主要油气田区内储量增长的热点领域。在松辽、渤海湾（辽河、济阳、濮阳等坳陷）及南襄等中新生代陆相盆地中，均已不同程度地获得了页岩油流。在辽河坳陷，曙古 165 井压裂后在沙三段泥页岩中形成了 24.0 $m^3/d$ 的原油产能；在濮阳坳陷，濮深 18-1 井在沙三段泥页岩中获得 420.0 $m^3/d$ 工业油流；在泌阳凹陷，安深 1 井压裂后在核桃园组泥页岩中获得 4.7 $m^3/d$工业油流，泌页 HF1 井压裂后获得最高 22.5 $m^3/d$ 工业油流（表 1-4）。我国中新生代陆相泥页岩层系中的页岩油资源已引起各石油企业的高度重视，相关理论研究与勘探开发实践陆续展开。

表 1-4　我国页岩油主要发现井基本特征

| | 泌阳凹陷 | | 辽河坳陷 | 濮阳凹陷 | 济阳坳陷 |
|---|---|---|---|---|---|
| 代表井 | 泌页 HF1 | 安深 1 | 曙古 165 | 濮深 18-1 | 罗 69 |
| 层　位 | 核二—核三段 | 核三段 | 沙三段 | 沙三上—中亚段 | 沙三下亚段 |
| 埋深/m | 2 415～2 451 | 2 488～2 498 | 2 704～2 748 | 3 252 | 2 911～3 140 |
| 厚度/m | 90 | 90 | 50 | 20～50 | 100～300 |
| $R_o$/% | 0.61 | 0.62 | 0.70 | 0.88～0.96 | 0.70 |
| *TOC*/% | 3.5 | 3.0 | 1.0～2.4 | 1.0～4.0 | 1.5～3.4 |
| 脆性矿物含量/% | 65.7 | 73.5 | 50.0 | 64.0～83.0 | 68.7～82.2 |
| 日产量/($m^3 \cdot d^{-1}$) | 22.5 | 4.7 | 24.0 | 420.0 | — |

页岩气和页岩油均是富有机质泥页岩所生成的油气未排出而滞留或仅经过极短距离运移就地聚集的结果，为典型的自生自储原地富集模式，赋存的主体介质是曾经有过生油气历史或现今仍处于生油气状态的泥页岩层系，既包括泥页岩本身的微孔隙、微裂缝，也包括泥页岩层系中的其他岩性夹层；具有连续分布、无明确物理边界、不需常规意义圈闭等特点，裂缝适度发育区往往可形成开发甜点。

与页岩气吸附态和游离态的赋存方式不同（表 1-5），页岩油主要以游离态、溶解态及少量吸附态赋存；与页岩气形成条件不同，页岩油的形成通常需要更高的有机碳含量、特定的有机质类型（偏生油的Ⅰ或Ⅱ型）及适当的热演化程度（生油窗）；与页岩气基于解吸、渗流机理的开发条件不同，页岩油密度和黏度均较大，在储层物性致密、渗透性差的条件下，渗流条件和渗流速度变化复杂，可采性比页岩气差得多，适当的埋深、较轻的油质及较高的地层压力有利于页岩油的富集和开发。

表 1-5 页岩气和页岩油的异同点

| 比　较 | 页岩气 | 页岩油 |
| --- | --- | --- |
| 赋存空间 | 生烃泥页岩基质孔隙(微孔隙)、裂缝(微裂缝)及其他岩性夹层,物性致密 | |
| 富集特点 | 自生自储、原地聚集;不需常规意义圈闭;富集范围无明确物理边界 | |
| 有利区 | 生烃凹陷中心邻近的斜坡部位 | |
| 地层时代 | 前震旦系—新生界 | 中—新生界为主 |
| 沉积相类型 | 海相、海陆过渡相、陆相 | 陆相为主 |
| 有机质类型 | Ⅰ,Ⅱ,Ⅲ型 | Ⅰ,Ⅱ型有利 |
| 有机质丰度 | 低—高 | 较　高 |
| 热成熟度 | 低—高 | 适　中 |
| 赋存状态 | 吸附态、游离态为主 | 游离态、溶解态为主 |
| 流体物性 | 密度较小,黏度较小 | 密度较大,黏度较大 |
| 可采条件 | 解吸、渗流 | 相对复杂 |

页岩气和页岩油是有机质在不同演化阶段的产物。根据渤海湾盆地辽河坳陷沙三段陆相富有机质泥页岩的生烃模拟实验结果,$R_o$为 0.5%～1.2%时有机质以生油为主,其中Ⅰ型干酪根的生油率可以是Ⅲ型干酪根的 10 倍或更多,$Ⅱ_1$型和$Ⅱ_2$型干酪根生油率是Ⅲ型干酪根的 2～7 倍;$R_o$大于 1.2%时以生气为主,其中Ⅰ型干酪根的生气率是Ⅲ型干酪根的 5～6 倍,$Ⅱ_1$型和$Ⅱ_2$型干酪根生气率分别是Ⅲ型干酪根的 2～4 倍,Ⅱ型有机质$R_o$为 1.0%左右由油窗进入凝析油和湿气窗。实际上,在富有机质泥页岩孔隙中总是油气共存的,随着有机质热演化成熟度的增加,生成的烃类不断发生相态转化,气油比逐渐升高,并没有截然分开的界限,气油比是决定产出流体性质的重要因素(图 1-1)。

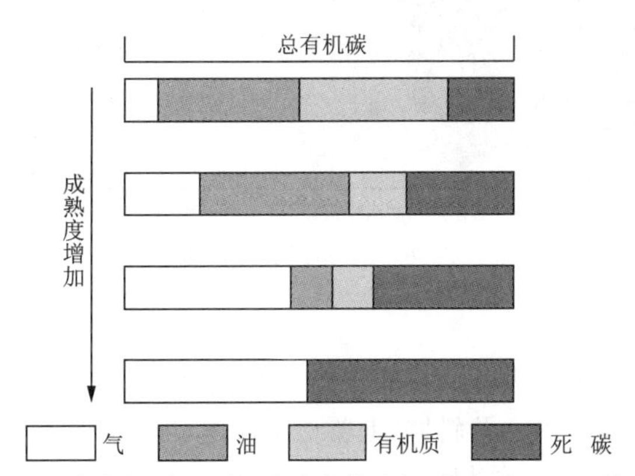


图 1-1　富有机质泥页岩孔隙中的油气(据 Javie,2012 修改)

陆相生油气理论是我国油气地质的重要特色,陆相沉积地层中勘探开发获得的常规油气产量是支撑我国油气工业发展的主体部分。虽然目前北美工业性开发的页岩气均在海相沉积地层中,但我国已在陆相泥页岩中获得了页岩气、页岩油勘探开发的重要突破。我国陆相盆地中的页岩气既可形成独立的产气区,又可与页岩油产区在平面上相邻分布,具有页岩气、页岩油共生的条件。

1. 有机质类型多样

相对于海相泥页岩中有机质以Ⅰ型为主的特征，我国陆相盆地，尤其是陆相断陷盆地由于构造和沉积演化周期相对较短，使得湖盆中有机质类型更为多样和复杂，Ⅰ，Ⅱ，Ⅲ型有机质常可混合发育。深湖、半深湖相泥页岩富含Ⅰ型和$Ⅱ_1$型干酪根；浅湖、三角洲相富有机质，含$Ⅱ_2$型和Ⅲ型干酪根泥页岩；沼泽、河流相含Ⅲ型干酪根泥页岩。在剖面和平面上，大中型湖盆的沉降-沉积中心部位往往发育Ⅰ型和$Ⅱ_1$型有机质，盆地上部层系和斜坡部位通常发育$Ⅱ_2$型和Ⅲ型干酪根，它们的有机质含量和热演化程度各不相同，通常具有更宽的生气窗和更多样的生烃产物。

2. 成熟度相对较低

我国陆相富含有机质泥页岩有机质热演化程度普遍不高，4 500 m以浅$R_o$多数小于1.5%，3 000 m以浅$R_o$多数在1.0%以下，Ⅰ型有机质处于石油和湿气生成窗内，Ⅱ型和Ⅲ型有机质主体处于生气窗内。实际试产时产出的流体性质除了与有机质类型有关外，还与油气的渗流性有关。

3. 储集空间丰富

与海相页岩相似，我国渤海湾、鄂尔多斯、南襄等盆地中—新生界陆相富有机质泥页岩中均发现了多种类型的微孔、微缝(图 1-2)，孔缝类型主要包括有机质内孔隙、矿物内孔隙、矿物间孔隙、溶蚀孔、构造或成岩微孔缝等，孔缝大小从几纳米到几十微米不等。有机质孔隙发育程度与泥页岩有机质含量和有机质演化程度密切相关，其他类型孔缝多与泥页岩成岩及构造作用有关。我国陆相泥页岩孔隙度多数在5%以下，页岩气开发时的渗透率与天然裂缝和人工裂缝发育程度有关。

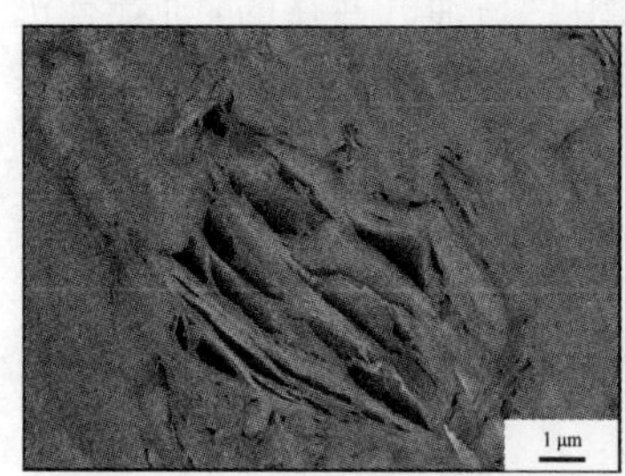


(a) 渤海湾盆地东濮凹陷古近系沙三段泥页岩

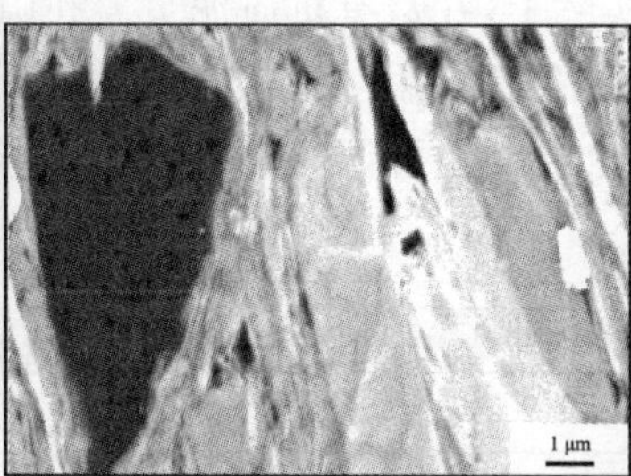


(b) 鄂尔多斯盆地延长探区三叠系长7段泥页岩

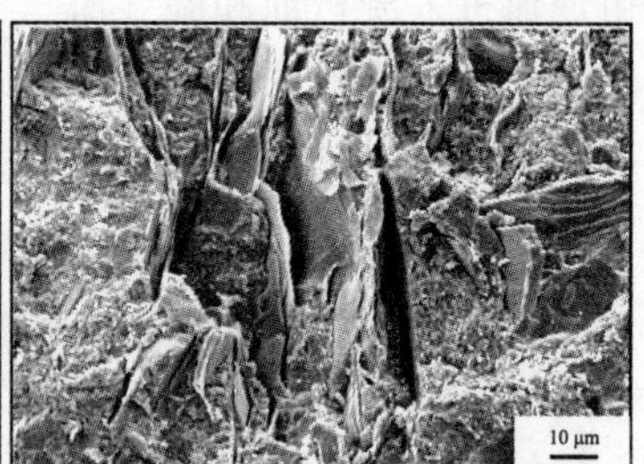


(c) 南襄盆地泌阳凹陷古近系核三段泥页岩

图 1-2　我国陆相泥页岩储集空间

4. 保存条件好

相对于我国南方海相页岩大部分分布在盆外抬隆区的特点，我国陆相富有机质泥页岩主体分布于新生代沉积盆地中心及斜坡，上覆地层较厚，埋深较大，断裂发育适中，基本不受地表水和风化作用影响，保存条件相对较好。

5. 地表条件好，多处于常规油气勘探开发成熟区

我国海相页岩虽然具有与北美相似的页岩气发育基础条件，但大部分分布在南方地表条件复杂地区，地貌以山地为主，断裂发育复杂，为页岩气勘探开发带来了较大困难。而我国陆相泥页岩主体分布在北方平原、丘陵、戈壁等地貌相对简单的地区，且大多数与常规油气勘探开发成熟区重叠，具有很大的基础资料、钻井、地球物理、基础设施及勘探开发施工条件等优势，这些优势使得我国陆相页岩气具有更好的经济可采性。

虽然具有页岩气形成的诸多有利条件,但我国陆相页岩气的富集范围和规模可能是相对有限的。陆相沉积受高频旋回控制,泥页岩层系中薄夹层发育、多个泥页岩层系间岩性组合复杂,频繁的相变造成了泥页岩层系在剖面上和平面上连续性较差,岩性组合变化较快,给确定页岩气发育的有效厚度和有效面积带来了较大困难。该特点不仅加大了页岩气的勘探难度,也影响了页岩油气资源的发育规模。

### (三) 页岩气、致密砂岩气与煤层气

当有机质达到一定埋藏深度后即可进入生气状态,所生成的天然气将依次满足吸附、溶解及游离相运移要求。在从构造深部向浅部、从盆地中心到盆地斜坡的方向上,将依次形成页岩气、煤层气、致密砂岩气及常规(储层)气等,形成连续分布和机理过渡的天然气序列,但其相互之间差异明显(表 1-6)。

**表 1-6 主要类型非常规天然气特点对比表**

| 特点对比 | 致密砂岩气 | 页岩气 | 煤层气 |
|---|---|---|---|
| 赋存介质 | 致密砂岩(孔隙、裂缝) | 页岩(基质微孔、夹层、裂缝) | 煤(基质微孔、割理) |
| 聚集模式 | 游 离 | 吸附+游离 | 吸 附 |
| 成因机理 | 热解、裂解 | 生物、热解、裂解、生物再作用 | 生物、热解、裂解、生物再作用 |
| 运 移 | 短距离二次运移 | 无运移、初次运移、极短距离二次运移 | 无运移、初次运移、极短距离二次运移 |
| 产出流体 | 干气为主 | 湿气、干气 | 湿气、干气 |
| 有机质类型 | — | Ⅰ,Ⅱ,Ⅲ型 | Ⅲ型为主 |
| 最大经济开发深度/m | 6 500 | 4 500 | 2 500 |
| 分布范围 | 盆地中心及斜坡 | 盆地中心 | 盆地边缘 |

注:—表示不含有机质。

我国具备非常规天然气发育的地质条件,且分区、分类特征明显。在南方地区,主要发育古生界海相地层,具有地层时代老、有机质热演化程度高、构造变动强烈、油气保存条件较差等特点,是页岩气发育的有利区域;尤其是早寒武世及早志留世沉积的富有机质页岩层系分布面积广、发育厚度大、有机碳含量高,有可能成为我国页岩气的主要生产区。北方地区则地层发育时代广、盆地叠加过程复杂,为多种类型非常规天然气的发育和分布提供了有利条件。在华北及东北地区,富有机质页岩早可见于前震旦系,晚可延伸至新近系,煤及煤系地层、富有机质泥页岩、致密砂岩乃至火成岩、变质岩等均有不同程度的发育,有望在致密砂岩气、煤层气及页岩气等领域获得进一步突破。在西北地区,古生界至第四系富有机质页岩发育广泛,特别是中生界富有机质页岩及煤系地层厚度大、有机碳含量高,为非常规天然气发育提供了良好物质基础,有望在煤层气、致密砂岩气及页岩气等领域成为我国非常规天然气的供应基地。

### (四) 天然气序列

作为同一套源岩的烃产物,天然气和石油的生成、运移、聚集也是彼此联系的,从油气的

来源、演化、储层渐变、成藏机理以及保存破坏的多样性变化观点看，油藏和气藏、气藏和气藏的形成和分布是一个有机组合的序列(张金川，1999，2001，2003)。受来源多样性的影响，较之石油，天然气类型更具多样性。但每一种天然气的生成和聚集并不是孤立存在的，各类型天然气存在着成因或成藏上的联系，以一定的顺序依次出现，构成了一个系统，即天然气序列。近年来，国外将不同类型的油和气、气和气作为一个有序的整体，针对其关系的专门研究也已经展开，为我国不同天然气类型成藏相关性研究提供了参考。

Schenk(2001)将赋存在各类型的常规圈闭中的气藏统称为“非连续型气藏”，而将包含页岩气、根缘气、煤层气等在内的各类型的非常规气藏统称为“连续型气藏”(图 1-3)。“连续型气藏”概念侧重于表象描述，没有依据天然气的运聚动力和成藏机理对天然气的富集进行进一步刻画和区分，笼统地描述为天然气的分布是“连续”的，还是“不连续”的，因而该概念不利于天然气成藏规律研究和分布预测。

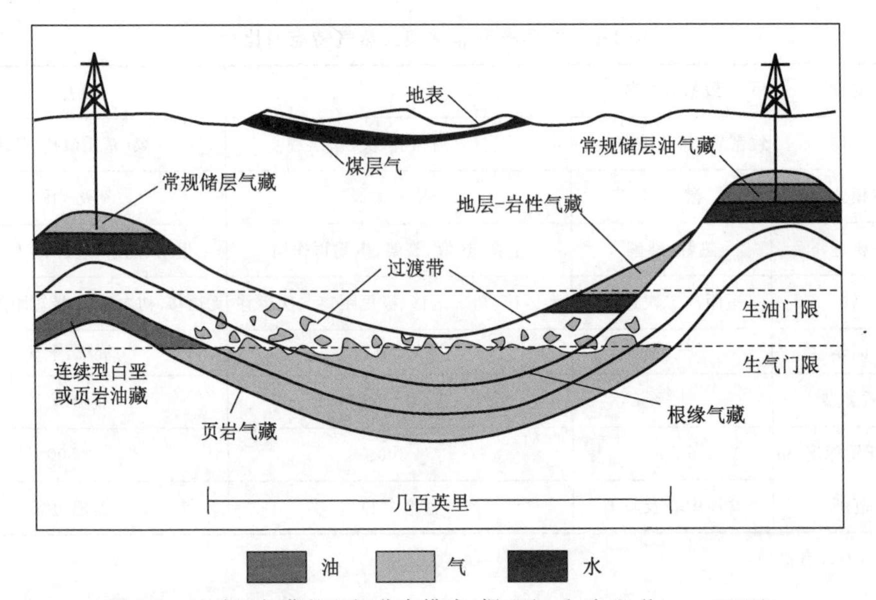


图 1-3　连续型气藏的空间分布模式(据 Schenk 和 Pollastro，2001)

天然气序列的研究目的是更加科学合理地指导天然气勘探实践，能够科学地掌握分布规律，有效地进行预测，因此有必要深入研究盆地中各类天然气聚集机理，从本质上掌握各类天然气的富集规律和成藏条件，并据此对天然气藏进行类型划分。序列研究的思路就是从成因及成藏机理的角度将各类型气藏联系起来，作为一个有机的整体加以研究，这种思路为天然气成藏及分布规律的研究提供了新的方法。

有机质达到一定埋藏深度后进入生气门限，从天然气生成开始，在适宜的地质条件下，将会依次发生气源岩吸附饱和、气源岩游离气饱和、气源岩水溶气饱和、天然气活塞式运移进入相邻致密砂岩、致密砂岩游离气饱和、致密砂岩水溶气饱和、天然气置换式浮力运移进入疏导体系、天然气在圈闭中聚集、天然气扩散渗漏形成水溶气等过程，形成连续分布、依次过渡、机理具有明确差异、不同类型的天然气藏。该过程中，将生成天然气的气源岩视为整个天然气序列的“根”，则可以将序列分为根内气、根缘气和根远气三大类(张金川，2010)，水溶气在这三大类中均有分布。

根内气是指赋存于气源岩层系内部、未经过明显运移的天然气富集，主要包括煤层气和页岩气。根缘气是指赋存于与气源岩紧密相连的致密砂岩中、以短距离活塞式运移为特征的天然气富集。根远气是指赋存于远离气源岩的圈闭中、以置换式浮力运移为主要特征的天然气富集，主要包括常规储层气、水合物等类型（张金川，2010）。

## 第二节 典型页岩气田特征

### 一、Newark East 页岩气田

Newark East 气田位于美国得克萨斯州中北部 Fort Worth 盆地北部，是 Barnett 页岩最具代表性的高产页岩气田。

Newark East 气田所在的 Fort Worth 盆地是晚古生代沃希托造山运动中形成的弧后前陆盆地，为不对称的楔形，向北加深。密西西比系 Barnett 页岩主要由黑色灰质页岩、黏土页岩、石英质页岩和含白云石页岩组成，为海相缺氧环境下的缓慢沉积。

Newark East 气田产层 Barnett 页岩被 Forestburg 灰岩层分为上下两段，隔层 Forestburg 灰岩最厚在 61 m 以上。Barnett 页岩上段平均厚 46 m，下段厚约 91 m，超过 75%的页岩气产自下段。向气田的西部和西南部，Barnett 页岩迅速减薄；向北部和东北部，碳酸盐含量快速增加。

有机质含量是控制 Barnett 页岩成藏的重要因素之一。Barnett 页岩有机碳含量总体较高，主体分布范围为 4%～5%，最大值高达 12%。岩性不同，有机质丰度也发生变化，在富含黏土矿物的层段有机质丰度相对更高。有机质类型以Ⅱ型为主，当镜质反射率 $R_o<1.1\%$时，以生油为主，生气为辅；Newark East 气田及其邻区生产的页岩气是后期高成熟度的原油和沥青的二次裂解形成的，其 $R_o\geqslant1.1\%$。美国天然气技术研究所 GTI 公布的 Barnett 页岩产气区 $R_o$为 1.0%～1.3%，实际上产气区西部的 $R_o$为 1.3%，东部的为 2.1%，平均为 1.7%。

页岩孔隙度和渗透率伴随有机质成熟（由液态烃到气态烃）而增大，并导致微裂缝的生成。有生产能力的、富含有机质的 Barnett 页岩的孔隙度为 5%～6%，渗透率低于 $0.01\times10^{-3}\ \mu m^2$，平均喉道半径小于 0.005 μm（约为甲烷分子半径的 50 倍），平均含水饱和度为 25%。关于天然裂缝在 Barnett 页岩气藏中的作用，很多学者都进行过探讨，但都没有得出实质性的结论。Bowker 等（2007）和 Montgomery 等（2005）认为位于构造弯曲部位高裂缝发育区的井的产能往往最差。

Bowker 对 Newark East 气田南部的 Mildred Atlas 1 井岩心样品进行了罐装解吸气量分析，表明在常规气藏条件下（20.70～27.58 MPa），Barnett 页岩中吸附气体积含量为 2.97～3.26 $m^3/t$，该井样品有机碳含量在 4.77%左右。Lipscomb 3 井现今的有机碳含量为 5.25%，吸附气体积含量为 3.40 $m^3/t$，总含气量为 5.57 $m^3/t$，吸附气占天然气总体积含量的 61%。该丰度比美国其他盆地页岩气藏（密执安盆地的 Antrim 页岩气藏、伊利诺斯的 New Albany 页岩气藏、阿巴拉契亚盆地的 Ohio 页岩气藏以及圣胡安盆地的 Lewis 页岩气藏）的要大。

在 Newark East 气田主力产区，Barnett 页岩埋深为 1 982～2 592 m，厚度为 92～

152 m，现今平均有机碳含量大于 2.5%，轻微超压(12.21 kPa/m)，含气饱和度为 75%，产气层的孔隙度为 6%，渗透率为(0.01～10)×$10^{-3}$ $\mu m^2$，镜质体反射率成熟度为 1.3%～2.1%，平均为 1.7%，并在向东—南东方向增大，气/油体积含量比值也在这一方向上增大。

Barnett 页岩上覆的 Morrowan 组、Chappel 组、夹层的 Forestburg 组及其下伏的 Osagean 组、Ellenburger 组等灰岩隔层的存在，形成了几套致密的隔板层，将水力压裂的动力和大量的原始和诱发裂缝限制在 Barnett 页岩内部，既阻止了烃类的排出，也有利于页岩气井的生产。

Newark East 气田页岩气的分布和生产能力比较复杂且强烈依赖于有机质丰度、热成熟度和埋藏条件等。生产数据表明，有机碳含量越大的地方，气体产量也越高；裂缝发育的地方产气量低，黏土含量低；高成熟度条件亦是 Barnett 页岩气形成的主要因素之一。除了这些内部因素外，页岩气藏的特征还受其埋深和温度的控制，轻微超压有利于水力压裂的成功实施。

## 二、涪陵页岩气田

涪陵页岩气田位于我国四川盆地东南部焦石坝背斜带构造，是我国第一个也是目前唯一一个商业页岩气田。截至 2015 年 8 月底，涪陵页岩气田共有产气井 142 口，页岩气单井日产量普遍达到 10×$10^4$ $m^3$/d 以上，单井平均日产量 32.72×$10^4$ $m^3$/d，最高 59.1×$10^4$ $m^3$/d；总日产量超过 1 200×$10^4$ $m^3$/d(翟刚毅，2015)。

焦石坝背斜带构造走向北东—南西，地层倾角小于 10°，构造周缘被大耳山西、石门、吊水岩等断层夹持，页岩气保存条件良好。储层下古生界五峰组—龙马溪组为海相深水陆棚环境沉积，发育富含有机质页岩层，厚度横向展布稳定。平面上，向北西方向沉积环境逐渐过渡为浅水陆棚亚相—滨岸相；垂向上，从下到上沉积水体逐渐变浅。

涪陵页岩气田主要产气段岩性为黑色、灰黑色硅质、炭质富有机质页岩，局部夹含粉砂质页岩。其中，有机碳含量(*TOC*)大于 2%的页岩厚 38～44 m，页岩有机质类型以Ⅰ型为主，$R_o$平均为 2.65%左右，主体处于生成干气阶段，现今埋深在 2 500 m 左右。

张士万等(2014)利用氩离子抛光扫描电镜、高压压汞、压汞-液氮吸附联合测定、nmCT 及 FIB-SEM 等多种测试手段，对龙马溪组页岩储层的微观孔隙结构特征进行了表征。龙马溪组页岩储气空间以有机质孔隙和页理缝为主，其次为黏土矿物晶间孔和构造微裂缝。储层的沉积背景利于有机质与页理的发育，在后期埋藏—抬升过程中，由于超压释放在页岩中形成了大量页理缝，改善了页岩的储集能力和水平渗流能力。孔隙结构为孔隙型和裂缝-孔隙型，孔隙以中孔为主，直径主要分布在 24 nm 以下。孔隙组合形态表现为四周开放的平行板状孔隙及细颈广口的墨水瓶孔隙，孔隙度主体介于 3%～6%，平均为 4.61%。水平渗透率主要介于 0.001～355 mD(1 mD=1×$10^{-3}$ $\mu m^2$)，平均为 21.9 mD；垂直渗透率远远低于水平渗透率，普遍低于 0.001 mD，与同深度水平渗透率相差超过 3 个数量级。

涪陵页岩气田单井产量与地层压力具有密切关系，例如涪陵页岩气田压力系数达到 1.55 左右，单井日产量普遍在 10×$10^4$ $m^3$/d 以上；其东南 120 km 的彭水地区，压力系数在 0.9 左右，页岩气单井产量在 3×$10^4$ $m^3$以下(王志刚，2015)。

根据对焦页 1 井样品测试，储层吸附气含量平均为 0.79 $m^3$/t；总含气量为 0.44～5.19 $m^3$/t，平均 1.97 $m^3$/t(冯爱国，2013)。五峰组—龙马溪组从上往下含气量逐渐增高，单井产量更依赖于游离气含量。另外，产层脆性矿物含量高，石英含量大于40%，利于压裂改造。

根据涪陵五峰组—龙马溪组海相页岩气田开发实践，有效的页岩气产层应具有以下特征：厚度大于20 m，总有机碳含量大于1.0%，镜质体反射率大于1.0%，孔隙度大于3.0%，游离气含量大于1.0 $m^3/t$，脆性矿物含量大于30.0%，封闭条件好(例如压力系数≥1.0)。

我国除了涪陵海相页岩外，在涪陵周缘的綦江地区、彭水地区的井均获得页岩气流，也有可能形成一定的产能；威远、长宁、富顺—永川地区均有井获得高产页岩气流，正在进行页岩气产能建设；鄂尔多斯盆地多口井也获得页岩气流，正在建设陆相页岩气示范工程。

# 第二章

# 页岩气资源评价

资源评价是贯穿整个页岩气勘探开发过程中的一项工作，包括资源量计算和有利区优选两方面主要任务。从国内外研究现状来看，在页岩气资源评价关键参数、资源量计算方法及有利区优选方法等方面都存在急需解决的关键问题。

## 第一节 页岩气资源量计算

### 一、国外现状

北美页岩气资源量/储量计算以经济效益为核心，在计算方法和参数选取上主要依靠生产开发动态资料，以保证计算结果的可靠性。

1993 年，King 等以物质平衡原理为基础，对页岩气和煤层气开发中平均地层压力与采气量之间的隐含关系进行分析，建立物质平衡方程，通过描绘 $p/Z^*$（$Z^*$ 为非常规天然气气体因子，无量纲）与 Gp 图，计算出页岩气总资源量。物质平衡法要求气藏压力测值更为精确，既要求原始地层压力，又要求生产期间不同时段内的平均地层压力，同时要求具有这一时间段的油气产出体积量，主要适用于页岩气田开发的中后期。

1999 年，美国地质调查局（USGS）为连续型油气藏资源评价提出 FORSPAN 法。该方法以页岩气储层的每一个含油气单元为对象进行资源评价，即假设每个单元都有油气生产能力，但各单元间含油气性（包括经济性）可以相差很大，以概率形式对每个单元的资源潜力作出预测（USGS，2003）。FORSPAN 法建立在已有开发数据的基础上，估算结果为未开发原始资源量，因此该方法适合于已开发单元的剩余资源潜力预测。FORSPAN 法涉及参数众多，基本参数有评价目标特征、评价单元特征、地质地球化学特征和勘探开发历史数据等。USGS 在 2003 年、2008 年用该方法对沃斯堡盆地 Barnett 页岩气资源做了估算，2003 年评价结果为 7 400×$10^8$ $m^3$，2008 年评价结果为 2.66×$10^{12}$ $m^3$。

2006 年，美国国际先进资源公司（ARI）提出以 1 口井控制的范围为最小估算单元，把评价区划分成若干最小估算单元，通过对每个最小估算单元的储量计算，得到整个评价区的资源量数据，并用该方法估算了美国 48 个州的页岩气资源，总可采资源量约 3.97×$10^{12}$ $m^3$，其中探明可采储量为 3 398.04×$10^8$ $m^3$，待探明可采资源量为 3.63×$10^{12}$ $m^3$。该计算结果与 USGS，NPC 的估算结果对比：USGS（2006）的估算为 1.7×$10^{12}$ $m^3$，NPC（2003）的估算为

$8\ 212\times10^8\ m^3$，三者差异明显。ARI 认为，对于诸如页岩气藏这样的连续型气藏的资源潜力评估，对大量资料数据的需要和资源前景的快速变化常常使评估结果差异较大，且对甜点的选择更加困难。因此，引入地质新认识、钻井和完井技术进步、大量专家论证及动态评价非常重要。斯伦贝谢公司亦从 2006 年开始使用该单井（动态）储量估算法。

2007 年，Jarvie 应用成因法对 Barnet 页岩中残留的页岩气资源量进行了计算和评价，在原始有机质含量为 6.41%，原始生烃潜量为 27.84 mg HC/g rock，厚度为 106.7 m，面积为 2.6 $km^2$ 的 Barnet 页岩中计算页岩气资源量约为 $5.8\times10^8\ m^3$。Talukdar 等（2008）建立了 Haynesville 页岩地球化学模型来评价其页岩气资源量。

Lee（2007，2010）以生产数据为基础，使用阿普斯递减曲线的指数、双曲线及调和曲线三种形式，从生产历史曲线上建立生产下降的趋势，并设计出未来的生产趋势，直至井的经济极限，从而估算出页岩气资源储量。Johnson（2009）等提出了改进模型。

页岩气资源量计算主要包括游离气体积和吸附气体积两部分。对于游离气部分，通常借助于地质模型来描述气藏的几何形态，通过对气藏厚度、孔隙度、含水饱和度及储层的平面展布进行评估来确定模型所需参数，将这些参数输入到地质模型，从而确定气藏的体积。结合气藏压力、温度条件下的流体性质，评估出气藏中单位岩石游离气的体积（Hartman，2008，2009）。对于吸附气部分，在缺乏等温吸附实验数据的情况下，通常参考成熟区块页岩气中吸附气含量所占的比例，粗略估算资源量；在对样品做等温吸附实验的情况下，假定吸附状态为单分子层吸附，利用朗格缪尔平衡方程 $g_{cs}=V_L p/(p+p_L)$ 求得单位岩石含气量；在有测井等资料的情况下，可进一步对朗格缪尔平衡方程进行修正求解，得到一定温度条件下的吸附气量（Lewis，2010）。体积法适用于页岩气勘探开发中的各个阶段。

英国页岩气工业尚处于起步阶段，2010 年，英国能源与气候变化部通过与美国页岩气富集条件的类比，预测英国页岩气资源潜力约为 $1\ 500\times10^8\ m^3$。类比法主要用于新区和勘探开发早期的资源评价，评价区与参照区关联常用的地质因素主要包括有机碳含量（*TOC*）、热成熟度（$R_o$）、分布面积、产层厚度、埋深、气体成因及类型、岩性和沉积环境、原始压力和温度等。

在勘探开发实践积累的基础上，斯伦贝谢公司通过测井数据以及岩心分析等资料，建立了关于吸附气、游离气以及总气量的数学模型和与测井曲线的对应关系（Lewis，2011），从而达到通过测井曲线评价页岩气资源量的目的。其涉及的主要参数包括岩性、矿物及黏土含量、有机碳含量（*TOC*）、含水饱和度（$S_w$）、基质密度、孔隙度及基质渗透率等。测井分析法适用于钻井评价和开发期间，需要以大量钻井、录井、测井及岩心分析工作为基础。

数值模拟方法是以生产数据为基础，适用于气藏开发阶段。进入开发生产后，利用数值模拟软件对已获得的储层参数和实际的生产数据（或试采数据）进行拟合匹配，最后获取气井的预计生产曲线和可采储量。Kalantari-Dahaghi（2009）提出 Top-Down 智能储层模型，其计算步骤主要包括：① 对产量历史数据进行递减曲线分析；② 对生产数据进行特征曲线拟合；③ 拓展预测模型，基于建立的数据库，利用人工智能等手段进行储量等的计算。此外，埃克森·美孚也建立了 Bayesian Belief Networks（BBN）模型（Steffen，2010），提供了一个很好的工具，通过概率的手段模拟页岩气等非常规天然气资源，并且可以与地理信息系统（GIS）相结合，提供更为快捷的评价计算。Special Core Analysis Laboratory 公司的“Quick-Desorption and Shale Evaluation”软件（SCAL Inc，2011），计算出的总含气量包括测量的气体、散失的气体以及滞留的气体三部分。

北美在页岩气勘探初期主要用类比法及容积法计算页岩气资源量，投入开发的气田每年或二三年要用产量递减曲线法或油气藏模拟法计算页岩气储量的变化(Kuuskraa,2006)。

## 二、我国现状

我国目前处于页岩气勘探开发初期，缺乏生产开发动态资料，资源评价主要以静态资料为主。对我国页岩气资源潜力的探讨开始于2008年，张金川等(2008)采用类比法、体积法、成因法及特尔菲法等，对中国主要盆地和地区的页岩气资源量进行初步估算。计算结果表明，我国主要盆地和地区的页岩气资源量为$(15\sim30)\times10^{12}$ $m^3$，中值为$23.5\times10^{12}$ $m^3$。

随后，我国不同学者分别采用类比法(陈波等，2009；徐士林等，2009；王广源等，2009；徐波等，2011)、成因法(叶军等，2009)、体积法(董大忠等，2009；王社教等，2009；李延钧等，2011；李玉喜等，2011)及综合法(张抗，2009；朱华，2011)对我国不同地区、不同层系的页岩气资源潜力进行了探索性定量评价。

中国地质大学(北京)、国土资源部油气战略研究中心、中国石油勘探开发研究院、中国石化勘探开发研究院、中国工程院等机构分别对我国页岩气资源量进行了研究，概算或估计我国页岩气可采资源量介于$(10\sim32)\times10^{12}$ $m^3$。美国能源信息署(EIA,2011)公布的全球页岩气资源评估结果显示，我国页岩气技术可采资源量为$36\times10^{12}$ $m^3$，排名世界第一。

为了摸清我国页岩气资源潜力，初步优选出有利区，为国家编制经济社会发展规划和能源中长期发展规划提供科学依据，国土资源部于2010年开始组织开展全国页岩气资源潜力调查评价及有利区优选工作。张金川等(2012)针对我国现阶段页岩气资源评价特点和资料条件，建立了概率体积法预测页岩气资源潜力。该方法在项目中得到了推广应用。2011年度的初步评价和优选结果是，我国陆上页岩气地质资源量和可采资源量分别为$134.42\times10^{12}$ $m^3$和$25.08\times10^{12}$ $m^3$(不含青藏区)。

概率体积法是针对非常规储层天然气聚集机理和过程复杂，其本身没有唯一确定的物理边界，我国的页岩气类型多且地质条件复杂，页岩气勘探地质资料少、认识程度低等特点建立的。采用应用体积法计算页岩油气资源量的过程，所有的参数均表示为给定条件下事件发生的可能性或条件性概率，表现为不同概率条件下地质过程及计算参数发生的概率可能性。通过对取得的各项参数进行合理性分析，确定参数变化规律及分布范围，经统计分析后分别赋予不同的特征概率值。为约束评价结果的合理性，提高计算精度，概率分析法中的参数赋值采用五级赋值法，即包括了从$P_5$到$P_{95}$的五个概率赋值。计算结果汇总后，以概率(期望值)形式对页岩气资源量进行表征。

概率体积法资源量计算结果与一定阶段内的认识程度和技术水平有关，计算结果的可靠性和准确度依赖于对参数概率赋值的把握程度，计算结果受资料掌握程度的影响较大，所得的资源量计算概率结果具有一定的时效性，有效时间依赖于资料和勘探进度的变化。

# 第二节　页岩气有利区优选

## 一、国外现状

北美进行页岩气地质评价的内容主要包括：地层、沉积和构造特征；页岩层系厚度、埋深;岩石和矿物成分;储集空间类型、储集物性;泥页岩储层的非均质性;岩石力学参数;有机地球化学;页岩的吸附特征和聚气机理;区域现今应力场特征;流体压力和储层温度;流体饱和度及流体性质;开发区基本条件等。

美国主要产气页岩各项参数差异很大(表 2-1),不同学者对页岩含气量的影响因素做了有益探索(Mavor,1994;Cruits,2002;Hill,2002;Jarvie,2007)。美国页岩气的勘探开发经验表明,页岩气产出较好的地区通常有高的有机碳含量、厚度、孔隙度和渗透率,适当的热成熟度和深度,以及裂缝、湿度、温度、压力等要素的良好匹配(Mavor,2003;Montgomery,2005;Ross,2008)。

**表 2-1 美国典型页岩气区主要特征**

| 盆 地 | 阿巴拉契亚 | 密执安 | 伊利诺斯 | 福特沃斯堡 | 圣胡安 | 阿科马 | |
|---|---|---|---|---|---|---|---|
| 页岩名称 | Ohio | Antrim | New Albany | Barnett | Lewis | Woodford | Fayetteville |
| 时 代 | 泥盆纪 | 泥盆纪 | 泥盆纪 | 早石炭世 | 早白垩世 | 晚泥盆世 | 早石炭世 |
| 气体成因 | 热解气 | 生物气 | 热解气、生物气 | 热解气 | 热解气 | 热解气 | 热解气 |
| 盆地面积/km$^2$ | 281 000 | 316 000 | — | 38 100 | — | 88 000 | |
| 埋深/m | 610～1 524 | 183～730 | 183～1 494 | 1 981～2 591 | 914～1 829 | 1 829～3 353 | 3 048～4 115 |
| 净厚度/m | 91～610 | 49 | 31～140 | 61～152 | 152～579 | 37～67 | 6～76 |
| 干酪根类型 | Ⅱ | Ⅰ | Ⅱ | Ⅱ | Ⅲ为主,少量Ⅱ | Ⅱ | Ⅱ |
| *TOC*/% | 0.5～23 | 0.3～24 | 1～25 | 1～13 | 0.45～3 | 1～14 | 2～9.8 |
| $R_o$/% | 0.4～4.0 | 0.4～0.6 | 0.4～0.8 | 1.0～2.1 | 1.6～1.9 | 1.1～3.0 | 1.2～4.0 |
| 含气量/($m^3 \cdot t^{-1}$) | 1.70～2.83 | 1.13～2.83 | 1.13～2.64 | 8.49～9.91 | 0.37～1.27 | 5.66～8.5 | 1.70～6.23 |
| 总孔隙度/% | 2～11 | 2～10 | 5～15 | 1～6 | 0.5～5.5 | 3～9 | 2～8 |
| 渗透率/($10^{-3}\mu m^2$) | <0.1 | <0.1 | <0.1 | 0.01 | <0.1 | <0.1 | <0.2 |
| 含水饱和度/% | 12～35 | — | — | 25～35 | — | — | 15～50 |
| 储层压力/($10^{-1}$ MPa) | 34～136 | <27 | 21～41 | 204～272 | — | — | — |
| 井控范围/km$^2$ | 0.16～0.65 | 0.16～0.65 | 0.32 | 0.24～0.65 | 0.32 | 2.59 | 0.32～0.65 |
| 直井初始产量/($10^4$ $m^3 \cdot d^{-1}$) | — | 0.17 | 0.07～0.21 | — | 0.28～0.57 | — | 0.57～1.17 |
| 水平井初始产量/($10^4$ $m^3 \cdot d^{-1}$) | 1.4～11.3 | — | <5.7 | 1.4～11.3 | — | — | 2.8～9.9 |
| 水平井单井平均可采储量/($10^8$ $m^3$) | <1.06 | — | — | <0.75 | — | — | <0.62 |
| 采收率/% | 17.5 | 26.0 | 12.0 | 13.5 | 33.0 | 5.0 | 8.0 |
| 资源丰度/($10^8$ $m^3 \cdot km^{-2}$) | 1.73 | 0.69 | 0.42 | 7.15 | 1.74 | 2.29 | 6.30 |
| 原始地质储量/($10^{12}$ $m^3$) | 42.475 5 | 2.152 1 | 4.530 7 | 9.259 7 | 1.738 9 | 6.513 0 | 14.725 0 |
| 技术可采储量/($10^{12}$ $m^3$) | 7.419 1 | 0.566 3 | 0.543 7 | 1.246 0 | 0.566 4 | 0.322 8 | 1.178 0 |

注:表中数据据 Curtis,2002;Warlick,2006;Montgomery,2005;Hill,2002;Bowker,2007;龙鹏宇,2011 等修编。

美国将页岩气产区划分为核心区、扩展区和周边区三个层次。核心区含气密度大，页岩气储量丰富；扩展区储量、产量适中；周边区范围大、储量低。例如，Fort Worth 盆地 Barnett 页岩气田核心区产量比扩展区产量高 60%，是周边区产量的 3 倍。

在进行有利区优选时，需要评价 16 项参数，包括有效页岩的厚度、页岩的有机质丰度、页岩的热演化程度、页岩的矿物组成、页岩的含气量、页岩的孔隙度、页岩的渗透性、构造格局、沉积、构造演化史、页岩横向连续性、地层压力、3D 地震资料情况、压裂用水、输气管网及市场、井场情况与地貌环境、污水处理与环保等，更为重要的是技术经济条件包含了更多的内容(包书景，2012)。

美国 USGS 通过定量评价美国至少 70 个页岩油气聚集的可采资源，建立了一套页岩气有利区优选的地质和地化标准，并且认为该标准在东南亚和其他地区同样可以起到指导作用(Schenk，2011)。该标准包括：① $TOC>2\%$；② 有机质类型主要为Ⅱ型；③ $R_o>1.1\%$；④ 热成因气，伴有石油；⑤ 基质孔隙度>4%；⑥ 低含水饱和度；⑦ 含硅质及碳酸盐岩；⑧ 异常高压并伴有微裂缝；⑨ 有机质页岩厚度>15 m；⑩ 易于压裂。

美国国际先进资源公司(ARI，2010)提出的高品质产气页岩区，即核心区的具体特点有：① 足够高的有机物富含量，$TOC>2\%$；② 较高的压力，最好为超压；③ 合适的热成熟度，镜质体反射率 $R_o>1.1\%$，可使页岩层位于干气窗内；④ 基质总孔隙度大于 3%；⑤ 构造应力较低的区域或者隆升盆地(有利于产生具较高渗透率的微孔隙)。

斯伦贝谢公司(2006)确定的页岩气开发下限指标为：① 孔隙度大于 4%；② 有机碳含量($TOC$)>2%；③ 渗透率>100 nD($1\ nD=1.0\times10^{-9}\ \mu m^2$)，与先进能源国际公司提出的页岩储层基本参数相近。

目前，页岩气有利区优选方法基本上采取的是页岩气聚集控制因素叠加的定性方法。由于国外(美国)拥有大量的页岩气开发生产数据，在进行有利区优选时更多地参考了单井(区块)可采储量($EUR$)、产量等数据(Schmoker，2002；Pollastro 等，2007)。

## 二、我国现状

USGS 及美国页岩气勘探开发公司提出的海相页岩气核心区优选标准对我国具有一定的参考意义，但我国页岩气发育地质条件复杂，美国相关标准不能直接用于我国的页岩气有利区优选。张金川等(2008，2009)、龙鹏宇等(2011)、王广源等(2009)等对我国不同类型页岩气有利区优选指标作出了有益探索；李延钧等(2011)根据页岩气地质特点和影响因素，归纳出六项地质选区评价参数；包书景(2012)结合对国内外含油气页岩特征的分析，认为泥页岩厚度、有机质丰度、热演化程度、岩石脆性矿物含量、储集性能、构造运动、保存条件及埋藏深度等是影响页岩气的形成、富集和勘探开发的主要参数。

我国页岩气有利区优选基本上采取多地质因素定性叠合方法。叠合评价的地质信息主要包括有机质类型及含量、成熟度、厚度、埋深、孔隙度和渗透率、矿物组成等(张金川等，2004，2012)。结合评价区地质条件和资料程度，还可考虑综合页岩生气强度、地层压力、裂缝、含气量等参数信息。徐士林等(2009)将生烃强度、烃源岩厚度、$R_o$及有机碳含量叠加优选出鄂尔多斯盆地三叠系延长组有利区，认为鄂尔多斯盆地南部定边—华池—富县的“L”型区最有利；蒲泊伶等(2010)选用生烃强度、烃源岩厚度、$R_o$及有机碳含量叠加的方法对四川盆地页岩气有利区进行了优选；聂海宽等(2012)选用埋深、厚度、有机碳含量及成熟度叠加的方法对中国南方下寒武统及下志留统页岩气发育有利区进行了预测；王兰生等(2009)、杨振恒等(2009)、董大忠等(2010)等也采用定性叠加方法对不同地区进行过页岩气有利区优选。

在2011年全国页岩气资源潜力调查评价及有利区优选工作中，张金川等(2012)依据我国页岩油气资源特点及勘探现状，将页岩气前景区划分为远景区、有利区和目标区三级；在与美国进行对比的基础上，结合页岩气富集机理及我国页岩气地质特点，初步形成了我国海相、海陆过渡相及陆相页岩气远景区、有利区及目标区的优选标准，主要参数包括富有机质泥页岩分布面积、有效厚度、有机碳含量、有机质成熟度、埋深、含气量、可压裂性、地表条件及保存条件等(表2-2)。依据该标准，全国共优选出页岩气有利区180个，面积约$111\times10^4$ km$^2$。

**表2-2　我国页岩气选区参考指标(据张金川等，2012)**

| 选　区 | 主要参数 | 海　相 | 海陆过渡相或陆相 |
| --- | --- | --- | --- |
| 远景区 | *TOC* | 平均不小于0.5% | |
| | $R_o$ | 不小于1.1% | 不小于0.4% |
| | 埋　深 | 100～4 500 m | |
| | 地表条件 | 平原、丘陵、山区、高原、沙漠、戈壁等 | |
| | 保存条件 | 现今未严重剥蚀 | |
| 有利区 | 泥页岩面积下限 | 有可能在其中发现目标(核心)区的最小面积，在稳定区或改造区都可能分布。根据地表条件及资源分布等多因素考虑，面积下限为200～500 km$^2$ | |
| | 泥页岩厚度 | 厚度稳定，单层厚度≥10 m | 单层泥页岩厚度≥10 m；或泥地比>60%，单层泥岩厚度>6 m且连续厚度≥30 m |
| | *TOC* | 平均不小于1.5% | |
| | $R_o$ | Ⅰ型干酪根≥1.2%；Ⅱ型干酪根≥0.7%；Ⅲ型干酪根≥0.5% | |
| | 埋　深 | 300～4 500 m | |
| | 地表条件 | 地形高差较小，如平原、丘陵、低山、中山、沙漠等 | |
| | 总含气量 | 不小于0.5 m$^3$/t | |
| | 保存条件 | 中等—好 | |
| 核心区 | 泥页岩面积下限 | 有可能在其中形成开发井网并获得工业产量的最小面积，根据地表条件及资源分布等多因素考虑，面积下限为50～100 km$^2$ | |
| | 泥页岩厚度 | 厚度稳定，单层厚度≥30 m | 单层厚度≥30 m；或泥地比>80%，连续厚度≥40 m |
| | *TOC* | 不小于2.0% | |
| | $R_o$ | Ⅰ型干酪根≥1.2%；Ⅱ型干酪根≥0.7%；Ⅲ型干酪根≥0.5% | |
| | 埋　深 | 500～4 000 m | |
| | 总含气量 | 一般不小于1 m$^3$/t | |
| | 可压裂性 | 适合于压裂 | |
| | 地表条件 | 地形高差小且有一定的勘探开发纵深 | |
| | 保存条件 | 好 | |

●●●● 第三章

# 我国页岩气资源评价基础条件

## 第一节 基础地质条件

我国地质构造具有多块体、多旋回、多层次特征，受复杂地质背景和多阶段演化过程的影响，我国富有机质页岩发育 3 种沉积类型，平面上可划分为 5 个大区，垂向上发育 10 套页岩气潜力层系，目前已在主要层系中获得了页岩气发现，初步证实了我国的页岩气资源潜力。

### 一、富有机质泥页岩沉积类型

在从元古代到第四纪的地质时期内，中国连续形成了从海相、海陆过渡相到湖相等多种沉积环境下的多套页岩层系（李景明，2006；金之钧，2007；贾承造，2007）。

海相富有机质页岩主要发育在南方和西部古生界的寒武系、奥陶系、志留系和泥盆系，具有分布面积大、沉积厚度稳定、热演化程度高等特点，以扬子克拉通地区最为典型。另外，青藏地区古生界和中生界海相页岩发育，热演化程度适中。

海陆过渡相富有机质页岩分布广泛，有机质类型复杂、热演化程度适中。北方地区石炭—二叠系富有机质页岩的单层厚度较薄，且含多套煤层，其中沼泽相炭质页岩有机碳含量普遍较高，有机质类型主要为混合型—腐殖型。南方地区海陆过渡相富有机质页岩夹煤层，上二叠统页岩在滇黔桂地区、四川盆地及其外围均有分布。

从晚古生代开始，我国陆续开始发育陆相页岩，尤其在中新生代，我国北方地区普遍发育了陆相富有机质页岩，如鄂尔多斯、松辽盆地等中生界，准噶尔盆地二叠系，渤海湾盆地古近系等。四川盆地及周缘的上三叠统—下侏罗统，分布广、厚度大、有机质类型复杂、热演化程度适中。总体上，陆相富有机质页岩的地层时代较新，热演化程度普遍不高，局部地区以页岩油为主（表 3-1）。

表 3-1 我国富有机质页岩类型和特点

| 页岩类型 | 海相页岩 | 海陆过渡相页岩 | 陆相页岩 |
|---|---|---|---|
| 沉积相 | 深海、半深海、浅海等 | 潮坪、潟湖、沼泽等 | |
| 主要地层 | 下古生界—上古生界 | 上古生界，部分地区中生界 | 中生界—新生界 |

续表

| 页岩类型 | 海相页岩 | 海陆过渡相页岩 | 陆相页岩 |
|---|---|---|---|
| 分布及岩性组合特点 | 单层厚度大，分布稳定，可夹海相砂质岩、碳酸盐岩等 | 单层较薄，累计厚度大，常与砂岩、煤系等其他岩性互层 | 累计厚度大，侧向变化较快，主要分布在坳陷和断陷沉积中心，常夹薄层砂质岩 |
| 主体分布区域 | 南方、西北 | 华北、西北、南方 | 华北、东北、西北、西南 |
| 有机质类型 | Ⅰ，Ⅱ型为主 | Ⅱ，Ⅲ型为主 | Ⅰ，Ⅱ，Ⅲ型 |

## 二、富有机质泥页岩分布

### (一) 平面分布

我国页岩层系、分布、类型及地层组合特征分区特征明显(图 3-1)。

| 地层系统 | | | 地层剖面 | 厚度/m |
|---|---|---|---|---|
| 界 | 系 | 组 | | |
| 古生界 | 二叠系 | 长兴组 | | 200～500 |
| | | 龙潭组 | | |
| | | 茅口组 | | 200～500 |
| | | 梁山组 | | |
| | 石炭系 | 黄龙组 | | 0～500 |
| | 志留系 | | | 0～1 500 |
| | 奥陶系 | | | 0～5 600 |
| | 寒武系 | | | 0～2 500 |
| | 震旦系 | 灯影组 | | 200～1 100 |

(a) 四川盆地

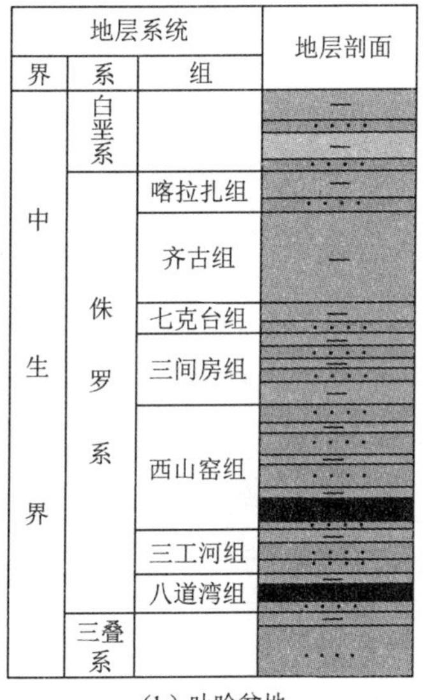


(b) 吐哈盆地

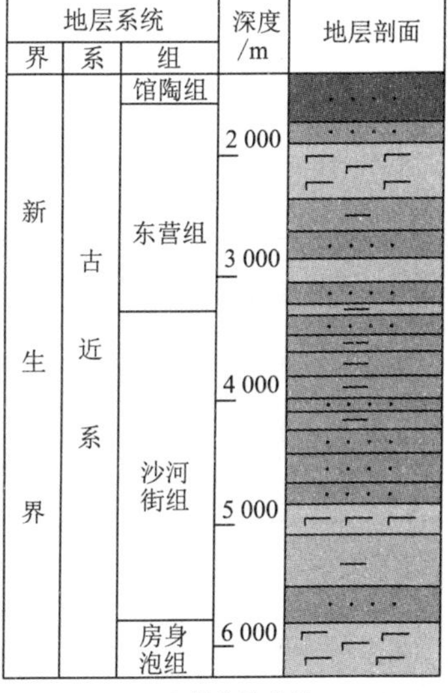


(c) 渤海湾盆地

图 3-1 典型盆地富有机质页岩柱状图

下古生界富有机质泥页岩以海相沉积为主，主要发育在南方和西部地区的寒武系、奥陶系及志留系，其中上扬子及滇黔桂区海相页岩分布面积大，厚度稳定，有机碳含量高，热演化程度高；上古生界富有机质泥页岩以海陆过渡相沉积为主，石炭—二叠系富有机质页岩分布广泛，在鄂尔多斯盆地、南华北和滇黔桂地区最为发育，页岩单层厚度较小，常与砂岩、煤层等其他岩性频繁互层；中—新生界富有机质泥页岩以陆相沉积为主，主要分布在北方鄂尔多斯、渤海湾、松辽、塔里木、准噶尔等盆地和南方四川盆地部分地区，表现为巨厚的泥页岩层系，泥页岩与砂质薄层韵律发育，单层厚度薄、夹层数量多、累积厚度大、侧向变化快，热演化程度普遍不高等特点。

依据页岩发育地质基础、区域构造特点、页岩气富集背景以及地表开发条件，可将我国的页岩气分布区域划分为上扬子及滇黔桂区、中下扬子及东南区、华北及东北区、西北区、青藏区 5 个大区，各区页岩气地质条件和特点差异明显(表 3-2)。

表 3-2　中国页岩分区特征表(据李玉喜,2012 修改)

| 地　区 | 主要单元 | 潜力层系 | 地质特点 |
| --- | --- | --- | --- |
| 上扬子及滇黔桂区 | 四川盆地及周缘、南盘江坳陷、黔南坳陷、桂中坳陷、十万大山盆地、百色—南宁盆地、六盘水盆地、楚雄盆地、西昌盆地等 | 下寒武统,下志留统,中、下泥盆统,下石炭统,上二叠统,三叠系,侏罗系 | 海相页岩厚度大,分布稳定,有机质含量高,热演化程度高,后期构造作用强;上古生界围绕下古生界出露区环形分布,单层厚度较小,煤系地层发育;中生界分布于四川等盆地内,页岩累积厚度大,夹层发育 |
| 中下扬子及东南区 | 湘鄂下古、湘中上古、江汉、洞庭、苏北、皖浙、赣西北、萍乐、永梅等盆地和地区 | 寒武系、奥陶系、泥盆系、石炭系、二叠系、三叠系、古近系 | 中下扬子古生界构造变动复杂,后期改造强烈;上古生界页岩分布范围略小,东南地块岩浆热液活动频繁,保存条件较差 |
| 华北及东北区 | 松辽盆地及其外围、渤海湾盆地及其外围、沁水盆地、大同—宁武盆地、鄂尔多斯盆地及其外围、南襄盆地及南华北地区 | 奥陶系、石炭系、二叠系、三叠系、白垩系、古近系 | 上古生界页岩单层厚度较薄,累积厚度大,与砂岩互层;中生界陆相页岩分布广,厚度稳定,处于湿气阶段;新生界页岩累积厚度大,热演化程度较低,主体处于低熟—成熟生油气阶段 |
| 西北区 | 塔里木盆地、准噶尔盆地、柴达木盆地、吐哈盆地、三塘湖、酒泉盆地以及中小型盆地 | 奥陶系、寒武系、石炭系、二叠系、三叠系、侏罗系、白垩系及古近系 | 下古生界主要分布在塔里木盆地台盆区,总体埋深较大,仅盆地边缘埋深较浅的区域可成为勘探开发有利区;上古生界页岩分布较广,但单层厚度较小;中生界以高有机碳含量为主要特征,成熟度较低,累积厚度大,常夹有煤层 |

### (二) 垂向分布

我国页岩气资源潜力层系主要包括下古生界寒武系、奥陶系、志留系,上古生界泥盆系、石炭系、二叠系,中生界三叠系、侏罗系和白垩系,新生界古近系,共 10 个层系(表 3-3)。

表 3-3　中国 10 套主要富有机质页岩层系基本特点

| 含页岩层系 | 主体分布区域 | 沉积相类型 | 黑色泥页岩厚度/m | 有机质类型 | TOC/% | $R_o$/% |
| --- | --- | --- | --- | --- | --- | --- |
| 古近系 | 渤海湾盆地 | 陆　相 | >1 000 | 类型多样 | 0.3～3.0 | 0.5～1.5 |
| 白垩系 | 松辽盆地 | 陆　相 | 100～300 | 腐泥型—混合型 | 0.7～2.5 | 0.7～2.0 |
| 侏罗系 | 吐哈、准噶尔盆地 | 陆　相 | 50～600 | 混合型 | 0.2～6.4 | 0.4～2.5 |
| 三叠系 | 鄂尔多斯盆地 | 陆　相 | 50～120 | 混合型 | 0.5～6.0 | 0.7～1.5 |
| 二叠系 | 滇黔桂、四川盆地及其外围 | 海陆过渡相 | 10～125 | 腐殖型 | 0.5～12.5 | 1.0～3.0 |
|  | 准噶尔盆地 | 海陆过渡相 | >200 | 偏腐泥混合型 | 4.0～10.0 | 0.5～1.0 |
| 石炭系 | 北方盆地 | 海陆过渡相 | 60～200 | 混合型—腐殖型 | 0.5～10.0 | 0.5～3.0 |
| 泥盆系 | 黔南、桂中等地区 | 海陆过渡相 | 50～600 | 混合型 | 0.3～5.7 | 1.5～2.5 |
| 志留系<br>奥陶系 | 上扬子地区 | 海　相 | 30～100 | 腐泥型 | 1.0～5.0 | 2.0～3.5 |
| 寒武系 | 上扬子地区 | 海　相 | 30～80 | 腐泥型 | 1.0～8.0 | 2.0～4.0 |
|  | 中下扬子地区 | 海　相 | 50～200 | 腐泥型—混合型 | 0.5～6.0 | 2.0～3.5 |

1. 下古生界富有机质页岩

下古生界海相富有机质页岩主要发育在南方和西部古生界的寒武系、奥陶系和志留系，具有分布面积大、沉积厚度稳定、热演化程度高等特点，以扬子克拉通地区最为典型。另外，青藏地区古生界和中生界海相页岩发育，热演化程度适中。

下寒武统海相富有机质页岩在中上扬子区发育较好，有机质类型为腐泥型—混合型。从区域沉积环境看，川东—鄂西、川南及湘黔3个深水陆棚区页岩最发育，有机碳含量高，一般为2%～8%。在上扬子地区，富有机质页岩厚度一般为30～80 m，有机碳含量为1.0%～6.0%，有机质类型为腐泥型，热演化参数镜质体反射率($R_o$)主体介于2.0%～4.0%；在中下扬子地区，有机碳含量相对降低，有机质类型为腐泥型，$R_o$一般为2.0%～3.5%。

下志留统海相富有机质页岩主要分布在上扬子地区，川南至鄂西渝东和渝东北地区分布稳定，厚度30～100 m，有机质类型以腐泥型为主，有机碳含量一般为1%～5%，热演化参数$R_o$介于2.0%～3.5%。中下扬子地区也有分布，相关指标略差。

2. 上古生界富有机质页岩

上古生界海陆过渡相富有机质页岩分布广泛，有机质类型复杂、热演化程度适中，但南北略有差异。

北方地区石炭—二叠系富有机质页岩的单层厚度较薄，且含多套煤层；有机碳含量一般介于0.5%～10.0%，变化较大；沼泽相炭质页岩有机碳含量普遍较高；页岩的有机质类型主要为混合型—腐殖型，$R_o$一般介于0.5%～3.0%，少部分超过3.0%。在准噶尔盆地，二叠系页岩累计厚度超过200 m，有机碳含量为4.0%～10.0%，有机质类型为偏腐泥混合型，$R_o$介于0.5%～1.0%。

南方地区海陆过渡相富有机质页岩层系间发育煤夹层，上二叠统页岩在滇黔桂地区、四川盆地及其外围均有分布；页岩厚度变化介于10～125 m，一般为20～60 m，有机质类型以腐殖型为主，有机碳含量介于0.5%～12.5%，平均2.91%，$R_o$一般介于1.0%～3.0%。

总体上，中国上古生界海陆过渡相富有机质页岩，除上扬子及滇黔桂区之外，其他地区单层厚度不大，且多与煤、致密砂岩互层。

3. 中—新生界富有机质页岩

从晚古生代开始，中国陆续开始发育湖相页岩，尤其在中新生代，中国北方地区普遍发育了湖相富有机质页岩，如鄂尔多斯、松辽盆地等中生界，渤海湾盆地古近系等。

鄂尔多斯盆地三叠系湖相页岩发育，一般厚度为50～120 m，有机碳含量介于0.5%～6.0%，$R_o$主要介于0.7%～1.5%。松辽盆地白垩系富有机质页岩分布稳定，厚度为100～300 m，有机质类型以腐泥型和混合型为主，有机碳含量介于0.7%～2.5%，$R_o$介于0.7%～2.0%。在渤海湾盆地，古近系富有机质页岩分布受坳陷控制，局部累计厚度逾1 000 m；有机质类型多样，但热演化程度相对较低。四川盆地及周缘的上三叠统—下侏罗统分布广，厚度大，有机质类型复杂，热演化程度适中。

## 第二节　勘探开发现状

美国卓有成效地大规模商业化开发页岩气资源，一举成为天然气生产大国，不仅显著改变了美国的能源形势，基本实现了天然气自给，而且对北美及世界天然气市场、能源格局及地缘政治产生了重要影响。全球已有 30 多个国家积极开展页岩气研究和勘探开发工作，页岩气资源发展势头强劲。

相对地，我国油气能源供给形势日趋严峻，石油天然气需求量和对外依存度持续攀高。2015 年，我国石油对外依存度突破 60%（中国石油集团经济技术研究院，2015），天然气对外依存度上升至 32.7%，未来 10 年仍有进一步上升的趋势，能源资源安全保障存在极大隐患。

页岩气资源是当前我国最具发展潜力和前景的清洁能源之一。党中央、国务院高度重视页岩气资源工作，多次作出重要批示。2012 年 3 月，温家宝总理在第十一届全国人大第五次会议政府工作报告中明确提出“加快页岩气勘查、开发攻关”。由发改委、财政部、国土资源部和国家能源局联合下发《页岩气发展规划（2011—2015）》，提出“通过国家科技专项等，加大对页岩气勘探开发相关技术研究的支持力度”。2014 年 6 月，习近平总书记在中央财经领导小组第六次会议上强调，从国家发展和安全的战略高度，着力推进能源消费革命、能源供给革命、能源技术革命和能源体制革命，形成包括页岩气等新能源在内的多轮驱动能源供应体系。李克强总理在 2014 年政府报告中将“加强天然气、煤层气、页岩气勘探开采与应用”列为国务院重点工作。同年 8 月，张高丽副总理要求积极推进页岩气勘查开发和技术攻关，放开市场，引入社会资本，争取取得实际成果，为能源安全保障作出贡献。

2009 年以来，国土资源部开展了页岩气资源潜力评价及有利区带优选，进行了两轮页岩气勘查区块招标，中国地质调查局在中央财政的支持下，从 2012 年开始持续在全国范围内开展页岩气资源钻探和调查评价，发挥了公益引领作用。国家发改委、财政部、商务部、科技部、环保部、国家能源局等部委，在鼓励外商投资、加大财政补贴、引导产业发展、建设示范区、推进科技攻关等方面推出了系列政策措施。国家能源局 2015 年年底正式批准并发布《页岩气藏描述技术规范》等 96 项能源行业标准，涉及煤炭行业、页岩气开发、水电、抽水蓄能电站、生物质发电等，并于 2016 年 3 月 1 日起实施。

地方政府、石油企业、高等院校及科研院所也积极开展页岩气理论研究与勘探开发实践。贵州、江西、山西、湖南、湖北、安徽、内蒙古、重庆等省区市地方政府自筹资金，推进辖区内页岩气资源调查工作。页岩气招标区块相继在龙马溪组、牛蹄塘组、华北石炭—二叠系开展了页岩气钻井，并获得了良好的页岩气发现。中国石化、中国石油、延长石油、中国海油、中联煤层气公司及页岩气中标企业积极推进页岩气勘查开发，在四川盆地下古生界海相页岩气勘查开发取得重大突破，在四川盆地及周缘侏罗系陆相、鄂尔多斯盆地三叠系陆相和华北海陆交互相页岩气勘查取得重要发现，在重庆涪陵、四川长宁—威远等示范区率先开展页岩气产能建设。我国成为继美国、加拿大之后的第三个实现页岩气商业开发的国家。

## 一、页岩气勘探发现

截至 2014 年年底，中央、地方和企业累计投资 230 亿元，钻井 780 余口，在我国多套富有机质泥页岩层系中发现了活跃的页岩气显示，并取得重要突破和发现，获得页岩气三级地质储量近 5 000×$10^8$ $m^3$（国土资源部中国地质调查局，2015），显示了我国良好的页岩气富集条件与勘探开发前景。

1. 震旦系页岩气显示

在湖北秭归县秭地 1 井中，下寒武统牛蹄塘组发现厚度 100 m 页岩；震旦系陡山沱组页岩厚 145 m，含气量达 2～4 $m^3/t$，点火获得成功。

2. 下古生界页岩气显示

在我国四川威远、重庆城口、贵州岑巩、湖北宜昌等地下寒武统牛蹄塘组和下志留统龙马溪组两套海相页岩层系中，已发现广泛的页岩气显示，抬隆区和盆地区均有发现。此外，川西南威远地区金页 HF-1 井在下寒武统筇竹寺组首获高产页岩气流，压裂获日产量 $8\times10^4$ $m^3/d$；在湖北宜昌宜地 2 井钻遇天河板组，发生井喷，喷出气体可燃。

(1) 抬隆区：重庆地区的渝页 1 井、渝科 1 井、渝参 4 井、渝参 7 井、渝参 8 井、酉页 1 井、城浅 1 井、巫浅 1 井等；贵州地区的岑页 1 井、习页 1 井、道页 1 井、桐页 1 井、松浅 1 井、乌页 1 井、麻页 1 井、黄页 1 井等；湖南地区的桑页 1 井、慈页 1 井、常页 1 井等；湖北地区的秭地 1 井等分别钻遇了厚层下志留统龙马溪组和下寒武统牛蹄塘组暗色页岩，浸水试验、岩心解吸、气测显示、测井解释等各方面资料都证实了页岩气的存在，含气量为 0.5～3.0 $m^3/t$。

(2) 盆地区：四川盆地威远地区威 201 井在下志留统龙马溪组钻遇大套高伽马高电阻的页岩，罐顶气录井见到较好的页岩气显示，压裂测试峰值产量 21 000 $m^3/d$，稳定产量 5 000～6 000 $m^3/d$。威 5、威 9、威 18、威 22 和威 28 等井下寒武统页岩均见气浸、井涌和井喷，其中威 5 井，钻遇 2 795～2 798 m 页岩段发现气浸与井喷，测试日产气 $2.46\times10^4$ $m^3$，酸化后日产气 $1.35\times10^4$ $m^3$。长宁—威远国家级页岩气示范区威 202 井区日产量 $113\times10^4$ $m^3/d$，威 204 井区日产量 $203\times10^4$ $m^3/d$，宁 201 井区日产量 $220\times10^4$ $m^3/d$(中国石油网，2015 年 12 月 4 日)。阳深 2、宫深 1、付深 1、阳 63、阳 9、太 15 和隆 32 七口井在下奥陶统龙马溪组发现气测异常 20 处，其中阳 63 井 3 505.0～3 518.5 m 黑色页岩酸化后，产气 3 500 $m^3/d$；隆 32 井3 164.2～3 175.2 m 黑色炭质页岩初产气 1 948 $m^3/d$。高科 1 井、方深 1 井的下寒武页岩以及丁山 1 井、林 1 井的下志留统龙马溪组也发现了气测异常。云南昭通国家级页岩气示范区完钻 10 余口井，日产气 $0.25\times10^4$ $m^3$，水平井日产气 $1.5\times10^4$～$3.6\times10^4$ $m^3$。

3. 上古生界页岩气显示

上古生界页岩的页岩气显示主要分布在沁水盆地。沁水盆地石炭—二叠系沁 1 井、沁 2 井、沁 4 井、畅 1 井、老 1 井、阳 2 井 6 口井的 12 个井段气测显示异常，显示厚度为 1.2～100.0 m，累计总厚度为 473.7 m；老 1 井、畅 1 井录井气测异常明显。湖南湘中湘页 1 井于二叠系大隆组获页岩气气流。

北方地区尉参 1 井是油气调查中心在太康隆起西部新区部署实施的首口上古生界油气参数井，气测显示 69 层，钻遇泥页岩厚度 465 m，含气量 4.5 $m^3/t$。牟页 1 井是中牟区块第一口页岩气探井，在石炭—二叠系发现 10 层页岩储层，厚 277.6 m，压裂试气约3 000 $m^3/d$。

4. 中生界页岩气显示

鄂尔多斯盆地三叠系延长组页岩在钻井过程中气测异常活跃，柳评 171 井、柳评 177 井、柳评 179 井、新 57 井、新 59、延页 1 井等日产量均在 2 000 $m^3/d$ 以上，富 18 井、庄 167 井、庄 171 井等在长 7、长 8 段页岩段出现明显的气测异常。

四川盆地建南构造建 111 井下侏罗统自流井组东岳庙段测试获日产量近 4 000 $m^3/d$ 工业气流；元坝地区下侏罗统自流井组大安寨段和东岳庙段泥页岩测试压裂获日产量(13.97～23.78)$\times10^4$ $m^3/d$ 工业气流和 $1.15\times10^4$ $m^3$低产气流。涪陵大安寨地区涪页 HF-1 井针对下侏罗统自流井组大安寨段页岩油气层段完成 10 段压裂，水平段长 1 136.75 m，水平段油气显示良好，产量 1 107 $m^3/d$。

准噶尔盆地中下侏罗统暗色泥岩中，柴 3 井录井共发现气测异常 9 层，其中 4 段为页岩，厚度 2.4～12.0 m，累计厚度 21.5 m。

5. 新生界页岩油气显示

泌阳凹陷安深 1 井（直井）在古近系核桃园组实施特大型压裂作业后，获日产原油 3.76 $m^3$ 的效果。渤海湾盆地的辽河坳陷、济阳坳陷、东濮坳陷以及南华北盆地的泌阳凹陷、江汉盆地、苏北盆地的古近系页岩层系中均见到了较好的页岩油气显示。

我国目前仍处于页岩气勘探开发探索阶段，但丰富的页岩气发现已使我国页岩气资源潜力初露端倪。

## 二、页岩气开发现状

我国富有机质页岩层系多、分布广，地质条件复杂，经过近 10 年的勘探开发实践、技术攻关和理论探索，在页岩气资源潜力评价、基础理论、关键技术及装备体系等方面均取得了长足进步。近年来，我国页岩气探明储量快速增长，目前已超过 $5\ 000\times10^8$ $m^3$，其中，中国石化在涪陵页岩气田探明储量 $3\ 805.98\times10^8$ $m^3$、中国石油在长宁页岩气田上罗区块长宁 201-YS108 井区和威远页岩气田威远 202 井区共提交探明储量 $1\ 635.3\times10^8$ $m^3$，初步形成了涪陵、长宁、威远、延长四大页岩气产区，年产能超 $60\times10^8$ $m^3$。

中国石化涪陵页岩气田是我国第一个投入大规模商业开发的页岩气田。2012 年 11 月 28 日，涪陵焦石坝地区的焦页 1HF 井放喷求产试获日产 $20.3\times10^4$ $m^3$ 工业气流，实现了我国页岩气勘探重大突破；2013 年 1 月 9 日，该井投入试采，日产气 $6\times10^4$ $m^3$，正式拉开中国页岩气商业开发的序幕。2014 年 3 月 24 日，我国第一个页岩气田——涪陵页岩气田进入商业开发。到 2014 年 12 月，开钻 149 口井，完钻 120 口井，完成压裂试气 49 口井，累计产气 $11.36\times10^8$ $m^3$，销售 $10.88\times10^8$ $m^3$。截至 2015 年 8 月底，开钻 253 口井，完钻 204 口井，压裂投产 142 口井，单井平均日产量 $32.72\times10^4$ $m^3/d$，最高 $59.1\times10^4$ $m^3/d$；总日产量超过 $1\ 200\times10^4$ $m^3/d$，累计产气 $25\times10^8$ $m^3$；已建成年产能 $50\times10^8$ $m^3$。

中国石油长宁和威远页岩气田：长宁 201-YS108 井区已完钻井 67 口，正钻井 61 口，平均测试日产量 $14.3\times10^4$ $m^3/d$；威远 202 井区已完钻井 25 口，正钻井 14 口，平均测试日产量 $16.73\times10^4$ $m^3/d$。截至 2015 年 11 月 29 日，四川长宁—威远国家级页岩气示范区日产页岩气 $536\times10^4$ $m^3$，累计产气量达到 $10.063\times10^8$ $m^3$。

此外，延长石油在鄂尔多斯盆地勘探取得突破，柳评 177、云页 2 等多口井获得页岩气流，显示出良好的勘探开发前景。截至目前，完钻页岩气井 59 口，其中直井 50 口、丛式井 3 口、水平井 6 口。

## 三、展　望

针对已开发页岩气田，我国已初步总结了南方海相页岩气富集高产的主控因素，主要包括：① 深海陆棚相优质页岩段厚且分布稳定；② 构造相对稳定，保存条件好，埋藏适中；③ 地层超压（压力系数＞1.2）；④ 网状天然裂缝发育；⑤ 孔隙度高，含气量高；⑥ 地应力差较小；⑦ 水平井井眼轨迹垂直最大主应力。

展望我国页岩气勘探开发前景，机遇与挑战并存。中国石油和中国石化在四川盆地外围不断推进勘探，先后在丁山、南天湖、美姑—五指山、米仓山、长宁外围及宣汉—巫溪等地区取得发现和突破。中国石油、中国石化和延长石油不断加大页岩气产能建设，2017 年计划建成产能超过 $150\times10^{8}\ m^{3}$。中标区块勘探也有望取得突破，保靖、黔江、岑巩、来凤、咸丰、城口、中牟等区块已通过页岩气探井钻井及压裂改造发现了良好的页岩气显示。

经过初步评价，虽然我国页岩气资源潜力巨大，但分布规律依然不清。目前，我国页岩气勘查仅在局部地区、个别层位有突破，如龙马溪组仅在四川盆地局部突破，牛蹄塘组也只有个别探井获得页岩气流，且陆相和海陆过渡相开发潜力和前景还未明确。

## 第三节　页岩气资源评价特殊性

我国地质条件复杂，且页岩气勘探开发工作刚刚起步，虽然目前已在多套层系获得了丰富的页岩气显示，但全国页岩油气勘探开发钻井仅百余口，与美国现已超过 100 000 口开发井的高成熟阶段相比，积累的页岩气地质资料和生产动态资料都非常少，认识程度低，页岩气参数变化规律难以把握。

从页岩气富集特点来说，相对于常规油气，它也有着很大的特殊性，主要表现在：

(1) 页岩气聚集不需要常规意义上的圈闭，通常无明确物理边界和参数边界，在泥页岩层系中呈层状连续分布。

(2) 泥页岩本身既是气源岩又是储气层，地化特征与物性特征共同影响泥页岩含气性；物性致密，孔渗极低。

(3) 页岩气以游离态和吸附态共同存在于泥页岩层系中，储集物性致密，页岩气不能顺层流动。

(4) 页岩含气丰度低，不易识别，含气量等参数不易准确获得。

参数的准确性是页岩气资源评价的基础，决定了评价结果的可信度。页岩气资源评价参数包括地化参数、储层物性参数、岩石矿物学参数、力学参数等多方面，其中含气量是页岩气资源评价的核心和关键参数。目前，页岩气资源评价参数的准确获取和厘定还存在许多问题，例如，页岩地化参数和物性参数分布模型、有效厚度厘定、含气量的主控因素和变化规律等。页岩气资源评价尚缺乏科学方法对关键参数进行厘定，直接影响了页岩气资源量计算和有利区优选结果的合理性。

与常规油气相比，页岩气聚集机理和富集条件特殊，没有明确的物理边界。北美页岩气资源量计算方法相对成熟，但主要适用于海相页岩气开发中后期。我国页岩气地质条件复杂，类型多、层系多、分区特征明显；且现阶段页岩气勘探开发工作程度低、相关资料少、认识程度较低，相关参数难以准确把握。针对我国这些特点，页岩气资源量计算方法缺乏，虽然目前已有一些方法探索，但均不同程度存在一些尚未解决的问题，需要加强针对性、科学性和可靠性，提高评价结果的可信度。

国内外用于页岩气资源评价的方法有几十种，但基本都属于资源量的预测方法，页岩气有利区优选方法较少，是页岩气油气资源评价工作中非常薄弱的环节。目前，对页岩气有利区优选方法的探索也主要以定性为主，缺乏定量化和科学化方法，制约了有利区优选的准确性。由于页岩气特殊的聚集机理，评价关键参数之间具有互补和制约关系，更需要在进行有利区优选时理清各参数之间的关系，加强评价参数之间的数学研究方法。研究页岩气有利区优选定量方法，不仅有利于提高页岩气资源评价的可靠性，更有利于指导页岩气勘探开发方向。

总之，适用于现阶段的页岩气资源量计算方法应重点考虑以下几点：① 与常规油气相比，页岩气具有成层分布特点，没有明确的富集边界；② 我国页岩气地质条件复杂，类型多样，非均质性强；③ 现阶段评价关键参数资料积累少，认识程度不深。由于上述特殊性，页岩气资源量计算和选区方法研究需有针对性，以评价关键参数研究为基础，结合我国地质特点，探索适合我国页岩气资源评价的方法体系。

## ○○○● 第四章

# 页岩气资源评价参数

## 第一节 起算条件

具有生烃能力的泥页岩层系具有普遍含气性，只有资源丰度相对较高的区域才具有页岩气勘探开发意义。统计北美成功开发的页岩基本地质参数，结合相关研究机构和企业提出的标准，针对我国页岩气地质条件，对页岩气资源量计算时所要求的基本条件进行讨论。

（1）评价层段的含气性。

应有充分的证据证明评价单元泥页岩层段是含气的。例如，钻井、录井、测井在该段见天然气显示或气测异常；缺少钻井地区见有气苗、地面瓦斯或近地表样品解吸见气；在缺乏直接证据情况下，有地化、物性等参数优良等其他间接含气证据。

（2）含气量。

虽然富有机质泥页岩地层层系中可能广泛含气，但只有当地层中的含气量达到一定水平（如美国的含气量底限为0.5～1.0 $m^3/t$）并形成相对富集时，才具有工业开发价值（张金川等，2012）。如果泥页岩地层中的含气量太低，达不到一定水平，那么在目前的经济技术条件下可能就不具备工业开发的条件，对这部分页岩气开展的资源评价就无实际意义了。

（3）页岩生气地球化学条件。

形成页岩气时，有机质热演化成熟度（$R_o$）一般介于0.5%～3.5%，特殊情况下，$R_o$可降低至0.3%或升高至4.0%。但当干酪根为偏生油的Ⅰ型时，$R_o$介于0.5%～1.2%，对应于泥页岩生油并可能形成页岩油；当干酪根为偏生气的Ⅲ型时，泥页岩生气及页岩气的形成条件为$R_o$大于0.5%（张金川等，2012）。一般情况下，泥页岩中的有机碳含量越高，生气量越大，以有机质为吸附主体的天然气吸附量越大，以有机质微孔及微缝为储集空间的游离态天然气含量越大，泥页岩地层中的总含气量就越高，含气量与有机碳含量呈正比。因此，为了使泥页岩含气量足够高，有机碳含量必须达到一定标准。统计美国页岩气参数表明，具有产气能力的泥页岩有机碳含量一般大于2.0%。

（4）其他。

泥页岩物性致密，吸附气可以作为页岩气富集的主体，故页岩气可以发育在浅埋地层中。但根据含气量与深度的关系以及对美国页岩气资料的统计，虽然少数页岩气的埋藏深度可以更大或更小，但具有经济价值的产气页岩埋藏深度一般介于500～4 000 m。此外，由埋深、断裂带、岩浆活动以及其他因素所引起的保存条件变化也是页岩气资源评价时所需要考虑的重要因素。

综上所述，可以初步确定页岩气资源起算条件：

(1) 泥页岩层系。泥(暗色泥页岩)地比大于 60%，夹层厚度小于 2 m，且满足下列条件。

① 海相：单层厚度大于 10 m；

② 海陆过渡相：单层厚度大于 10 m，或累计厚度大于 30 m；

③ 陆相：累计厚度大于 30 m，单层泥页岩厚度大于 6 m。

(2) 含油气证据。有充分证据证明拟计算的层段为含油气泥页岩层系。

(3) 基本地化条件。

① 页岩气：干酪根类型为Ⅰ，Ⅱ，Ⅲ型；$TOC$>0.5%；$R_o$，Ⅰ型>1.2%，$Ⅱ_1$型>0.9%，$Ⅱ_2$型>0.7%，Ⅲ型>0.5%。

② 页岩油：干酪根类型为Ⅰ，$Ⅱ_1$型；$TOC$>0.5%；$R_o$为 0.5%~1.2%。

(4) 面积。残留盆地区连续分布面积大于 50 $km^2$；现今盆地区不要求。

(5) 埋藏深度。页岩气，500~4 500 m；页岩油，不超过 5 000 m。

(6) 保存条件。保存条件良好，不受地层水淋滤影响等。

(7) 含气量。含气量大于 0.5 $m^3/t$。

(8) 不具有工业开发基础条件的层段(如地貌高陡区)原则上不参与资源量估算。

## 第二节　参数获取

我国的页岩气勘探开发研究及实践成果日新月异，但由于基础理论研究及认识发展速度滞后于践行发展速度，页岩气勘探开发研究过程中不断遇到新的困难和问题。因此，通过实验测试来准确获取页岩气研究和资源评价中涉及的关键参数是重要一环。

页岩气地质调查和资源评价常用参数主要包括地球化学参数(有机质类型、有机质丰度、有机质热演化成熟度等)、储集性质参数(比表面积、孔径分布、孔渗性、孔隙结构、孔隙类型、微裂缝类型等)、含气性(吸附气含量、游离气含量、总含气量)及岩石学参数(脆性矿物含量、岩石力学性质等)四大类。

页岩属于超致密储层，采用常规测试手段较难获得足够精度或可靠数据。例如：脉冲式岩石渗透率测试方法，美国 Core Laboratory 测量范围为 $1\times10^{-5}$~1 mD，Chesapeake 公司测试范围可达 $1\times10^{-3}$~$1\times10^{-9}$ mD，测试过程仅需 10 min；氩离子光束抛光制样技术，利用氩离子光束抛光页岩岩石样品表面，联合扫描电镜、薄片岩相鉴定仪及 X-衍射仪等进行分析，能够清楚地观察到泥页岩中的各类微孔微缝；SCAL Inc 开发的 Quick-Desorption 快速解吸技术，可获取含气量；压汞和比表面联合测定微孔结构技术、nmCT 及 FIB-SEM 技术等。

美国页岩气工业起步较早，一些研究机构设立专项基金对页岩气实验测试技术进行研究，页岩实验测试技术相对完善，促进了页岩气勘探开发的进步。例如：油气公司 Intertek，Weatherford，Chesapeake，Core lab，Terra Tek 等；高校 Utah State University，Massachusetts Institute of Technology，University of Texas at Austin 等；机构 USBM(United States Bureau of Mines)，GTI 等均能开展具有特色的页岩气相关测试服务。此外，英国的 ITS(Intertek Testing Service)公司、澳大利亚 Geotech 公司新成立的 Isotech Satellite 实验室、法国的 ST 公司、加拿大联邦地质调查局下属的部分实验室、德国的 GFZ 公司等在页岩气相关实验设备及测试方面均有不同程度的研究。

国内在常规储层实验测试技术方面相对成熟，一些重点实验室和研究机构在页岩气实验分析设备和技术上具有一定的基础，通过引进和研发测试设备，正在快速发展。例如，依托中国石油勘探开发研究院的国家能源页岩气研发中心、依托中国地质大学(北京)和国土资源部油气资源战略研究中心的页岩气资源战略评价重点实验室、依托重庆地质矿产研究院的页岩气资源勘查重点实验室、中国石油大学油气资源与探测国家重点实验室重庆页岩气研究中心、中国矿业大学和中国煤炭地质总局共建的页岩气重点实验室、中国石油西南油气田公司和四川省煤田地质局共同组建的省属页岩气重点实验室——页岩气评价与开采四川省重点实验室等。

# 第三节　含气量

含气量是指每吨岩石样品中所含天然气总量在标准状态(20 ℃，101.325 kPa)下的体积。含气量是衡量页岩气资源丰度的重要指标，也是页岩气资源量计算、地质评价与勘探选区的核心参数。掌握页岩含气量主控因素和变化规律，不仅对页岩气资源评价具有关键作用，也是页岩气产能预测、经济评价以及开发设计的重要依据。

## 一、含气量获取方法

### (一) 等温吸附实验

吸附性是泥页岩储层的重要特征，吸附态天然气占页岩气总含气量的20%～85%(Curtis,2002)。页岩储层的吸附特征、吸附气含量及其变化规律是进行页岩气地质评价、经济评价和工程评价的重要依据。

1. 吸附气含量测试

等温吸附测试在实验室中通过模拟实际地质条件来测量页岩样品的吸附气量。吸附平衡是吸附体系的一种状态，在恒定温度、一定压力下，吸附速率等于解吸速率，固体表面上只能吸附一定量的气体，即吸附量或表面覆盖率为一定值。在测试过程中，通过测定一系列温度、压力条件下相应气体的吸附量，就可以得到描述吸附平衡体系中温度、压力和气体吸附量之间关系的曲线，即吸附平衡线。常见等温吸附测定仪如美国 TER-TEK ISO-300 型自动等温吸附仪、美国麦克仪器公司研制开发的 HPVA-200 高温高压等温吸附仪及法国塞他拉姆公司生产的 PCT ProE & E 型高压吸附仪。基本测试方法是将一定已知质量的气体注入装有待分析样品的样品缸内，当样品吸附气体达到平衡时，记录最终的平衡压力，然后根据静态气体和质量平衡方程，测量样品吸附气的质量。在每个压力段内重复此步骤，直至达到设定的最大压力。通过每个压力点的气体吸附量，可以得到某个温度下的气体吸附等温线。

描述一定温度下气体吸附量与压力关系的方程为等温吸附方程。等温吸附方程主要有四种类型：Langmuir 方程、BET 方程、Freundlich 方程和 Temkin 方程。

常见的等温吸附线可用 Langmuir 等温方程来描述(图 4-1)。Langmuir 方程描述的是理想表面上，在单层吸附平衡体系下，等温吸附过程中吸附量和压力的函数关系，它可以近似地描述许多实际的化学吸附过程，也可以用于描述单层的物理吸附。根据该方程，在一定的压力范围内，吸附量随着压力的增加而迅速增加，而后随着压力增加增速明显变缓，当压力达到一定值时，吸附量达到最大，继续增加压力吸附量不再变化。这意味着吸附剂表面吸附质达到饱和，相应的吸附量可认为是吸附质粒子在吸附剂表面上的单层饱和吸附量。

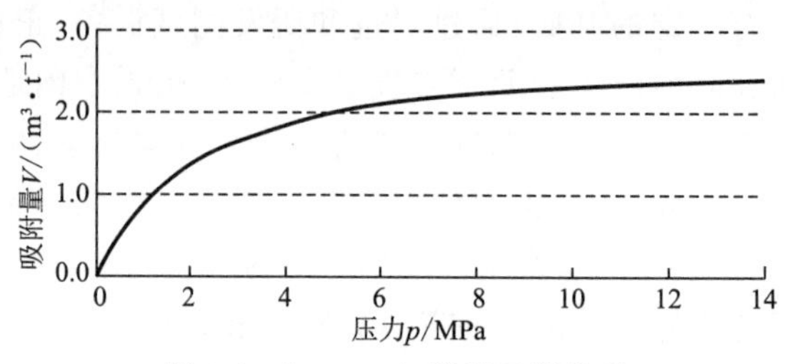


图 4-1　Langmuir 等温吸附模型

在实际吸附过程中，固体吸附剂的表面并不均匀，各个吸附位也并不等效，且随着覆盖度增大，吸附活性降低，吸附质之间的相互作用力增强，导致吸附能力下降。Temkin 方程和 Freundlich 方程用于描述非理想吸附体系下的单层吸附特征。

BET 方程描述的是多层吸附平衡体系之下的吸附量与压力关系。BET 方程是在 Langmuir 方程的基础上建立并发展而来的，适于物理吸附的模型。它的假设条件是：固体表面是均匀的；吸附质分子之间没有相互作用力或者作用力可忽略不计；第一层吸附质分子与固体表面作用，且吸附热较大，其余隔层吸附质分子之间相互作用，与气体凝聚相似。

甲烷在实验温度和储层温度下属于单层物理吸附，目前普遍采用 Langmuir 模型对实验结果进行拟合。通过实验测试，计算得到 Langmuir 压力和体积，进而确定不同温度下的 Langmuir 方程，再根据页岩样品所处的地层深度，求取储层压力，即可预测地层条件下储层吸附气量。

2. 等温吸附曲线异常探讨

目前普遍应用 Langmuir 等温吸附模型来描述煤岩、泥页岩储层的吸附特征。该模型在煤层气评价中应用效果良好，但在泥页岩储层的等温吸附实验中却普遍出现实验数据与理论计算结果严重不符合等温吸附曲线的异常现象，使实验结果无法在泥页岩储层研究中准确描述其吸附特征。

(1) 等温吸附曲线异常的普遍性。

根据天然气的赋存状态和聚集机理将天然气划分为煤层气、页岩气、常规储层气等多种类型。页岩气的富集特征介于常规油气与煤层气之间。煤层气主要以吸附状态（吸附气含量占总含气量的至少 85%）存在于煤岩及煤系地层中；常规储层气则主要以游离（游离气含量占 90%以上）方式存在于常规储层中（王增林，2011；李爱芬，2011）；页岩气则是以部分吸附和部分游离（吸附气含量占总含气量的 20%～85%）的方式存在于泥页岩层系中。目前对泥页岩储层吸附特征的研究仍然沿用煤层气的等温吸附仪器、测试方法和理论模型，通过测试得到 Langmuir 体积和 Langmuir 压力，再结合地层压力条件计算泥页岩吸附气含量。

对实验结果的统计表明，对泥页岩储层样品进行等温吸附实验时，实际得到的实验数据中 50%以上与 Langmuir 模型的理论计算值存在较大偏差，出现吸附量最大值（图 4-2a）、倒吸附（图 4-2b）以及数据离散无规律（图 4-3）等现象。此时若应用 Langmuir 模型对其进行描述，则会出现 Langmuir 体积和 Langmuir 压力等特征参数失真，甚至出现负值，导致在实际应用中无法真实反映页岩储层的吸附特征。有学者认为，出现吸附量最大值、Langmuir模型的理论计算值与实际得到的实验数据不吻合等现象在煤岩等温吸附实验中也存在(Moffat，1955)。Moffat等曾在煤层气等温吸附实验最高压力达到100 MPa时发现上述现象。在高压情况下Langmuir模型不能拟合实验数据，例如甲烷在煤岩表面的吸附能力普遍具有随压力增加先增大后减小的倒“U”形变化趋势，并不遵循Langmuir规律(Fitzgerald，2003；秦勇，2003)。但受测试仪器承受压力的限制，煤岩吸附甲烷的常规等温吸附实验的实测数据通常不会出现吸附量最大值的现象。

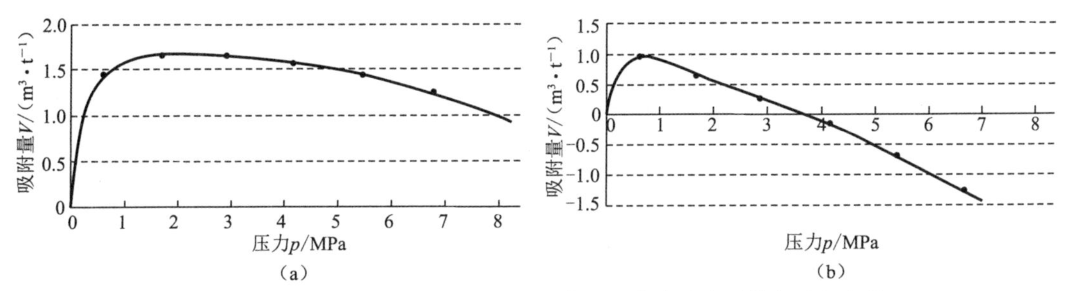


图4-2　Y1(a)和Y2(b)页岩储层样品等温吸附实验实测数据及拟合线

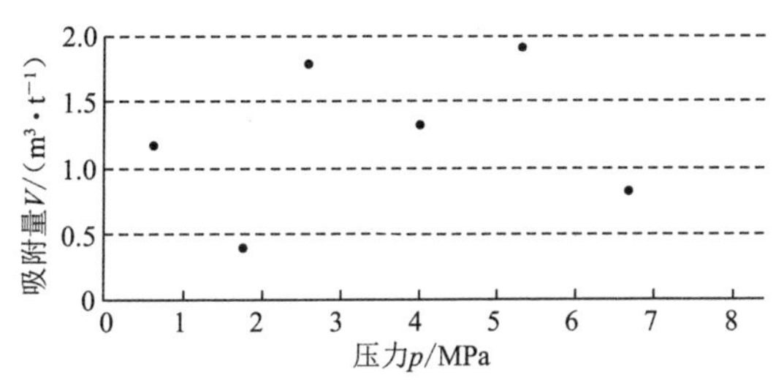


图4-3　Y3页岩储层样品等温吸附实验实测数据

(2) 异常原因分析。

泥页岩储层与煤岩相比，其黏土矿物含量远高于煤岩，而吸附气含量却明显小于煤岩，分析认为泥页岩储层更易出现等温吸附曲线异常现象是Langmuir模型的适用条件、等温吸附实验测试仪器精度和预处理流程等原因引起的。

① Langmuir的适用条件——基于凝聚机理的Langmuir模型。

气体的吸附平衡研究主要根据吸附热力学、统计热力学和动力学等理论，出现了Freundlich方程；Polanyi吸附势理论；Langmuir单层吸附方程；Brunauer，Emmett和Teller的(BET)多层吸附方程及Dubinin-Radushkevich(DR)方程等经典单组分吸附等温线来描述各类吸附平衡，但各自具有一定的精度和适用范围。

目前在页岩气和煤层气的生产研究中主要采用Langmuir方程进行储层吸附特征研究。Langmuir等温吸附理论认为，吸附质分子在吸附剂表面的吸附为单分子层吸附，当达到平衡时，其吸附凝结的速率等于分子从已占领区域扩散的速率，其吸附过程是动态的(张小平，2008)。可分别由动力学方法和热力学方法推导得到Langmuir方程，对其进行变形后引入储层条件下天然气的吸附研究，使参数的应用意义更加明显，常见的表达式为：

$$V=\frac{V_{\mathrm{L}}p}{p_{\mathrm{L}}+p} \tag{4-1}$$

式中，$V$为吸附量，$\mathrm{m^3/t}$；$V_{\mathrm{L}}$为Langmuir体积，$\mathrm{m^3/t}$，其值反映了泥页岩样品的最大吸附能

力，与温度和压力没有直接关系，主要取决于泥页岩样品的性质和特点；$p$ 为压力，MPa；$p_L$ 为 Langmuir 压力，MPa，是吸附量达到 Langmuir 体积的 1/2 时所对应的压力值，是影响等温吸附曲线形态的主要参数，反映吸附介质解吸天然气的难易程度，其值越高，吸附态天然气的解吸相对越容易，也越有利于开发。

值得注意的是，Langmuir 方程的理论依据之一是在吸附过程中，等温条件下天然气的吸附量随压力的增大而增大；当压力增大到超过气体的饱和蒸气压力时，吸附态气体将凝聚为液体，在多孔性固体中发生毛细凝结现象，即气体吸附压力的上限为饱和蒸气压力；当气体吸附压力达到饱和蒸气压力时，固体物质的吸附能力趋于饱和，泥页岩的吸附气量趋近于最大值，也就是说，Langmuir 方程是基于气体吸附后发生凝聚的吸附机理（周理，2004）。

② 超临界状态下甲烷的非凝聚吸附。

气体处于临界状态时的温度即临界温度，低于该温度时，增大压力可实现气体的液化，处于亚临界状态；高于该温度时，即使增大压力，气体也不会液化，处于超临界状态。与临界温度对应的压力即临界压力，超过该压力时，若温度降至临界温度以下，则气体全部变为液体。

处于亚临界状态的气体发生吸附时，当压力达到该气体的饱和蒸气压力时，气体即发生凝聚，直到全部液化为止（Adamson，1998）；而处于超临界状态时，由于气体不凝聚，游离相气体密度和吸附相气体密度均随压力增加而增大，当二者增加速率相等时，等温吸附曲线出现最大值，随后气体吸附量出现负增长；当游离相气体密度大于吸附相气体密度时，吸附量为负值（周理，2004），其等温吸附曲线表现为初始部分吸附量随压力单调增加，达到吸附量最大值后随着压力增大（吸附量）反而下降（图 4-4）；此外，对于某些特定的吸附体系或实验条件，甚至出现吸附量为负值的情况（Bose，1987；崔永君，2003）。实际上，在超临界状态下等温吸附曲线不符合 Langmuir 模型的事实在化工学界早已被广泛认识（Menon，1968）。在油气资源勘探研究领域中，实际地层温压条件下天然气在泥页岩储层中的吸附现象符合超临界状态下气体的非凝聚吸附机理，因此应用基于凝聚机理的 Langmuir 模型描述天然气吸附特征时存在缺陷。

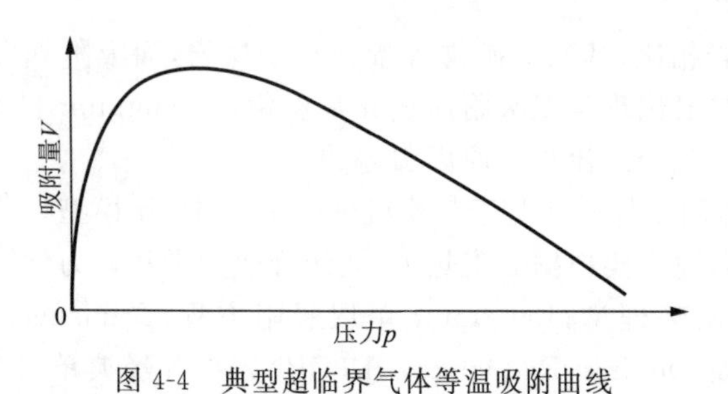


图 4-4 典型超临界气体等温吸附曲线

甲烷的临界温度为−82.6 ℃，临界压力为 4.5 MPa（崔永君，2003）。甲烷在常温及地层温压条件下为超临界气体，即使压力再高也不可液化。因此，甲烷在泥页岩中的吸附不遵循毛细管凝聚机理，其吸附、脱附平衡是典型的不可冷凝气体吸附平衡，形成超临界非凝聚吸附（Tan，1990），因而应用 Langmuir 方程描述其吸附过程必将出现较大差异。

③ 等温吸附实验测试仪器和流程对页岩气的适用性。

页岩储层等温吸附实验中经常出现实验数据离散无规律的现象（图 4-3），方俊华等（2010）认为，其主要原因为煤岩与页岩在黏土矿物含量、含水量和有机组分存在方式等方面均存在较大差异，可以通过改进实验流程或附加一个校正系数来解决。目前等温吸附实验仪器的测试精度能较好地满足煤岩储层吸附气的测试要求，但泥页岩储层与煤岩相比存在较大差异(表 4-1)，泥页岩储层的比表面积比煤岩小得多(大多小于 10 $m^2/g$)，相应的吸附量也小，通常超出测试仪器的测试范围，测试仪器的灵敏度无法满足其测试要求，因此由于测试仪器误差会导致出现实验数据不规律或反映错误规律等情况。此外，实验操作过程中的疏忽也有可能形成异常，例如若样品阀未按规范要求打开，则实验数据出现负值的概率为100%；若页岩样品预处理不充分，如脱水未净等，也会造成实验数据出现较大偏差。

**表 4-1 泥页岩储层与煤岩储层对比**

| 对比项目 | 泥页岩储层 | 煤岩储层 |
| --- | --- | --- |
| 岩石成分 | 黏土矿物、有机质、矿物碎屑 | 有机质 |
| 有机碳含量 | 0.3%～30.0% | 一般 30%～85% |
| 天然气主要赋存状态 | 吸附态、游离态 | 吸附态、溶解态、游离态 |
| 吸附气比例 | 20%～85% | 70%～95% |
| 比表面积 | 0.6～52.0 $m^2/g$ | 100～400 $m^2/g$ |
| 裂　隙 | 不发育或发育程度不等 | 独特的割理系统 |
| 孔隙结构 | 基质孔隙单孔隙结构或基质孔隙与裂隙双孔隙结构 | 基质孔隙和裂隙双孔隙结构 |
| 孔隙大小 | 中孔、微孔为主 | 多为微孔 |
| 孔隙度 | 小于 10%，一般 1%～5% | 一般小于 10% |
| 渗透性 | $(0.001\sim2)\times10^{-3}\ \mu m^2$ | 一般小于 $1\times10^{-3}\ \mu m^2$ |

(3) Langmuir 模型的改进。

在泥页岩储层等温吸附实验中，若仍采用 Langmuir 模型表征异常的等温吸附曲线，则计算所得的 Langmuir 体积和 Langmuir 压力参数严重失真，影响对页岩储层吸附能力和吸附气含量的正确判断。为解决该问题，可通过改进 Langmuir 模型或对实验所得吸附量数据进行校正，以获取相对准确的特征参数。

前人为描述超临界状态气体等温吸附曲线做了较多的研究工作，提出了 Langmuir-Fraundlich(L-F)超临界高压吸附等温线模型(胡涛，2002)、D-A 方程(周理，2000)、新等温线方程(Zhou，2001)及超临界吸附等温线最终形式模型(周理，2004)等，主要应用于天然气存储、代油燃料等研究中；崔永君等(2003)提出对吸附实验得到的 Langmuir 参数进行体积校正后加以应用，发现对煤层吸附甲烷的 Langmuir 参数进行校正前、后的差别明显，校正前 $V_L$为31.84 $cm^3/g$，$p_L$为 1.90 MPa，而校正后 $V_L$大于 49 $cm^3/g$，$p_L$大于4.45 MPa。

(4) 实验操作流程的改进。

针对页岩储层的特性，通过改进实验操作流程可以降低由于实验仪器测试精度和操作不当引起的异常，主要包括：① 加大测试页岩样品的质量，以提高总吸附气含量；② 直接对页岩新鲜样品粉末进行实验，防止水与黏土矿物之间发生复杂反应而影响吸附气含量的测定，或者在对样品进行水洗后充分脱水、烘干；③ 规范实验操作流程，减少人为引起的误差。

总之，将煤层气等温吸附特征研究中的模型、仪器和操作流程简单应用于页岩气等温吸附特征研究中时，普遍存在实验数据变化规律与 Langmuir 模型不符的现象，但这种异常还未引起前人足够的重视。分析认为，该类异常主要由两方面原因造成：一方面是由于 Langmuir 模型是基于凝聚机理的，而地层温压条件下甲烷处于超临界非凝聚状态，因此造成实际实验数据与理论模型偏离；另一方面是由泥页岩储层与煤岩储层在成分、结构上存在较大差异，测试仪器精度不够，或预处理不充分造成的。因此，页岩气的等温吸附特征需要针对其自身特点进一步研究适用的模型，开发测试精度更高的等温吸附仪，并针对泥页岩储层特点规范操作流程，为科学地表征泥页岩储层吸附机理和变化规律奠定扎实基础。

### （二）现场解吸

对样品含气量现场测试的研究开始于 20 世纪 70 年代，但自美国矿业局提出浮力法含气量测试方法（USBM）以来，目前在含气量测试理论、原理、方法及技术方面鲜有重大进展。

1. 测试方法和理论

针对含气量测试的研究起源于 20 世纪 70 年代美国矿业局对煤层瓦斯含气性的研究，该套方法又称为 USBM 直接法。USBM 直接法即解吸法。煤样在解吸过程中的含气量由损失气、解吸气和残余气三部分构成。损失气是在钻井及提钻过程中逸散的天然气数量，通常为游离气及靠近岩心表面的吸附气；解吸气是将岩心装入解吸仪之后在一定时间范围内所获得的有效天然气数量，主体反映为岩心中的吸附气数量；残余气则是解吸过程结束后残余在岩心内部或经过更长时间才能获得的天然气数量，一般不代表岩心含气量的主体。该方法的基本指导思想是在钻井过程中准确记录几个关键时刻，待岩心提上井口后迅速将其装入密封罐，在模拟地层温度条件下测量样品中自然解吸气量；解吸结束后，利用实测解吸气量和解吸时间的平方根进行线性回归求得损失气量；最后将岩心粉碎，测量其残余气量。

该方法中的损失气量部分是在钻井过程中损失的天然气量，难以直接测量，这是决定测试结果准确度和可靠性的难点。Bertard 等(1970)使用天然气计量和扩散速率结合的方法来估计煤层损失气，并提出气体的释放量与时间的平方根具有一定的相关性，后经美国矿业局改进和完善，成为美国煤层含气量测试的工业标准。Kissell 等(1973)对 Bertard 的理论进行了重新界定，认为煤层气解吸的本质是天然气的扩散过程，可用扩散方程进行描述，并在此基础上提出了直接测量法，即假设天然气吸附达到饱和状态且扩散系数为一常量，将煤心提至孔深一半的时刻设为时间零点，煤层气开始解吸。该方法确定的散失时间与取心时使用的钻井液类型有关。当使用清水或钻井液钻井时，散失气时间为提钻时间的一半加上在地面岩心装入解吸罐之前的处理时间；当使用空气或泡沫钻井时，散失气时间为从钻遇岩心到岩心装入解吸罐之间的时间(Kissel，1973)。在进行损失量估算时，可利用时间平方根与解吸气量直线的反向延长线推算从时间零点开始至岩心装罐时的天然气损失总量。采用该方法进行计算的前提是假设解吸气量在前 10 h 内与时间平方根呈正比。美国新墨西哥大学的 Smith 和 Williams(1981，1984)针对美国矿业局所建立的损失气量恢复方法的技术缺陷，提出了适用于描述钻井液条件下以煤屑作为研究对象的煤层气含量测定方法，该方法称为 Smith-Willlams 解吸法。该方法认为，煤心边界的煤层气浓度可因时间不同而发生变化，并在此基础上建立了煤层气体积修正系数、损失气体积和提钻时间之间的关系，但该方法还需要进一步改进(Smith 和 Willlams，1981，1984)。Ulery 和 Hyman(1991)侧重在实验技术条件和方法方面提出改进意见，建议含气量测量记录时的最小变化标准及其所需要的时间，并增加解吸时的大气压力和温度条件，以获得更准确的损失气量恢复数据。Yee 等

(1993)对所取得的解吸数据按照扩散方程进行拟合，经对比后认为，直接法仍然是获得损失气量的最好方法。该结论与美国煤层气研究所及其他研究者所得的结论一致。阿莫科公司的Seidle等(1993)针对直接法和Smith-Willlams法针对煤层气损失量时存在的缺陷，提出了曲线拟合法。该方法要求符合以下四个假定条件：煤心中的煤层气解吸过程可以用扩散方程描述；提钻时煤心中的天然气开始解吸；提钻过程中，钻井液作用在煤心上的压力呈线性递减；煤层气解吸速率及损失气量可以借用空气介质中的解吸数据进行拟合。该方法目前也被部分采用。于良臣(1981)也就取心过程中的煤心瓦斯气的解吸规律进行过研究，并依据我国高瓦斯煤层气压力与埋深之间的关系推算得到了损失气量统计方程。范长生和杨民仓(1994)在探讨利用解吸法估算瓦斯气损失量时，分析了煤心瓦斯气解吸机理，并给出了开始解吸的"时间零点"计算公式。

解吸气量可以在取心现场直接测定。样品解吸可分为自然解吸和快速解吸两种。自然解吸时间长，但其测量结果更准确；快速解吸时间短，方便野外现场使用。快速解吸可通过岩心破碎和高温等多种方法实现，在煤层气中应用的准确率一般大于90%(庞湘伟，2010)。

关于残余气的获取，McCulloch等(1975)提出了一种图示法用来估测残余气，并建议在标准温度21 ℃条件下进行试验。Diamond和Levine(1981)推荐了一种测试煤层和页岩残余气的新方法，即将样品在封闭球型研磨室内碾碎，进而提高测试精度。

现场解吸法于20世纪80年代初引入我国，在测定煤层气含气量中被广泛应用。原煤炭工业部1994年颁布实施的《煤层气测定方法(解吸法)》(MT/T 77—94)以及2004年国家标准委员会颁布实施的《煤层气含量测定方法》(GB/T 19559—2004)中，煤层气含气量的获取就是以该方法为核心，同时在残余气含量测定方法上做了较大改进。将用于残余气测定的球磨罐固定在球磨机上，破碎2～4 h，然后放入恒温装置，待恢复储层温度后观测气体量，之后折算到标准状态(20 ℃，101.325 kPa)下的残余气含量。

USBM直接法同样应用在页岩气含气量测试中。该方法在泥页岩岩心录井现场完成，岩心取到地面后，迅速装入样品罐中，并增温到样品在地下的温度。此过程中，连续搜集与测量样品中解吸出的天然气量。泥页岩的总含气量包括损失气量、解吸气量及残余气量。损失气量是从岩心离开地下原埋藏处到进入解吸罐之前的时间段内散失掉的、无法测定的这部分气量，通常根据解吸气量和解吸时间的平方根进行线性回归，应用图解法(图4-5)或公式法来求得；解吸气量是样品在解吸罐中模拟地层温度条件下，在一定时间内释放出的、可搜集并测定的天然气量；残余气量是经过一段时间解吸，解吸测定实验结束后样品中仍未释放的那部分气量，可以通过将岩心样品粉碎来测定气量。

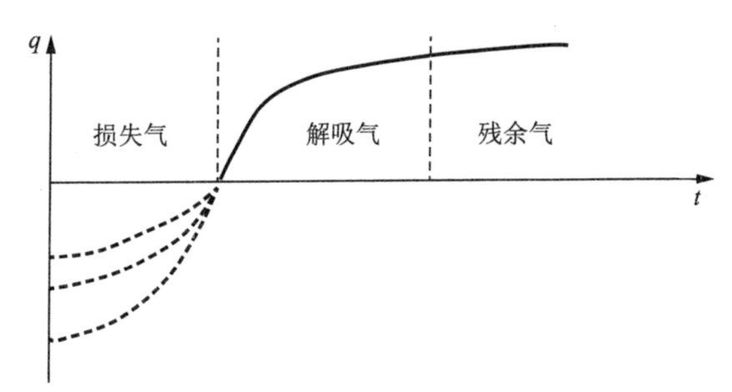


图4-5　解吸法测定样品含气量模式图(据张金川，2011)

国内对页岩气损失气量估算多采用USBM直线回归法，样品损失气量通常通过直线回归法获得。USBM法估算样品损失气量基于以下假设：样品为圆柱形模型；扩散过程中温度、扩散速率恒定；扩散开始时表面浓度为零；气体浓度从颗粒中心扩散到表面的变化是瞬时的（谭茂金，2010）。根据扩散模拟，在解吸作用初期，解吸的总气量随时间的平方根呈线性变化，因此，将最初几个小时解吸作用的读数外推至计时起点，运用直线拟合可以推出损失气量。利用最小二乘法把最初呈直线的实测解吸点进行回归即可求出损失气量，另外，也可以通过图解法计算损失气量：将不同时刻的解吸气量作为纵坐标，与其对应的$\sqrt{t_0+t}$作为横坐标作图，选取解吸最初呈直线关系的各点连线的延长线与纵坐标相交，直线在纵坐标上的截距即为所求的损失气量（图4-6）。直线回归法估算损失气量简单，容易操作，但是误差较大。Bertard（1970）的实验结果表明，气体释放的速率与解吸最初20%的时间的平方根呈线性关系，当取心时间长、损失气量大时，直线回归估算的损失气量要比实际的损失气量小；另外，由于取心过程造成岩心温度降低，解吸升温时模拟地层原始温度，在这个过程中岩心的温度是一个先降低又升高的变化过程。实验表明，由于温度变化造成的损失气量估算结果同样比实际情况低（Mavor，1991）。因此，在使用直线回归法估算损失气量时，应当尽量少用或者不用解吸最初不稳定的点。多项式回归法比直线回归法吻合性更强，但估算出的损失气量通常比实际损失气量高。直线回归法和多项式回归法都是一种线性回归，简单、容易操作，其估算结果能够基本满足勘探阶段的要求。另外，还可以使用多项式回归法和直线回归法的结果作为估算损失气量的上、下界，从而获得一个损失气量的范围，或对直线回归法和多项式回归法的结果根据经验进行加权平均，这样比单一地使用直线回归法或者多项式回归法的结果更合理。

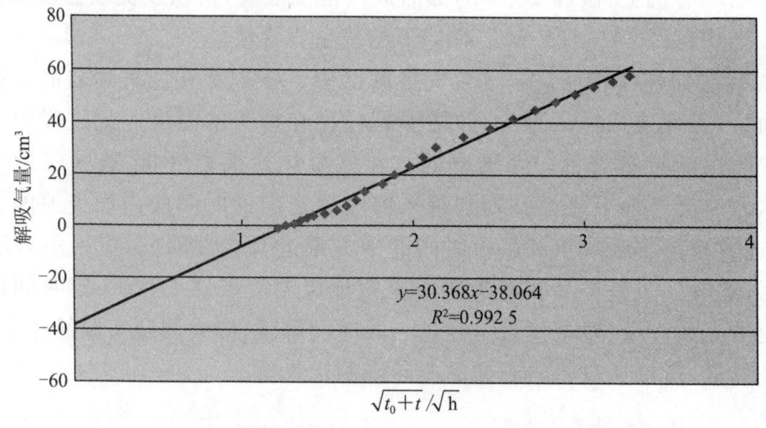


图4-6　通过USBM法求取页岩损失气量（据SCAL，2011）

解吸气量测定广泛使用的岩心解吸气测量装置主要分为解吸罐、集气量筒和恒温设备三部分，其基本构成如图4-7所示。测试时，首先要准确记录下钻井取心的几个关键时刻，按规范填入解吸记录表中，当岩心从地下取出时，迅速装入盛有饱和盐水的解吸罐中，放入恒温设备（恒温设备温度为地层埋深条件下的温度），让岩心在解吸罐中自然解吸，并按时记录不同时刻的解吸气体积，直到解吸结束。

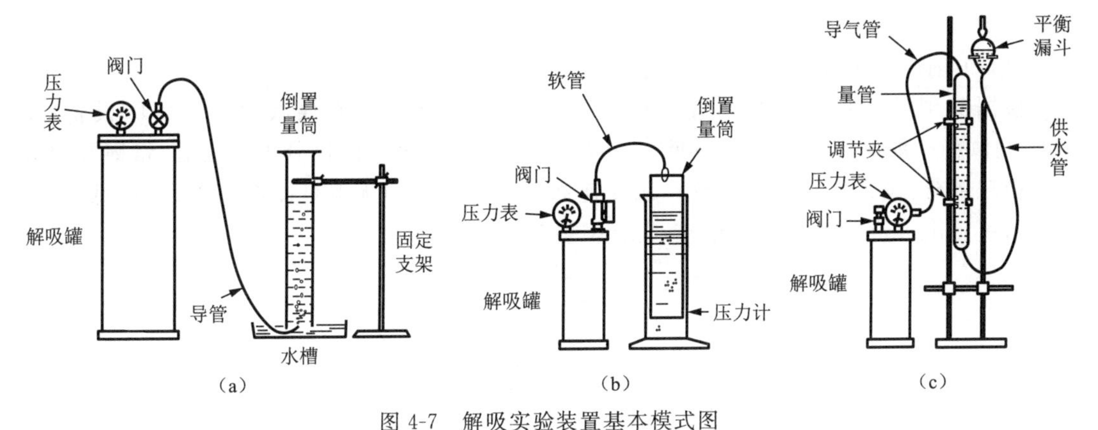


图 4-7　解吸实验装置基本模式图

(a) 据 Bertard,1970;(b) 据 Camp,1992;(c) 据 TRW,1981

解吸完毕后,将岩心样品使用球磨机粉碎后放入恒温装置,待恢复储层温度后测量解吸出的气体总量,换算成地面标准状态下的体积,最后换算成单位质量的含气量。残余气量的测量估算方法主要有五种,即破碎法、图示法、球磨法、曲线拟合法和高温法。球磨法是目前测量残余气量的最常用方法。但是,这几种方法都存在许多不足:① 页岩气的赋存空间主体是纳米级的,即使压碎研磨,其粒级一般也只能达到约 60 目,未必能够使残余气顺利解吸;② 若采用破碎法或者球磨法,操作过程中无法排除空气混入的影响,此外,即使有抽真空,也不可能达到完全的真空状态;③ 破碎或者球磨操作过程中会导致部分残余气体散失;④ 研磨机笨重,携带操作不便;⑤ 实验时间相对较长,工作效率低,不利于快速解吸;⑥ 高温法加热不彻底,不能使样品所有的残余气解吸出来;⑦ 图示法是基于破碎法展开的,所以其可靠程度较低,而曲线拟合法只是一种从数值的角度进行理论预测,其值可靠性严重受限于解吸时间的长短等因素影响,导致结果与真实值之间还存在一定的差距。操作过程中研磨粒级大小、取换样品罐、抽真空程度可能造成的空气混入和气体的散失等都会影响测量结果,此外,预测过程中理论计算模型的不完善等也可能造成理论和系统误差,从而导致残余气量计算结果不准确。

将解吸得到的总含气量数据换算为地面标准状态(温度 20 ℃、压力 101.33 kPa)下的解吸气体积,除以岩心质量即为单位质量样品含气量 $Q_{解吸}$。

现场解吸法获得的是近似总含气量,提高其准确性一方面应注意尽量减少损失气量,以免常规取心起钻时间长,损失气量大,造成最终测定的总含气量可靠性较差;另一方面在解吸气时应模拟地层条件,尤其是地层温度条件,以便准确反映气体在地层原始条件下的解吸速率。泥页岩比煤层的含气量通常低得多,特别是当测试样品体积较小时;且泥页岩的自然渗透率极低,解吸速度慢,因此,常规煤层气解吸设备应用在页岩气中往往精度不够,甚至无法应用。

应用现场解吸法测定泥页岩含气量,减少钻井取心过程中样品的气体散失是提高测量精度的重要方法。针对这一问题,美国 Weatherford 实验室采用密闭取心实验技术,最大程度减少气体散失;SCAL Inc 开发的 Quick-Desorption 快速解吸技术采用二次取心的方法,从大直径的岩心中取出直径小的岩心进行测量,减少了损失气量和解吸时间,且该系统采用了多种自动计量技术,能够方便记录泥页岩的解吸过程(Vasilache,2010)。

2. 测试设备

(1) 中国煤炭工业部含气量解吸仪。

根据美国矿业局的实验装置,中国煤炭工业部设计了一套煤层含气量解吸设备(图4-8),测试精度能够满足煤层气初期勘探时的基本要求。该测试仪分为解吸罐、量筒和恒温水浴箱三部分,设备之间用橡皮胶管相互连通。这套设备的优点是操作简单、成本低,缺点是实验装置由大量的橡胶导管相连,实验误差较大。

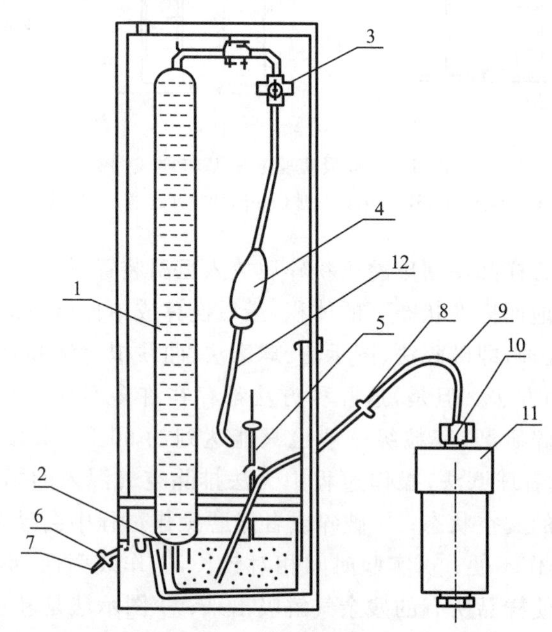


图4-8 中国煤炭解吸实验装置基本模式图

1—量管;2—水槽;3—螺旋夹;4—吸气球;5—温度计;6,8—弹簧夹;7—排水管;9—排气管;10—穿刺针头;11—密封罐;12—取气导管

(2) SCAL解吸仪。

SCAL公司研发的解吸仪集成在一辆工作车上,主要包括两个机械对流实验室烘箱、不锈钢罐和精确的含气量测量系统。测量系统包括工业计算机接口与一台笔记本电脑,通过数码变频发电机和UPS系统来供电(图4-9)。该设备的优点是操作相对便利,可以对样品进行二次取心并带回实验室测定含气量,缺点是成本较高。

图4-9 SCAL解吸仪

二次取心是在钻井现场使用便携式金刚石钻头(直径为25.4 mm)钻入全直径样品的中

心，取出岩心。这些较小的样品可以被加载到解吸罐中，带回实验室测定其含气量。解吸设备测定出的气量为解吸气量（图 4-10）。估算样品损失气量的方法还是沿用 USBM 法，即解吸初期解吸气量随时间的平方根呈线性关系，再应用直线拟合法估算损失气量（图 4-11）。正常解吸结束后，将样品粉碎后放入恒温装置，待恢复到标准大气压后测量析出的气体总量为残余气量。实验样品的总含气量为损失气量、解吸气量和残余气量三者之和。

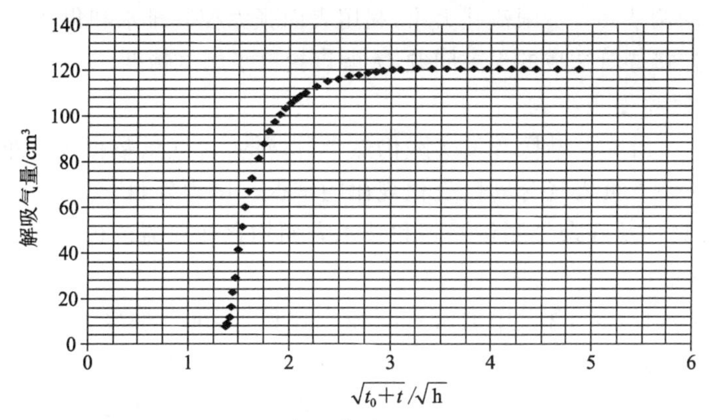


图 4-10　解吸曲线（SCAL，INC）

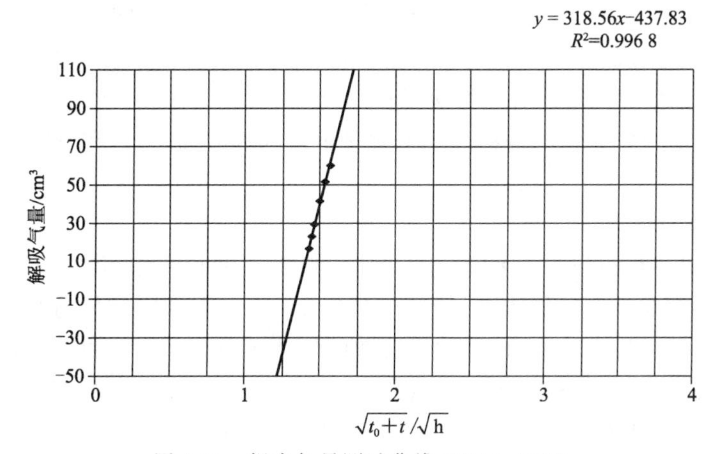


图 4-11　损失气量测试曲线（SCAL，INC）

（3）Weatherford 解吸仪。

Weatherford 解吸设备分为解吸罐、量筒和恒温水浴箱三部分（图 4-12）。实验样品的含气量同样是损失气量、解吸气量和残余气量三者之和。Weatherford 测定样品含气量的原理与 SCAL 公司的基本相同，只是在损失气量的估算方面稍有差别：前 3 h 解吸采用钻井液循环温度，并利用解吸数据线性回归获得损失气量，3 h 后再恢复到储层温度环境下继续解吸。该设备的优点是对样品含气量的估算相对精确，缺点是设备太庞大，只能用于室内操作，且成本高。

图 4-12　Weatherford 解吸设备

近年来，中国石油、中国石化、中国地质大学（北京）、中国地质调查局及相关科研院所、企业等，积极开展页岩含气量测试系统的研发，出现了一批专利和设备。例如中国地质大学(北京)张金川教授团队已提出并试制成功了改进的解吸气测量设备及其实验方法，其原理之一为应用液体表面张力对集气量筒中的盐水进行毛细管封闭。实验设备主要包括解吸罐、集气量筒和恒温水浴箱三部分。其中，集气量筒设有排水孔和通气孔的封口，排水孔设有调节阀，通气孔设有与密封罐的阀口相匹配的开关阀，调节阀沿圆周方向从小到大依次分布有直径不等的限流孔，通过转动调节阀设置限流孔大小，利用表面张力控制排水和集气。该技术突破了浮力法原理，解决了连接导管造成的误差问题，大幅度提高了测试精度。

3. 存在的问题和发展方向

我国页岩气理论研究及勘探开发实践仍然十分薄弱，含气量数据无法准确测试获得，影响了对复杂地质条件下页岩气含气性变化规律的掌握。国内外目前应用的页岩气含量测试设备在损失气、解吸气及残余气测量原理和技术方面均存在急需改进的问题。

(1) 损失气测量。

损失气在非常规储层气含量中通常占有较大比例，其准确性极大地影响了测试最终结果的可靠性。损失气是在钻井工程实施中散失的天然气，一方面可通过改进常规密闭取心设备，最大限度降低损失气量；另一方面借助二次取心等手段，通过数据关系拟合及回归方法计算进行估计。这两方面技术均需要较大的改进和突破，主要表现在：① 损失气的恢复中目前主要采用 USBM 直接法，该方法能基本满足煤层气勘探初期基本精度要求，但远远达不到页岩气等非常规储层气含量的测试要求，需要在恢复原理和拟合模型上开发新思路；② 密闭取心是减少损失气量的有效方法，但常规密闭取心设备在非常规储层含气量测量时基本无效，常规密闭液难以密闭提钻过程中解吸出来的天然气，可以在密闭方式和取心筒上进行改进。

(2) 解吸气测量。

解吸气测量中存在的问题主要有：① 在部分解吸实验设备中，使用导管将样品罐与集气量筒进行连接，存在较大的气体空载体积，常有大量空气混入集气量筒并参与解吸气量计量，严重降低了仪器的测量精度，也影响了后期的气体组分分析；② 测试设备温度控制范围窄，无法模拟各类储层温压条件，限制了深层样品含气量测试结果的可靠性；③ 游离气、吸附气及溶解气的构成比例不易确定。提高解吸气的测量精度是含气量解吸系统的关键，分析现有设备影响测试精度的主要原因，采取有针对性的改进措施，去除冗长导管，改善设备结构，增加测试稳定性是需要解决的主要问题。

(3) 残余气测量。

残余气的获取具有重要的理论研究意义，它代表了现实生产中无法采出的气量。使岩心中残余的天然气快速、充分地析出是需要解决的关键技术。球磨法是目前残余气测量的主要方法，但通过压碎研磨法一般只能将储层破碎至 60 目左右，而非常规储层天然气初级空间以微米—纳米孔为主，因此研磨方法通常无法使残余气完全解吸；在操作过程中无法排除空气混入的影响，并会导致部分残余气体散失，测量精度较低；研磨机较笨重，实验时间较长，携带操作不便，解吸速度慢。

## 二、含气量影响因素

泥页岩层系中的天然气主要以吸附态和游离态共存(Courtis，2002；张金川，2008)，影响吸附气含量和游离气含量的因素均会影响页岩总含气量大小。

研究认为，影响页岩总含气量的因素可分为内部条件和外部条件两类。

### （一）内部条件

内部条件主要指泥页岩层系自身的生气和储集能力，主要包括有机质含量、有机质类型与成熟度、储集物性、厚度、矿物组成等因素。

1. 有机质含量

有机质的存在是在页岩中形成天然气聚集的核心要素。有机质含量在页岩气形成中的作用主要表现在四个方面：① 有机质的存在使泥页岩层系本身具有生气能力，生成的烃类首先使泥页岩层系自身达到饱和后才能开始向外运移。当处于生气窗范围内时，其他条件相同的情况下，有机质含量高则总生气量大。② 有机质是吸附天然气的主要介质，有机质越丰富，则比表面积越大，能够吸附的天然气越多。③ 有机质中发育大量的纳米级孔、微孔隙，且这些孔隙会随着有机质热演化成熟度的增加而增加，它们是储集游离气的重要空间。④ 有机质在泥页岩层系中的连续分布状态决定了页岩气连续分布、无明确物理边界的非常规资源基本特征。在以上四方面作用的影响下，页岩有机质含量越高，越有利于页岩气聚集。

美国已商业开发的海相页岩层系有机碳含量主要分布范围为 0.5%～25.0%。美国地质调查局(2010)、美国先进能源公司(2010)、斯伦贝谢公司(2006)及多位研究者(Schmoker,1999;Bowker,2007)认为，产气页岩的平均有机碳含量下限为 2%。例如，福特沃斯盆地 Barnett 页岩 Newark East 气田生产井岩屑样品有机碳含量范围为 1%～5%，平均为2.5%～3.5%，且有机碳含量高的地方页岩气产量大；阿巴拉契亚盆地 Ohio 页岩的产气部分有机碳含量均大于 2%(Curtis,2002)。

我国页岩气地质条件复杂，类型多、层系多、构造演化期次多。结合我国近年的页岩气勘探开发实践，主流观点认为，我国具有页岩气资源潜力的有机碳含量下限为 0.5%(张金川等,2012)，可进行页岩气开发的泥页岩层系有机碳含量下限应大于 2%(邹才能等,2009)，最好为 3%～10%(包书景,2012)。

2. 有机质类型与成熟度

有机质类型和成熟度决定了泥页岩的生烃产物和页岩气成因类型。页岩中赋存的各种类型有机质均具有生成天然气的潜力，但生烃演化特征各具特点，而成熟度是影响页岩产气率的重要因素。埋藏较浅时，当适于产甲烷菌活动的条件具备时，各种类型的有机质均可被微生物降解产生生物气，随着埋深的增加发生热降解或热裂解形成热成因气。Jarvie 等(2007)认为，有机质的转化不仅能形成天然气，还能提高泥页岩基质中的孔隙度。在热成因气生气窗内，从Ⅰ型、$\text{Ⅱ}_1$型、$\text{Ⅱ}_2$型到Ⅲ型有机质，总生气量依次减小，生气门限依次降低。通常认为，Ⅰ型有机质在 $R_o$ 达到 1.2%时开始进入生气高峰，Ⅱ型有机质 $R_o$ 为 0.7%～1.0%时开始大量生气，Ⅲ型有机质 $R_o$ 达到 0.5%时即开始生气。当 $R_o$ 大于 2%时各种类型有机质仍具有相对稳定的生气和储气能力。

美国页岩气主要产于泥盆系、石炭系、侏罗系和白垩系，有机质类型以海相Ⅰ型和Ⅱ型为主。生物成因页岩气开发深度范围为 152～671 m，热成因页岩气开发深度范围为 914～4 115 m，有机质成熟度($R_o$)范围为 0.4%～3.0%，以热成因气为主(Schenk,2002)。例如美国 Barnett 页岩气能产生工业气流的最佳成熟度指标 $R_o$ 为 1.4%，Marcellus 页岩有机质 $R_o$ 超过了 3.0%，但在已部分石墨化的焦沥青基质中仍然存在孔隙并具有储集能力(Laughrey,2011)。

根据我国渤海湾盆地和鄂尔多斯盆地陆相富有机质泥页岩的生烃模拟实验结果,Ⅰ型干酪根在 $R_o$ 大于 1.2%时以生气为主,其中Ⅰ型干酪根的生气率是Ⅲ型干酪根的 5～6 倍,$Ⅱ_1$ 型和 $Ⅱ_2$ 型干酪根的生气率分别是Ⅲ型干酪根的 2～4 倍,Ⅱ型有机质 $R_o$ 在 1.0%左右由油窗进入凝析油和湿气窗。

3. 储集物性

页岩储层为致密储层,在常规油气勘探开发过程中,含气孔隙度下限从 10%下降为 5%,致密砂岩气的开发又使含气孔隙度下限降低为 3%,而页岩气则进一步将具有开发价值的含气孔隙度下限降低为 1%,原因是页岩储层中不但有游离相天然气,而且还可以缓慢产出与游离气大致相当的吸附气。页岩中的游离气主要赋存在微孔隙和天然裂缝中。页岩中的孔缝类型主要包括有机质内孔隙、矿物内孔隙、矿物间孔隙、溶蚀孔、构造或成岩微孔缝等,孔缝大小从几纳米到几百微米不等。另外,泥页岩层系中的粉砂岩薄夹层也提供了丰富的储集空间。

页岩基质孔隙度、渗透率通常很低,孔隙度为 1%～5%,渗透率为 $(0.1\sim1)\times10^{-6}$ mD,其值通常与微裂缝发育密切相关。页岩裂缝在页岩气聚集和开发中均具有双重作用:① 在页岩气聚集中,一方面适度发育的裂缝是天然气储集的有效空间和良好场所,能够在很大程度上改善页岩孔渗性,增加页岩地层中的游离气含量;另一方面,它又可能导致页岩中天然气的散失和泄漏,减小页岩地层的含气量甚至破坏页岩气藏。② 在页岩气开发中,一方面裂缝为天然气向井筒中的流动提供了通道(页岩本身具有非常低的原始渗透率,如果天然裂缝发育不够充分,则需要压裂来产生更多裂缝以使更多的裂缝与井筒相连);另一方面,如果裂缝规模过大,则可能导致天然气散失或气、水层相通。例如,在福特沃斯盆地 Barnett 页岩中,裂缝特别发育的区域往往是天然气产率最低的地区,页岩气高产井主体均分布在裂缝欠发育的地区(Bowker,2007)。通常认为,在相同的力学背景下,泥页岩厚度、有机碳含量、矿物成分及含量等是影响裂缝发育的重要因素。目前,进行商业化开采的页岩气藏,少数天然微裂缝发育(约 10%),大多数需要进行压力改造形成微裂缝(约 90%)。

4. 厚　度

厚度主要指包含薄夹层在内的泥页岩层系厚度,对页岩气形成的影响主要表现在四个方面:① 较大的厚度使泥页岩层系具有足够的生气量和储集空间,保证了一定的规模;② 较大的厚度更有利于页岩气的保存,减少页岩气中游离部分的散失量;③ 在快速沉积的背景下,较大的厚度易于形成异常高压,利于产出较高的含气量;④ 在对页岩气进行开发压裂时,较大的厚度能有效避免压穿窜水现象。

美国已开发页岩气的页岩厚度为 6～180 m,例如,Arkoma 前陆盆地的 Fayetteville 海相页岩有效厚度为 6～60 m,Fortworth 前陆盆地 Barnett 海相页岩有效厚度为 30～180 m,Michigan 克拉通盆地 Antrima 海相页岩有效厚度为 20～40 m。

5. 矿物组成

页岩主要由黏土矿物、黏土粒级的碎屑矿物及有机质组成。黏土矿物主要包括伊利石、蒙脱石等,是吸附有机质的重要介质,通常黏土矿物含量与有机质含量呈正比。碎屑矿物以石英、长石、碳酸盐矿物及黄铁矿为主,多为黏土级、粉砂粒级,主体表现为脆性。碎屑矿物含量影响页岩的力学性质与可压裂性,通常认为脆性矿物含量大于 30%时方可适于压裂开发。

### （二）外部条件

外部条件主要指泥页岩层系所处的环境。在内部条件各参数达到下限的前提下，外部条件可能对含气量起到主要控制作用。

1. 埋藏深度

页岩中吸附气与游离气共存，埋藏深度跨度大。美国1821年第一口天然气（页岩气）井在地下仅8 m深处产出的天然气即用于路灯照明，目前最深产气页岩为4 270 m；我国南方地区在页岩中开采金属固体矿产的地表水平巷道中，页岩气析出导致甲烷富集，增大了瓦斯的爆炸危险，亦在埋深3 500 m以下获得良好试气效果。

尽管如此，埋藏深度对页岩含气量的影响仍是十分明显的。随着埋藏深度的增加，页岩所处环境发生的变化主要有：① 有机质热成熟度增加、生气量增加、有机质内孔隙增加；② 压力增大、温度升高，影响吸附气含量；③ 封闭性增强，保存条件变好等。

随着埋深增加，生气量增加，游离气与吸附气含量均缓慢增加。压力和温度对含气量的影响可划分为三个阶段：① 阶段一，压力的增大使吸附气含量迅速增加，游离气含量缓慢增加。② 阶段二，当压力增大到一定值后，吸附气含量的增加变缓并趋于一定值，游离气含量超过吸附气含量。③ 阶段三，温度对吸附气含量的影响超过压力或与压力的影响相当，吸附气含量保持不变或降低；温度对游离气含量的影响不明显，游离气含量仍缓慢增加。从这三个阶段整体变化来看，当深度较浅时，吸附气含量相对较高，随埋深逐渐增加，游离气含量逐渐增大。总体特征表现为页岩总含气量随埋深增加而增大。

随着页岩储层埋深的增加，开发页岩气必要的水平钻井和储层压裂改造成本投入迅速增加（图4-13），在气价和采收率一定的情况下，为了保证经济收益，需要在有利区优选，尤其是开发目标区优选中，考虑储层埋深与含气量两者之间的关系，希望埋深较大的产层具有更高的含气量。

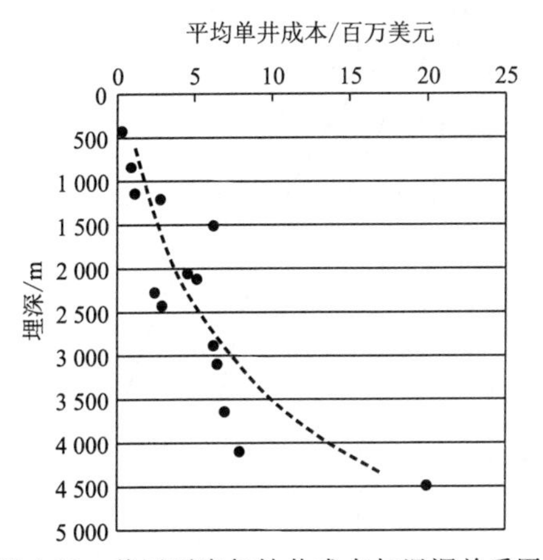


图4-13　美国页岩气钻井成本与埋深关系图

2. 湿　度

湿度对页岩含气量的影响作用较为复杂，与页岩成岩作用、有机质演化生烃等因素有关。在成岩及生烃作用的双重影响下，湿度往往随页岩埋深的增加而减小。当页岩中有机质含量较低、成熟度较低或页岩成岩作用较弱时，页岩储层中可含大量残余水，页岩储层表现为亲水特点，此时地层水具有比天然气更强的吸附能力，页岩中的残余水将占据大量活性表面，从而使天然气吸附能力下降。此外，页岩孔隙与喉道也很可能被水阻塞，导致天然气连通性较差，湿度越大越不利于吸附气含量增加；若页岩有机质含量丰富、有机质成熟度较高、页岩成岩作用较强，则页岩孔隙的内表面可能表现为憎水特点，此时页岩孔隙中可能没有或有极少孔隙水存在，这种情况下湿度对页岩含气量的影响较小。

3. 保存条件

影响页岩气保存条件的因素主要有构造变动、抬升剥蚀、地下水活动、页岩厚度、盖层岩性、断裂发育等。在研究页岩气保存条件时，页岩中的吸附气与游离气在聚集后需综合考虑以下因素：① 是否会由于厚度较薄或盖层及岩性组合变化导致所含天然气易于逸散；② 是否会在后期的一次或多次抬升剥蚀中由于地层压力下降导致部分气量脱吸附；③ 是否会在后期构造运动中由于褶皱、断裂等作用造成散失；④ 是否会由于埋藏较浅等原因而处于地下水交替相对活跃带，造成页岩气散失等。页岩气保存条件目前尚难以定量评价，需结合具体地质条件进行综合研究。

内部条件和外部条件的共同作用决定了页岩中现今的含气量。要形成页岩气聚集，首先需具备基本的内部条件，使内部条件各因素指标值在下限以上；当内部条件适当时，外部条件将对含气量的大小起主控作用。其中，有机质含量、有机质成熟度、埋深、裂缝及保存条件等是影响页岩含气量的关键因素。

4. 影响因素间的补偿关系

具有较高的吸附气含量(20%～80%)是页岩气的典型特征。根据页岩的等温吸附特征，随着地层压力的增加，吸附气含量依照 Langmuir 模型变化。对渝东南地区下志留统龙马溪组21个不同 *TOC* 值的页岩岩心样品(有机质类型为Ⅰ型，$R_o$ 均在 2.0%左右)进行了等温吸附测试，分析结果揭示了在有机质成熟的条件下，页岩埋深、含气量与 *TOC* 之间的关系(图 4-14)。

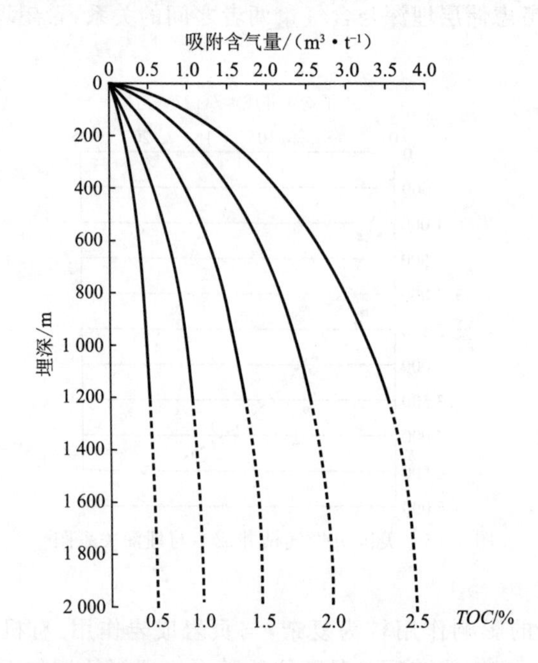


图 4-14　渝东南地区志留系龙马溪组黑色页岩含气量变化图

(1) 埋深相同时，页岩 *TOC* 值越高，吸附气含量越大。

(2) 若 *TOC* 值一定，则随着埋深增加，地层压力升高，页岩吸附气含量逐渐升高，到 1 200 m左右增幅减小，吸附气含量逐步稳定，趋于一个定值。例如，页岩 *TOC* 值为 2.0% 时，1 200 m 以下页岩的最大吸附气含量稳定在 2.5 $m^3/t$ 左右。

(3) 要达到同一含气量，埋深越小就需要有更高的 *TOC* 值，亦即页岩埋深与吸附气含量具有相互补偿的关系(表 4-2)。以达到吸附气含量 1.0 $m^3/t$ 为例来看，埋深 500 m 时需要页岩 *TOC* 大于 1.4%，而在 2 000 m 深度时，*TOC* 只需大于 0.9%即可。

**表 4-2　吸附气含量的埋深与 *TOC* 补偿关系**

| 吸附气含量/($m^3 \cdot t^{-1}$) | 埋深/m | *TOC*/% |
| --- | --- | --- |
| 0.5 | 500 | 0.8 |
| | 1 000 | 0.6 |
| | 1 500 | 0.5 |
| | 2 000 | 0.5 |
| 1.0 | 500 | 1.4 |
| | 1 000 | 1.1 |
| | 1 500 | 0.9 |
| | 2 000 | 0.9 |
| 1.5 | 500 | 1.7 |
| | 1 000 | 1.5 |
| | 1 500 | 1.3 |
| | 2 000 | 1.3 |
| 2.0 | 500 | 2.2 |
| | 1 000 | 1.8 |
| | 1 500 | 1.6 |
| | 2 000 | 1.6 |

可见，页岩含气量、埋深及有机碳含量之间具有相互补偿关系，这种补偿关系使得页岩气目标层段的优选很难用统一的标准值来确定，要获得具有经济价值的天然气产量，对于不同类型、不同埋深的页岩气，要求页岩的有机质含量、含气量等下限值不同。当埋藏深度较浅、开发成本较低、采收率较高时，较低的有机碳含量也是值得考虑的研究对象。

初步研究表明，页岩的含气量同时与多个影响因素有关，而不仅仅受控于某单一因素。当有机碳含量较低时，页岩的厚度、有机质成熟度等其他因素可以对其进行一定程度的补偿而使含气量保持一定规模。同理，当另外一项因素较弱时，其他因素亦可以对其含气量产生弥补作用。因此，只要各因素搭配合理，就能获得较大的含气量。我国目前积累的页岩气生产数据较少，各项参数经济界限值的确定还需在不断积累的实际资料基础上开展深化研究。

页岩中的吸附气含量与有机质含量密切相关，其纵向变化规律相对容易掌握，但游离气含量值影响因素多，变化复杂，吸/游值难以确定，使得页岩总含气量纵向上表现为更为复杂的变化剖面。

美国商业性开采的页岩气主要产自 7 个盆地中的 9 套页岩层，每套产气页岩的参数特征各不相同。主要页岩产层的埋深范围从近 200 m 到 4 115 m，含气量范围从近 0.5 $m^3/t$ 到 9.91 $m^3/t$ 变化，且埋深越大，产层的总含气量越高。将美国主要页岩气产层的含气量、埋深的最大值和最小值分别投入坐标中，发现埋深与含气量的变化关系存在几个明显区域(图 4-15)。根据这些散点可以找到 3 条特征曲线和 3 个典型分区。

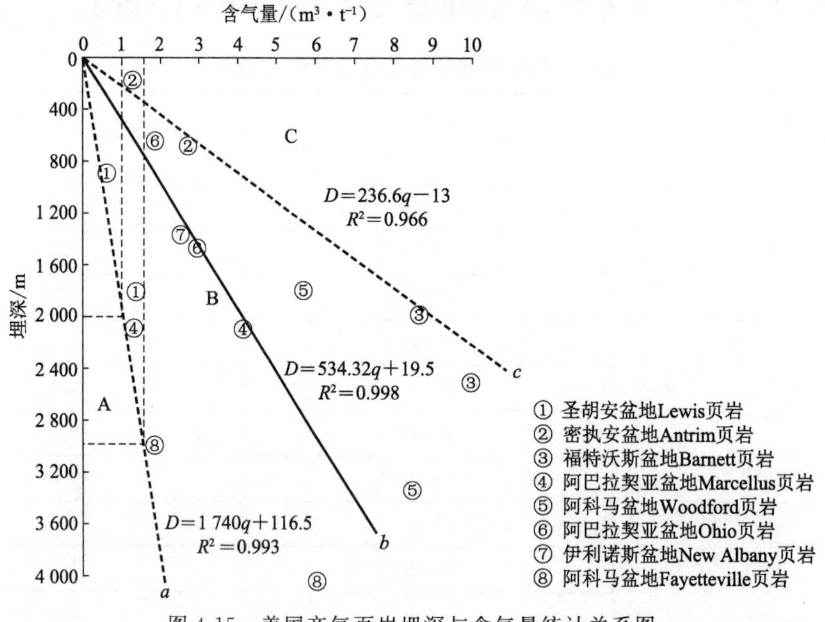


图 4-15　美国产气页岩埋深与含气量统计关系图

曲线 $a$ 代表产气页岩在不同埋深的最小含气量，相当于含气量最小包络线，设 $D$ 为埋深(m)，$q$ 为页岩含气量($m^3/t$)，则按照 $D=1\ 740q+116.5$ 呈直线变化；直线 $c$ 代表产气页岩在不同埋深的最大含气量，相当于含气量最大包络线，按照 $D=236.6q-13$ 呈直线变化；直线 $b$ 代表产气页岩在不同埋深的平均含气量，按照 $D=534.32q+19.5$ 呈直线变化。按照该变化规律，埋深 1 000 m 时页岩的经济含气量下限为 0.5 $m^3/t$，2 000 m 处页岩的经济含气量下限为 1.0 $m^3/t$。

3 条直线将坐标区划分为 3 个区域，区域 A 代表页岩含气量低的区域，基本不具有经济价值；区域 B 代表在自然条件或经过储层改造后能够产出工业天然气流的页岩含气量区域；区域 C 代表页岩天然裂缝十分发育，含气饱和度高，为常规泥页岩裂缝气藏区域。

## 三、含气量变化规律

页岩含气量的实测方法主要包括现场解吸法和等温吸附实验法，但两种方法都存在一些目前尚未解决的问题，影响了含气量测试结果数据代表的含义、精度和可靠性。本书中应用多元统计法，筛选含气量主控因素，尝试建立页岩含气量统计预测模型。

### (一) 含气量主控因素及补偿关系

目前对含气量影响因素的分析多为单因素研究，无论是内部条件还是外部条件，单地质因素对含气量的影响(即在其他条件相同的情况下,某一因素的变化对页岩含气量的影响)规律已基本清楚,例如,有机碳含量与含气量呈正相关关系等。但在实际地质条件中,往往是多种因素同时变化,同时对页岩含气量产生影响,此时需要综合考虑各因素对含气量变化的控制程度和影响大小,预测多因素同时作用时页岩含气量的变化规律。

从图 4-16 可以看到,由于页岩层系时代和沉积环境不同,美国 17 个主力产气页岩中,埋藏深度小的页岩层系具有较高的有机质含量和孔隙度,而埋藏较深的页岩层系具有相对较小的有机碳含量和孔隙度数值。如果按照单因素影响含气量的变化规律,有机质含量和孔隙度都与含气量呈正比,则页岩总含气量应当是埋深越大数值越小。但实际情况恰恰相反,由单井储量所表征的页岩含气量数据显示,埋深大的页岩层系具有更高的含气量。该现象表明,埋藏深度对页岩含气量的影响程度要远大于有机质含量和孔隙度的影响程度。因此,要掌握实际条件下页岩含气量的变化规律,就必须研究多因素同时变化条件下的含气量变化规律,查明主控因素。

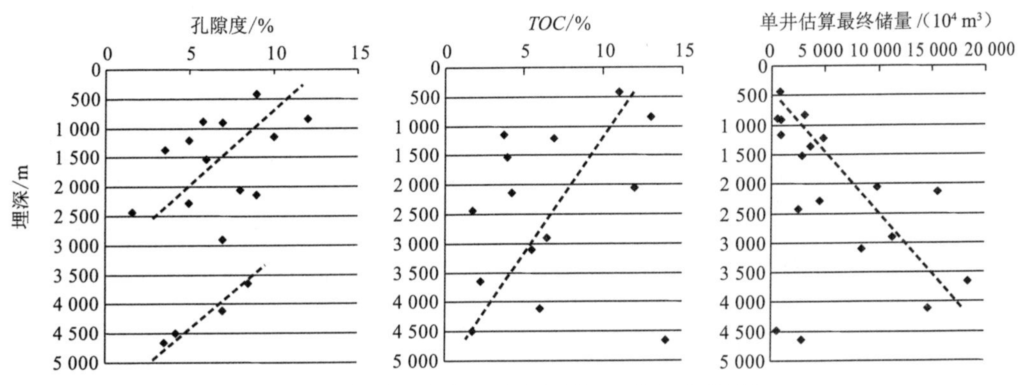


图 4-16 美国主力产气页岩特征随埋深变化关系图

图中数据来源于 EIA(2011),数据点为 Marcellus,Big Sandy,Devonian Low Thermal Maturity,Greater Siltstone,New Albany,Antrim,Haynesville,Eagle Ford,Floyd-Neal & Conasauga,Fayetteville,Woodford-Western,Woodford-Central,Cana Woodford,Barnett,Mancos,Lewis,Hilliard-Baxter-Mancos 产气页岩参数平均值

单元分析所反映的是某一个因素与含气量之间的关系,但在大多数情况下,仅仅考虑单个因素是不够的。实际地质条件下,需要对含气量和多个因素之间的联系进行考查。通过开展多元统计分析,建立多元线性回归模型是解决该问题的有效方法。

多元线性回归分析要求回归模型所包含的参数之间不能具有较强的线性关系,这对于回归模型的估计和检验是很重要的,如果无法满足这些假定,模型参数的普通最小二乘估计将存在一系列问题。因此,对模型中的参数应进行初步分析,确定它们之间无明显线性关系后才能参加统计回归。

### (二) 美国页岩含气量统计规律

美国的页岩气主要发现于中—古生界(D—K),含气盆地围绕加拿大地盾呈"U"形分布。目前,除东北部地区盆地,如阿巴拉契亚盆地、密执安盆地、伊利诺斯盆地等之外,已在中西部地区盆地,如威利斯顿盆地、圣胡安盆地、丹佛盆地、福特沃斯盆地、阿纳达科盆地等获得重大进展。根据美国主要页岩气产区基本参数值(表 4-3),基于多元线性回归分析基本假定前提，采用多元逐步回归方法，对含气量主控因素进行逐步筛选，建立了含气量预测的多元线性模型。

表 4-3　美国主要页岩气产区基本参数平均值(据 EIA，2011 汇编)

| 区域 | 页岩 | 面积/$km^2$ | $TOC$/% | $R_o$/% | 孔隙度/% | 厚度/m | 埋深/m | 含气量/($m^3 \cdot t^{-1}$) | 单井控制面积/$km^2$ | 单井估算最终储量/($10^4$ $m^3$) |
|---|---|---|---|---|---|---|---|---|---|---|
| 东北区 | Marcellus | 27 511.0 | 12.0 | 2.9 | 8.0 | 38.0 | 2 057 | 2.60 | 0.32 | 9 910.9 |
| | Big Sandy | 22 468.3 | 3.8 | — | 10.0 | 53.0 | 1 158 | 1.72 | 0.32 | 920.3 |
| | Devonian Low Thermal Maturity | 118 736.0 | — | — | 7.0 | 113.0 | 914 | 1.36 | 0.37 | 833.1 |
| | Greater Siltstone | 59 347.3 | — | — | 5.8 | 190.0 | 887 | 1.37 | 0.24 | 546.5 |
| | New Albany | 4 144.0 | 13.0 | 0.6 | 12.0 | 61.0 | 838 | 1.85 | 0.32 | 3 114.9 |
| | Antrim | 31 080.0 | 11.0 | 0.5 | 9.0 | 29.0 | 427 | 1.98 | 0.37 | 792.9 |
| 墨西哥湾沿岸 | Haynesville | 9 256.7 | 2.3 | 2.6 | 8.5 | 76.0 | 3 658 | 8.61 | 0.32 | 18 405.9 |
| | Eagle Ford | 518.0 | 4.3 | 1.3 | 9.0 | 61.0 | 2 134 | 3.64 | 0.65 | 15 574.2 |
| | Floyd-Neal & Conasauga | 6 291.1 | 1.8 | — | 1.6 | 40.0 | 2 438 | 1.20 | 1.30 | 2 548.5 |
| 中大陆 | Fayetteville | 11 655.0 | 6.9 | 2.1 | 5.0 | 34.0 | 1 219 | 3.96 | 0.32 | 4 813.9 |
| | Woodford-Western | 7 511.0 | 6.5 | 2.2 | 7.0 | 46.0 | 2 896 | 8.00 | 0.65 | 11 326.7 |
| | Woodford-Central | 4 662.0 | 4.0 | 1.8 | 6.0 | 76.0 | 1 524 | 5.80 | 0.65 | 2 831.7 |
| | Cana Woodford | 1 781.9 | 6.0 | 2.8 | 7.0 | 61.0 | 4 115 | 7.90 | 0.65 | 14 724.7 |
| 西南区 | Barnett | 10 554.3 | 4.5 | 1.6 | 5.0 | 91.0 | 2 286 | 9.20 | 0.47 | 4 530.7 |
| | Barnett-Woodford | 6 969.7 | 5.5 | — | — | 122.0 | 3 109 | 8.00 | 0.65 | 8 495.0 |
| 落基山区 | Mancos | 17 065.5 | 14.0 | 1.8 | 3.5 | 914.0 | 4 648 | 5.20 | 0.32 | 2 831.7 |
| | Lewis | 19 440.5 | 1.7 | 1.7 | 3.5 | 76.0 | 1 372 | 0.82 | 0.86 | 3 681.2 |
| | Hilliard-Baxter-Mancos | 42 517.4 | 1.8 | 1.4 | 4.3 | 937.0 | 4 496 | 0.96 | 0.32 | 509.7 |

设 $q$ 为含气量($m^3/t$)，$C$ 为有机碳含量(%)，$D$ 为埋深(km)，$\Phi$ 为孔隙度(%)，$H$ 为厚度(m)，则美国海相产气页岩含气量多元线性回归模型为：

$$q = 0.44D + 0.16\Phi + 0.05H + 0.02C \tag{4-2}$$

(多元相关系数 $R=0.91$,判定系数 $R^2=0.83$)

模型表明,在影响含气量的众多因素中,影响程度比较大的主控因素依次为埋深、孔隙度、厚度及有机碳含量。

### (三) 中国海、陆相页岩含气量初步统计规律

我国不同沉积类型泥页岩地化特征差异大(图 4-17),目前仅有页岩气钻井百余口,可靠的页岩含气量数据相对较少。研究期间,对渝东南地区、辽河坳陷、延长探区等多口页岩取心井开展页岩岩心含气量现场解吸工作,并对岩心样品进行系统的实验测试,掌握了相对可靠的资料。在此基础上,进一步开展系统的资料搜集工作,筛选获取方法相对可靠、精度较好、通过现场解吸获得的总含量作为有效数据,梳理、总结我国海相、海陆过渡相及陆相页岩气发现井的主要参数(表 4-4～表 4-6),并应用多元回归方法对参数进行统计分析。

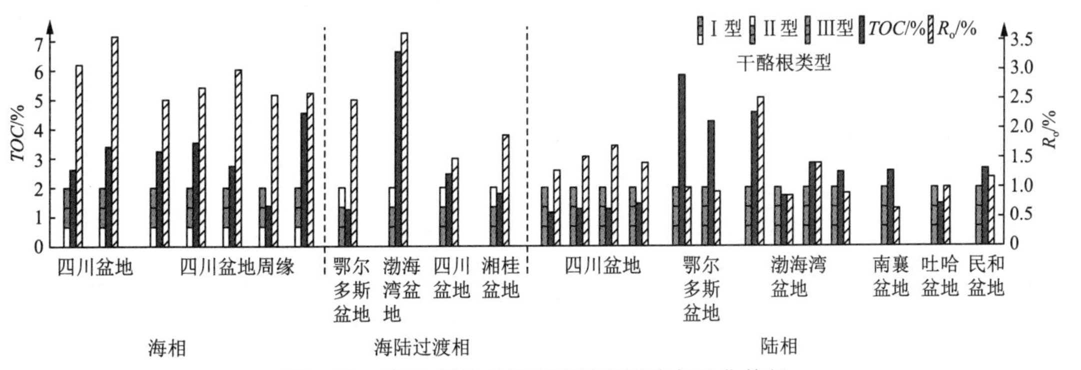


图 4-17　海相、海陆过渡相和陆相页岩气地化特征

**表 4-4　我国海相含气页岩基本参数平均值**

| 类型 | 盆地 | 构造单元 | 泥页岩层系 | 代表井 | 含气量/($m^3 \cdot t^{-1}$) | TOC/% | 埋深/m | 孔隙度/% | $R_o$/% | 厚度/m |
|---|---|---|---|---|---|---|---|---|---|---|
| 海相 | 四川盆地 | 川南威远—长宁地区 | 志留系龙马溪组 | 威 201、宁 201、长芯 1、阳 63 等 | 2.8 | 2.6 | 2 900 | 3.0 | 3.1 | 60.0 |
| | | | 寒武系筇竹寺组 | 威 001-2、威 5、资 2 等 | 1.9 | 3.3 | 3 600 | 2.0 | 3.6 | 50.0 |
| | 露头区 | 渝东南地区 | 志留系龙马溪组 | 渝页 1、黔页 1、彭页 1 等 | 2.1 | 3.2 | 600 | 2.8 | 2.5 | 140.0 |
| | | | 寒武系牛蹄塘组 | 渝科 1、酉科 1 等 | 1.5 | 3.4 | 750 | 3.7 | 2.7 | 175.0 |
| | | 渝东北地区 | 寒武系筇竹寺组 | 城浅 1、松浅 1 等 | 0.4 | 2.7 | 500 | 5.2 | 3.0 | 110.0 |
| | | 黔北地区 | 志留系龙马溪组 | 黔浅 1 等 | 2.9 | 1.2 | 1 300 | 3.8 | 2.6 | 110.0 |
| | | | 寒武系筇竹寺(牛蹄塘)组 | 岑页 1、方深 1 等 | 4.1 | 4.5 | 1 500 | 8.2 | 2.6 | 170.0 |

**表 4-5　我国海陆过渡相含气页岩基本参数平均值**

| 类型 | 盆地 | 构造单元 | 泥页岩层系 | 代表井 | 含气量 $/(m^3 \cdot t^{-1})$ | TOC/% | 埋深/m | 孔隙度/% | $R_o$/% | 厚度/m |
|---|---|---|---|---|---|---|---|---|---|---|
| 海陆过渡相 | 鄂尔多斯盆地 | 延长探区 | 石炭—二叠系山西组 | 延页 5、米 35、苏 373 等 | 1.6 | 1.1 | 2 815 | 1.2 | 2.5 | 80.0 |
| | 渤海湾盆地 | 辽河坳陷东部凸起 | 石炭—二叠系太原组 | 佟 2905、佟 3、乐古 2 等 | 2.3 | 6.7 | 1 368 | 5.0 | 3.8 | 34.0 |
| | 四川盆地 | 川西坳陷 | 三叠系须家河组 | 川合 100、川孝 560、新 11 等 | 2.8 | 2.4 | 3 100 | 1.6 | 1.5 | 10.0 |
| | 湘桂地区 | 湘中坳陷涟源凹陷 | 二叠系大隆组—龙潭组 | 湘页 1 等 | 1.5 | 1.8 | 610 | 3.0 | 1.9 | 30.0 |

**表 4-6　我国陆相含气页岩基本参数平均值**

| 类型 | 盆地 | 构造单元 | 泥页岩层系 | 代表井 | 含气量 $/(m^3 \cdot t^{-1})$ | TOC/% | 埋深/m | 孔隙度/% | $R_o$/% | 厚度/m |
|---|---|---|---|---|---|---|---|---|---|---|
| 陆相 | 四川盆地及周缘 | 建南地区 | 侏罗系自流井组东岳庙段 | 建页 HF-1 等 | 0.6 | 1.1 | 610 | 2.3 | 1.3 | 73.0 |
| | | 元坝地区 | 侏罗系千佛崖组千二段 | 元陆 4 等 | 1.4 | 1.2 | 3 580 | 4.1 | 1.5 | 100.0 |
| | | | 自流井组东岳庙段—大安寨段 | 元陆 9、元坝 21、元坝 101 等 | 1.5 | 1.2 | 3 967 | 3.6 | 1.7 | 230.0 |
| | | 涪陵地区 | 侏罗系自流井组大安寨段 | 兴隆 101 等 | 4.1 | 1.4 | 2 210 | 3.3 | 1.4 | 136.0 |
| | 鄂尔多斯盆地 | 延长探区 | 三叠系延长组长 7 段 | 柳评 171、柳评 179、万 169 等 | 2.9 | 5.8 | 1 495 | 1.0 | 1.0 | 55.0 |
| | | | 三叠系延长组长 9 段 | 柳评 171、万 169 等 | 3.1 | 4.2 | 1 580 | 1.8 | 0.9 | 11.0 |
| | 渤海湾盆地 | 辽河坳陷西部凹陷 | 古近系沙河街组沙四段 | 雷 84 等 | 4.8 | 4.5 | 2 769 | 3.2 | 2.5 | 150.0 |
| | | | 古近系沙河街组沙三段 | 曙古 165 等 | 3.0 | 1.7 | 2 726 | 3.6 | 0.7 | 50.0 |
| | | 辽河坳陷东部凹陷 | 古近系沙河街组沙三段 | 于 120、沈 224 等 | 1.9 | 2.8 | 3 200 | 5.7 | 1.3 | 24.0 |
| | | 东濮凹陷 | 古近系沙河街组沙三段 | 濮 1-1HF、卫 68-1HF、濮深 18-1 等 | 1.7 | 2.5 | 3 200 | 9.0 | 0.9 | 35.0 |
| | 南襄盆地 | 泌阳凹陷 | 古近系核桃园组 | 安深 1 等 | 4.0 | 2.5 | 2 495 | 6.7 | 0.6 | 90.0 |
| | 吐哈盆地 | 台北凹陷、三堡凹陷 | 侏罗系水西沟群和三叠系小泉沟群 | 柯 26、红旗 3、柯 25、三堡 1 等 | 2.8 | 1.4 | 2 800 | 5.0 | 1.0 | 45.0 |
| | 民和盆地 | 马场垣构造带 | 侏罗系窑街组 | 垣 1、盘 1、武 1 等 | 4.2 | 2.6 | 2 538 | 2.8 | 1.2 | 90.0 |

我国海相页岩含气量多元线性回归模型为：

$$q = 0.97D + 0.20\Phi + 0.01H + 0.01C \tag{4-3}$$

（多元相关系数 $R=0.95$，判定系数 $R^2=0.90$）

海陆过渡相由于数据资料较少，含气量预测模型尚难以建立。

我国陆相页岩含气量多元线性回归模型为：

$$q = 0.05D + 0.11\Phi + 0.01H + 0.59C \tag{4-4}$$

（多元相关系数 $R=0.93$，判定系数 $R^2=0.87$）

将各种类型数据统一回归，得到我国页岩含气量多元线性回归模型为：

$$q = 0.43D + 0.03\Phi + 0.01H + 0.37C \tag{4-5}$$

（多元相关系数 $R=0.92$，判定系数 $R^2=0.85$）

结合对单因素影响页岩含气量的分析和认识，筛选出埋深、有机碳含量、孔隙度及厚度四个主控因素，它们满足多元线性回归分析包含的自变量之间不能具有线性关系的基本假设前提，其中有机碳含量、孔隙度和厚度代表了页岩的内部条件，埋深代表了页岩所处的外部条件。

对比不同类型泥页岩含气量预测模型中各参数所占权重（表 4-7）可以看出，在美国海相和我国海相页岩含气量的统计模型中，埋深所占权重最大，分别为 66%和 82%，而有机碳含量和厚度起到的作用微乎其微。这与海相页岩有机质含量和成熟度整体较高有关，海相页岩有机碳含量超过 0.5%下限且已达到生气门限已不成为主要问题，但海相页岩盆内盆外构造地质条件迥异，尤其是我国南方地区构造演化复杂，埋藏深度能够间接反映出页岩气的保存条件和所处的温度压力环境，相对地就成为含气量的最大主控因素。由此可进一步认为，在页岩有机碳含量等内部因素达到下限的前提下，埋深等外部条件对页岩含气量具有决定作用。

**表 4-7　不同类型泥页岩含气量主控因素权重对比**

| 权　重 | 埋　深 | 孔隙度 | 厚　度 | 有机碳含量 |
|---|---|---|---|---|
| 美国海相泥页岩含气量 | 66% | 24% | 7% | 3% |
| 我国海相泥页岩含气量 | 82% | 16% | 1% | 1% |
| 我国陆相泥页岩含气量 | 7% | 14% | 1% | 78% |

相对地，我国陆相页岩含气量统计模型中，有机碳含量所占权重最大，达到 78%。我国陆相有效生气页岩主要分布在盆地内埋深较大（多数超过 2 000 m）的位置，保存条件好，地层压力等页岩气外部条件适宜，埋深转变为次要因素。而对陆相泥页岩沉积来说，泥页岩有机碳含量变化范围大，*TOC*＞2%即被划分为优质气源岩，整体数值不高，有相当一部分泥页岩 *TOC* 已低于 0.5%下限。此时，有机碳含量的变化对含气量的影响相对最大。由此可进一步认为，在页岩有机碳含量等因素不是十分优秀的情况下，内部条件将对页岩含气量起到主要控制作用。

此外，泥页岩基质孔隙度变化不大（一般小于 5%），如果有裂缝不同程度的发育，对含气量可能会有较大影响，但由于其规律目前尚难以掌握且难以定量化，在本次多元统计模型中未予考虑。

有机质类型、成熟度、黏土矿物含量等参数虽然对含气量也有影响，但当多个参数同时变化时，这些参数对含气量的影响相对较小，为了提高预测模型的实用性和可操作性，在模型中忽略不计。

●●●● 第五章

# 页岩气勘探早中期资源评价方法

## 第一节　离散单元划分法

### 一、页岩含气量的非均质性

泥页岩为水体稳定环境下的沉积，多数情况下，在垂向上和平面上页层厚度、密度等宏观特性不会发生突变，但页岩地化、物性等微观特征的变化复杂得多，且在地层条件下页岩气无法在页岩储层内部发生显著流动，使得页岩含气量具有明显的非均质性，从而影响页岩气资源丰度。通常从井点出发才能控制页岩含气量的变化特征。基于该原理提出了井控分块、单元划分、参数类比、离散累加的方法计算资源量。

### 二、井控单元

常规油气聚集在圈闭中，在一定的面积内具有统一的压力系统和油气水界面，边界明确，流体在含油气储层中可以连通并流动，圈闭及其中的流体可看作一个整体，因此单一圈闭中的油气藏是常规油气资源评价的最小单元。

页岩气聚集机理不同，页岩本身既是源岩又是储层，孔渗物性非常低，地层条件下油气不会在页岩储层内部发生显著流动，只有在人工造缝降压(钻井压裂)后，天然气才会进入裂缝网络中，因此单井能够控制的页岩气资源量是页岩气资源评价的最小单元(图 5-1)。

井控单元面积主要受页岩储层特征、流体(页岩油、页岩气)特征、垂直井或水平井类型、单井或复合水平井组合、压裂和其他技术决定(图 5-1)。

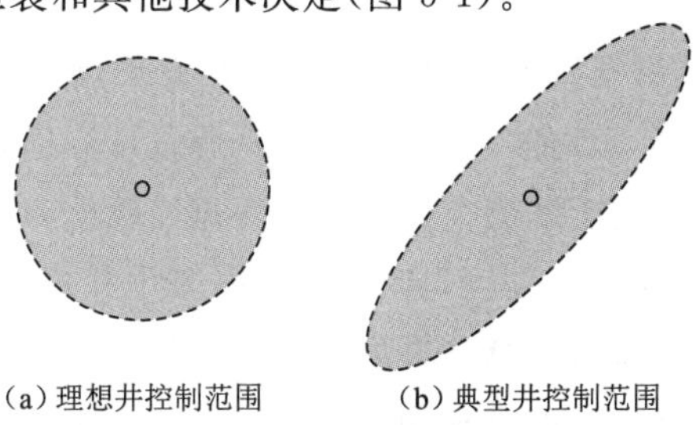

(a)理想井控制范围　　(b)典型井控制范围

图 5-1　单井控制资源量示意图

在资源量评价阶段，这里的“井”并不一定是指开发井，也可以是调查井或探井，是指具有实测含气量数据且具有钻井、岩心、实验测试资料等数据资料的井点，可获得资源量计算可靠参数的井点位置，实际上可看作资料井。

## 三、离散单元划分

在评价地质单元内，依据井控单元外围页岩特征变化趋势和规律，将井控单元内页岩含气性特征适当外推或类比，将评价地质单元划分为 $m$ 个井控单元和 $n$ 个类比单元（图 5-2）。划分原则是各单元内部含气性相对稳定，单元之间存在由于微相、断裂及微观特征变化造成的含气性差异。以井控单元为刻度区，采用含气量类比或资源丰度类比法，根据井控单元与类比单元页岩气富集条件的相似性来确定类比单元的计算参数。

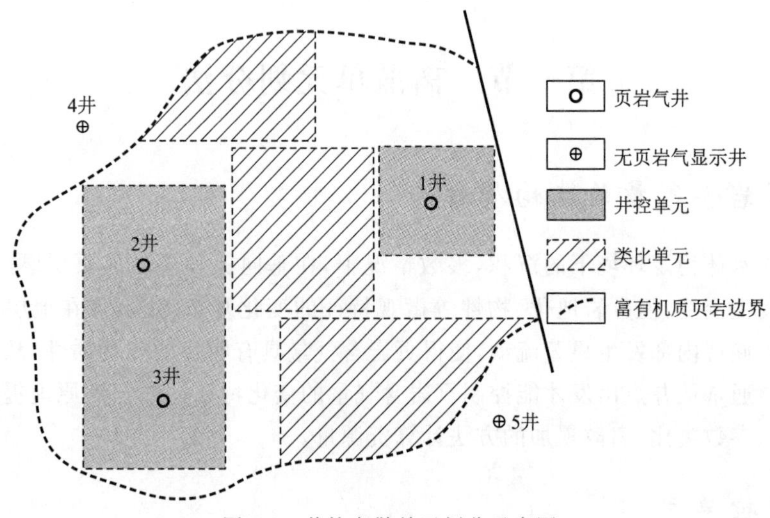


图 5-2　井控离散单元划分示意图

类比适用条件包括评价地质单元已进行过系统的页岩气地质条件研究；井控单元页岩含气量和页岩基础参数清楚；类比单元具有页岩基础地质参数和资料。低—中勘探程度区缺少生产动态数据，类比因素以页岩地质参数为主，主要包括有机质类型、有机碳含量、有机质热演化成熟度、厚度、埋深、裂缝等。综合分析后确定相似系数，并进一步刻画类比区含气量或资源丰度。

## 四、预测方法与步骤

离散单元划分法预测页岩气资源量借鉴了有限元原理，将评价地质单元中连续分布的页岩气资源进行有限数目的单元离散，来获得近似资源量计算值，是分析复杂问题的一种有效思路和强有力工具，尤其适用于解决类似页岩气等近连续分布、非均质性强的油气聚集。

页岩气依附于页岩层系存在，一般不具有流动性，采用井控分块的原则计算资源量不影响对页岩气评价单元的整体认识，计算结果可随着井控程度的变化及时调整修正。

常规油气资源评价中，类比法的类比单元是独立和完整的石油地质单元，可以是盆地、凹陷、洼陷、油气系统、运聚单元等。离散单元划分法以含气量资料井为中心，在地质单元内建立多个井控单元刻度区，类比单元面积一般为井控单元的若干倍。类比单元与井控单元地质背景相似、对比参数少且集中，可与邻近多个刻度单元参照对比，大大提高了类比法使用的可靠性。

离散单元划分法评价过程的主要步骤如下：

（1）确定地质评价单元界限及面积。根据页岩储层的分布及构造等特征划分。

（2）划分井控单元。主要依据页岩储层特征、流体（页岩油、页岩气）特征、压裂及其他技术、垂直井及水平井技术、单井及复合水平井技术等将井控单元划分为 $m$ 个，并确定各单元的面积。

（3）划分类比单元。在缺乏资料井点的区域，依据页岩储层参数变化特征确定类比单元个数（$n$）、面积和边界。

（4）计算井控单元资源丰度。依据实测含气量等基础数据，采用体积法原理，计算各井控单元资源量和资源丰度。

$$E_i = 0.01 h_i \rho_i q_i \tag{5-1}$$

$$Q_i = A_i E_i \tag{5-2}$$

式中，$E_i$ 为 $i$ 单元页岩气资源丰度，$10^8\ m^3/km^2$；$Q_i$ 为 $i$ 单元页岩气资源量，$10^8\ m^3$；$A_i$ 为 $i$ 单元页岩面积，$km^2$；$h_i$ 为 $i$ 单元页岩有效厚度，m；$\rho_i$ 为 $i$ 单元页岩密度，$t/m^3$；$q_i$ 为 $i$ 单元页岩含气量，$m^3/t$。

（5）计算类比单元资源量。应用类比法将各类比单元与邻近多个刻度单元进行参照对比，依据主要参数相似度确定类比单元含气量或资源丰度，进而计算各类比单元页岩气资源量。

$$Q = \sum Qm + n \tag{5-3}$$

式中，$Q$ 为评价区页岩气总资源量，$10^8\ m^3$。

（6）计算评价地质单元页岩气资源量。将井控单元与类比单元页岩气资源量累加即可得到评价区页岩气资源量。

该方法可应用于页岩气勘探开发各阶段，在具有大量地质、实际生产井以及岩石属性特征等数据的基础上，井控单元特征属性更加明确；还可以用于页岩气储量计算。

## 五、实　例

以鄂尔多斯盆地下寺湾区为例。鄂尔多斯盆地中生代晚三叠世的大型内陆微咸水湖盆沉积了上三叠统延长组，其中长 7 段沉积时期盆地基底整体下沉，水体加深，生物繁盛，形成了富有机质的深灰色泥岩以及黑色泥岩、页岩和油页岩，分布稳定，厚度大。

下寺湾区位于鄂尔多斯盆地伊陕斜坡东南部的延长探区（图 5-3），为一西倾平缓单斜，地层倾角小于 1°，面积约为 2 250 $km^2$；区内构造简单，发育鼻状构造。目前已在区内柳评 177 等多口井的长 7 段页岩中获得工业页岩气流（图 5-4），证实了陆相页岩气的资源潜力。

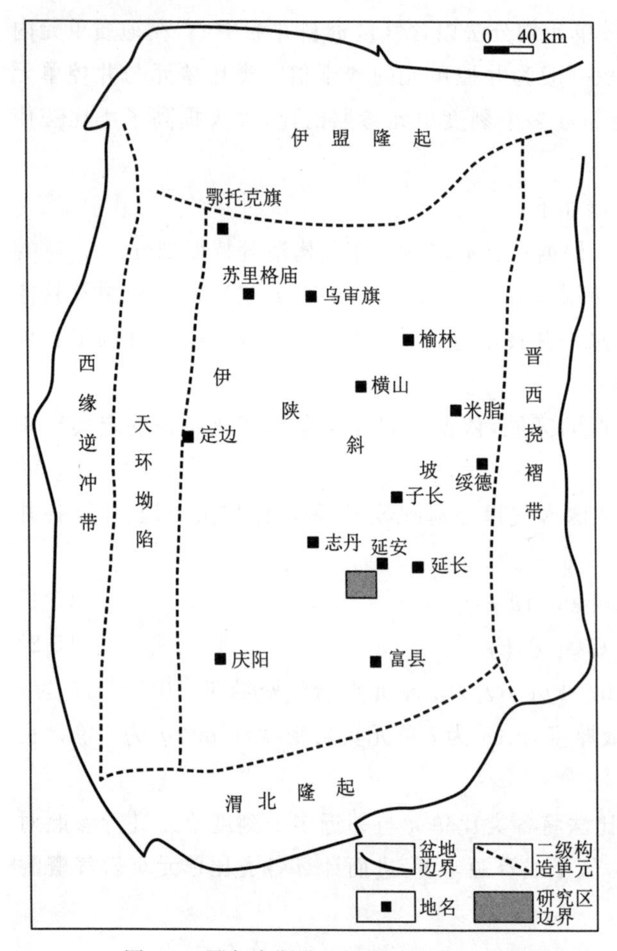


图 5-3　鄂尔多斯盆地下寺湾区位置图

图 5-4　柳评 177 井页岩气层段柱状图

1 ft=0.304 8 m

下寺湾区长 7 段泥页岩有机质类型以腐殖—腐泥型为主，长 7 段泥页岩厚度为 50～80 m，平均厚度为 60 m；有机碳丰度为 2.0%～5.0%；有机质热演化成熟度 $R_o$ 为 0.8%～1.2%，平均为 1.0%；储层孔隙度以 1.0%～2.5%为主，渗透率以小于 0.01 mD 为主。

鄂尔多斯盆地延长探区下寺湾区上三叠统延长组长 7 段是我国陆相页岩气最先获得突破的层段，其中，柳评 177 井日产量 2 000 $m^3$/d，柳评 171 井日产量 2 087 $m^3$/d，柳评 179 井日产量 1 779 $m^3$/d，新 57 井日产量 2 413 $m^3$/d，新 59 井日产量 2 035 $m^3$/d，延页 1 井日产量 2 000 $m^3$/d 以上。

从下寺湾区延长组长 7 段地质条件来看，评价区全区均具有形成页岩气的地质条件，构造和沉积特征相对简单，无突变，在全区可对比；泥页岩埋深、厚度及有机碳含量等主要参数等值线呈近南北向延伸，在近东西方向上渐变（图 5-5～图 5-7）。

结合评价区勘探现状、井位分布、资料条件及地质条件，将评价区划分为 4 个井控单元和 6 个类比单元（图 5-8）。类比单元含气量等评价参数依据邻近井控单元含气量参数类比确定（表 5-1）。采用离散单元划分法计算下寺湾区延长组长 7 段页岩气资源量为 $1.06\times10^{12}$ $m^3$。

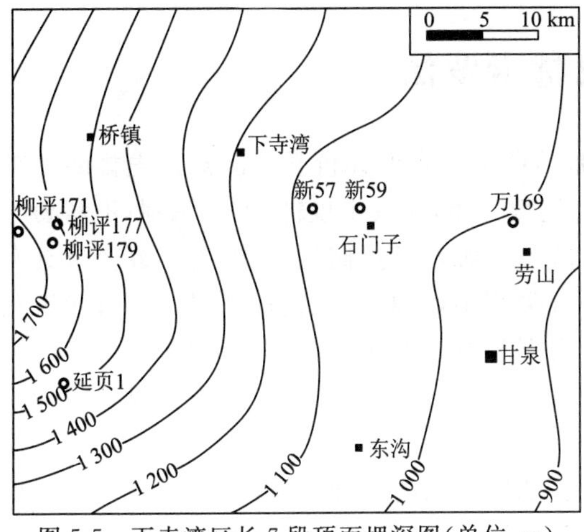

图 5-5　下寺湾区长 7 段顶面埋深图(单位:m)

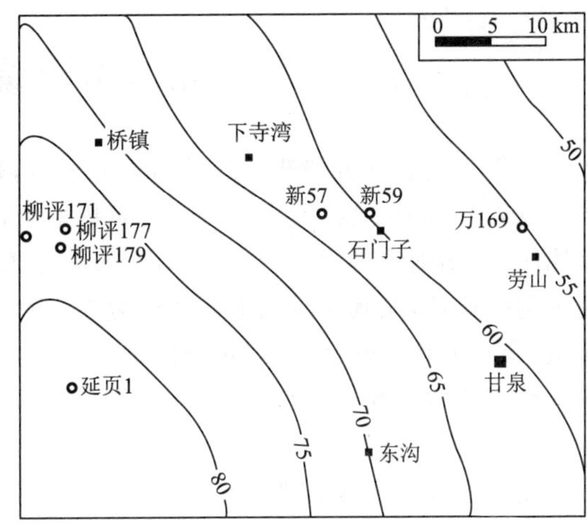


图 5-6　下寺湾区长 7 段泥页岩厚度等值线图(单位:m)

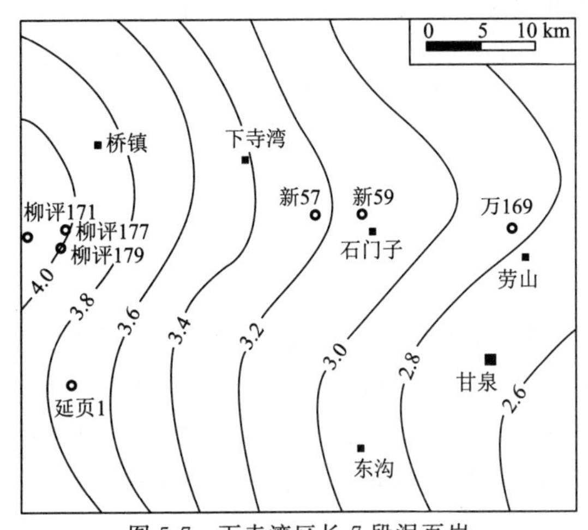


图 5-7　下寺湾区长 7 段泥页岩 *TOC* 等值线图(单位:%)

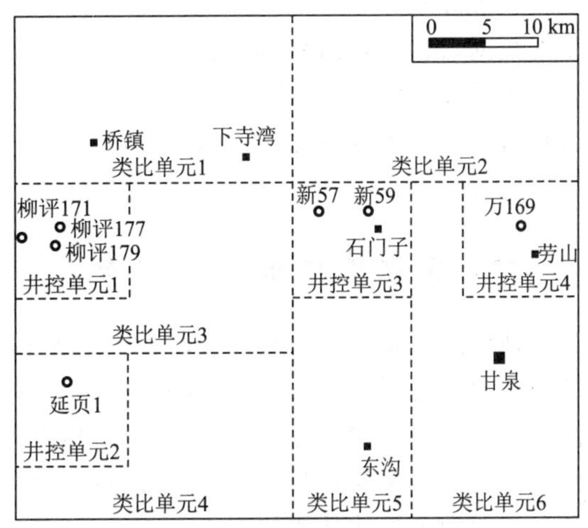


图 5-8　下寺湾区长 7 段泥页岩井控单元与类比单元划分

**表 5-1　下寺湾区长 7 段页岩气各单元资源量计算参数和结果表**

| 井控及类比单元 | 面积/km² | 厚度/m | 含气量/($m^3 \cdot t^{-1}$) | 页岩密度/($g \cdot cm^{-3}$) | 资源量/($10^8$ $m^3$) |
|---|---|---|---|---|---|
| 井控单元 1 | 100 | 78 | 3.6 | 2.4 | 674 |
| 井控单元 2 | 100 | 82 | 3.3 | 2.4 | 649 |
| 井控单元 3 | 100 | 62 | 2.8 | 2.4 | 417 |
| 井控单元 4 | 100 | 55 | 2.5 | 2.4 | 330 |
| 类比单元 1 | 375 | 68 | 3.1 | 2.4 | 1 897 |
| 类比单元 2 | 375 | 55 | 2.6 | 2.4 | 1 287 |
| 类比单元 3 | 275 | 73 | 3.1 | 2.4 | 1 494 |
| 类比单元 4 | 275 | 82 | 3.2 | 2.4 | 1 732 |
| 类比单元 5 | 200 | 70 | 2.7 | 2.4 | 907 |
| 类比单元 6 | 350 | 62 | 2.4 | 2.4 | 1 250 |
| 合　计 | | | | | 10 637 |

# 第二节　蒙特卡罗法

页岩气资源评价和选区的目标为泥页岩，是传统油气资源评价和选区被首先排除的部分。页岩气藏的主要特点有：页岩气聚集呈层状连续分布，含气丰度低，不易识别；不需要寻找圈闭；无明确物理边界和参数界限，页岩本身既是气源岩又是储气层；地质参数变量具有更大的随机性，尤其是我国地质条件复杂，页岩气类型多，资料少，以静态资料为主；认识程度低，参数非均质性强，页岩本身的地化特征和岩石学特征在选区中极为重要；含气量的关键参数变化规律尚不清楚。因此，应用蒙特卡罗法解决页岩气资源评价问题是现阶段最科学、最合理的方法。

蒙特卡罗法能有效描述页岩气资源评价中各地质参数的不确定性，符合页岩气聚集机理特殊性及我国当前所处的阶段。蒙特卡罗法应用在页岩气资源量计算中的优势主要表现在：① 能用少量的、反映地质参数变量随机分布的数据，随机抽样得到大量的、符合分布模型的数据，很好地反映各项地质参数的变化规律和内在联系；② 评价结果也用随机变量的形式表示，较之确定的数据更能体现页岩气资源评价地质参数边界条件不确定的特征，更切合页岩气资源评价特殊性，更具科学性和合理性；③ 在应用中易于推广，可以应用于各种类型、各种地质条件及勘探程度不同的地区。

## 一、参数统计条件与方法

地质过程及其产物通常可以看作是地质随机事件，各种地质观测结果具有随机变量的性质。为了克服页岩气评价参数的不确定性，保证评价结果的科学合理性，可以用概率统计法进行研究，按照参数的概率分布规律和相应的取值原则，对非均一分布的参数进行概率赋值。蒙特卡罗法就是利用不同分布的随机变量的抽样序列，模拟给定问题的概率统计模型，给出问题的渐近估计值的方法。

在计算过程中，需要对参数所代表的地质意义进行分析，所有的参数均可表示为给定条件下事件发生的可能性或条件性概率，表现为不同概率条件下地质过程及计算参数发生的概率可能性。通过对取得的各项参数进行合理性分析，结合评价单元地质条件和背景特征，确定参数变化规律及分布范围，经统计分析后分别赋予不同的特征概率值，研究其所服从的分布类型、概率密度函数特征以及概率分布规律，求得均值、偏差及不同概率条件下的参数值，对不同概率条件下的计算参数进行合理赋值。

根据评价区参数数据量大小，可以采用不同的方法构造评价参数的分布函数。

### (一) 数据资料充足时

当原始数据数量较多(大于 30 个)时，可直接用频率统计法求随机变量的分布函数，这样得到的分布函数由于来自实际资料，可靠性较高，又叫经验分布函数。

频率统计法的具体做法是：

(1) 在原始数据中找出最大值 $x_{max}$ 和最小值 $x_{min}$。

(2) 划分统计区间为 $m$ 个。统计区间的划分应考虑各评价参数的性质和变化特点，且平均落入每个区间的原始数据不少于 3～5 个。

(3) 统计落入每个区间的数据频数，频数除以原始数据个数 $n$ 便得到区间的频率，即概率。

(4) 由 $x_{max}$ 一端开始，将区间频率依次累加，即得到 $m$ 个区间的分布函数 $F(x)$。

资源评价中参数的经验分布函数描述的是参数取值大于某值的概率，记为 $F_n(x)$。

记 $n_i$ 为某观测值落入区间 $(x_i, x_{i+1})$ 内的频数，$f_i$ 为累加频率，则

$$f_i = \frac{1}{n}\sum_{i=1}^{m} n_i \quad i=1,2,\cdots,m \tag{5-4}$$

经验分布函数为：

$$F_n(x) = \begin{cases} 1 & x_1 \leqslant x < x_2 \\ f_2 & x_2 \leqslant x < x_3 \\ \vdots & \vdots \\ f_m & x_{m-1} \leqslant x < x_m \\ 0 & x_m \leqslant x \end{cases} \tag{5-5}$$

### (二) 数据资料较少时

当原始数据的数量较少但知道随机变量大致服从的分布模型时，可用分布模型公式计算出随机变量的分布函数。例如，根据统计，多数资源量计算参数服从正态分布或对数正态分布，故可求出原始数据的均值和标准差，之后将其代入正态分布数学公式中可求出其分布函数 $F(x)$。

### (三) 数据资料不足时

当原始数据的数量很少又不确定其分布模型时，可用最简单的均匀分布或三角分布来代替随机变量的分布函数。

## 二、页岩气地质参数概率分布模型

页岩气地质参数主要服从正态分布、对数正态分布、三角分布或均匀分布(图 5-9)。对于多数地质参数，通常采用正态或正态化分布函数对所获得的参数样本进行数学统计。

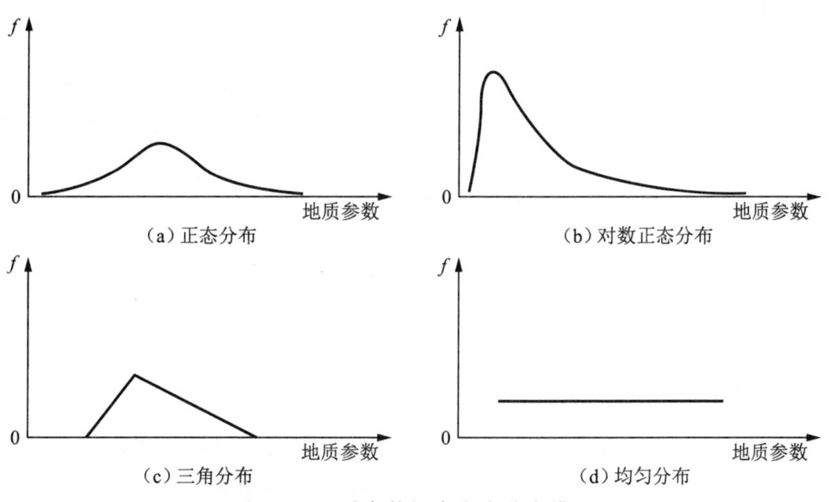


图 5-9　地质参数概率密度分布模型

### （一）正态分布

正态分布的密度函数为：

$$f(x)=\frac{1}{\sigma\sqrt{2\pi}}\exp\left[-\frac{1}{2}\left(\frac{x-\mu}{\sigma}\right)^2\right] \tag{5-6}$$

式中，$\mu$ 为随机变量 $x$ 的平均值；$\sigma$ 为随机变量 $x$ 的方差。

正态分布的累积分布函数为：

$$F(x)=\int_{-\infty}^{x}\frac{1}{\sigma\sqrt{2\pi}}\exp\left[-\frac{1}{2}\left(\frac{t-\mu}{\sigma}\right)^2\right]\mathrm{d}t \tag{5-7}$$

由中心极限定理可知，如果某一随机变量为大量相互独立且相对微小的随机变量，则可视为正态分布。正态分布反映的是渐变、平稳过程。

### （二）对数正态分布

对数正态分布的密度函数为：

$$f(x)=\begin{cases}\dfrac{1}{\sigma\sqrt{2\pi}}\mathrm{e}^{-\frac{(\ln z-\mu)^2}{2\sigma^2}} & z>0\\ 0 \quad z\leqslant 0\end{cases} \tag{5-8}$$

对数正态分布是连续型随机变量在某些地质问题中最常见的一种分布规律。对于对数正态分布的成因，一般认为，对于某个由许多影响因素综合作用下产生的地质变量 $x$，当这些因素对 $x$ 的影响并非都是均匀微小而是个别因素对 $x$ 的影响显著突出时，变量 $x$ 将由于不满足中心极限定量而趋于偏斜。数值的原始状态可能是正态分布，但在地质过程中经过多次演化，而且变化都按其前一数值某函数的比例进行，则最终表现为对数分布。

对数正态分布是介于平稳渐变过程和突变（灾变）过程的中间状态，是一种过渡分布类型，可将其看作众多相互独立的因素中有某个或某些因素起比较突出的作用，但还未起到左右全局程度的结果。

### （三）三角分布

当原始数据只有最小值 $a$，最大值 $c$ 和介于二者之间的值 $b$，且不知道随机变量的分布模型时，一般采用三角分布函数。三角分布是一种三角形的连续分布，其概率密度为：

$$f(x)=\begin{cases}\dfrac{2(z-a)}{(c-a)(b-a)} & a\leqslant z\leqslant b\\ \dfrac{2(c-z)}{(c-a)(c-b)} & b<z\leqslant c\\ 0 \quad \text{其他}\end{cases} \tag{5-9}$$

### （四）均匀分布

当随机变量的数据只有最小值 $a$ 和最大值 $b$ 时，一般采用最简单的均匀分布来代替随机变量的分布函数。均匀分布是描述随机变量的每一个数值在某一区间如 $[a,b]$ 内可能发生的连续型概率分布，其概率密度为：

$$f(x)=\begin{cases}\dfrac{1}{b-a} & a<z<b\\ 0 & z\leqslant a \text{ 或 } z\geqslant b\end{cases} \tag{5-10}$$

一般来说，服从正态分布的地质参数包括有机质中元素含量、孔隙度、有效厚度等；服从对数正态分布的地质参数主要包括有机碳含量、氯仿沥青“A”含量、沉积岩层厚度、渗透率、规模等；服从三角分布的地质参数包括干酪根类型等；服从近似均匀分布的地质参数主要有页岩密度等。

## 三、海、陆相页岩参数频率统计特征

我国针对页岩气开展的调查评价工作刚刚起步，泥页岩的分析测试工作正在推进，但积累的数据资料还相当有限。为了掌握页岩气资源评价相关参数的分布模型，系统搜集整理了我国典型地区海相、陆相暗色泥页岩层系相关参数，对有效数据大于 30 个的参数观测值进行了频率统计分析（表 5-2）。其中，关键参数页岩总含气量的实测数据获取较困难，精度不高。本次筛选了获取方法相对可靠、精度较好的现场解吸获得的总含气量作为有效数据，数据量在 20 个以上，但不足 30 个，频率统计特征较为粗糙，仅作为下一步深入开展工作参考的基础。海陆过渡相泥页岩层系大部分参数有效数据较少，在此不作系统对比。

**表 5-2　典型地区参数统计有效数据个数**

| 典型地区 | 层　系 | 类　型 | 有效数据数/个 | | | | | | |
|---|---|---|---|---|---|---|---|---|---|
| | | | 有机碳含量 | 黏土矿物含量 | 有效厚度 | 孔隙度 | 渗透率 | 岩石密度 | 含气量 |
| 四川盆地及其周缘 | 下古生界 | 海　相 | 244 | 188 | <30 | 80 | 57 | 62 | 25(川南) |
| 鄂尔多斯盆地 | 中生界 | 陆　相 | 337 | 53 | 32 | 41 | <30 | 30 | <20 |
| 渤海湾盆地东濮凹陷 | 新生界 | 陆　相 | 993 | 163 | <30 | <30 | <30 | 32 | <20 |
| 松辽盆地 | 中生界 | 陆　相 | <30 | <30 | 66 | 36 | <30 | <30 | <20 |
| 南襄盆地泌阳凹陷 | 新生界 | 陆　相 | 140 | <30 | <30 | <30 | <30 | <30 | 20 |
| 鄂尔多斯盆地 | 上古生界 | 海陆过渡相 | <30 | <30 | 165 | <30 | <30 | <30 | <20 |

### （一）有机碳含量

典型地区暗色泥页岩有机碳含量测试数据相对较丰富，频率统计特征清楚可靠。四川盆地及其周缘下古生界海相页岩 *TOC* 主体分布范围为 0.5%～3.5%，频率峰值范围为 1.5%～2.5%，*TOC* 在 3.5%～12.0%的范围内也有出现，但概率较低（图 5-10）。鄂尔多斯盆地中生界陆相页岩 *TOC* 频率统计特征较平缓，主体分布在 0～5%范围内，且频率相差不大，没有明显峰值，反映 *TOC* 变化范围相对较大（图 5-11）。渤海湾盆地东濮凹陷断陷湖盆新生界古近系陆相页岩 *TOC* 的分布与前两者有较大差别，*TOC* 分布为前峰型，绝大部分 *TOC* 集中在 0～2%范围内，2%～6%的值呈拖尾形小概率分布，接近对数正态概率密度分布模型（图 5-12）。南襄盆地泌阳凹陷新生界古近系陆相页岩 *TOC* 峰值和分布频率与四川盆地及其周缘下古生界海相页岩相似，但几乎没有统计到 *TOC*＞4.5％的数值(图 5-13)。

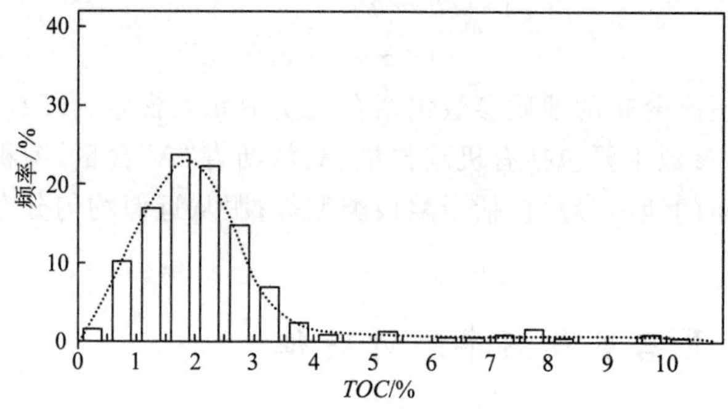


图 5-10　四川盆地及其周缘下古生界海相页岩 *TOC* 分布统计特征

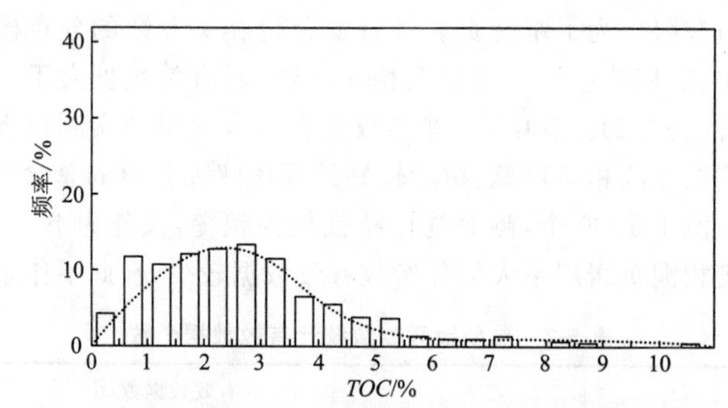


图 5-11　鄂尔多斯盆地中生界陆相页岩 *TOC* 分布统计特征

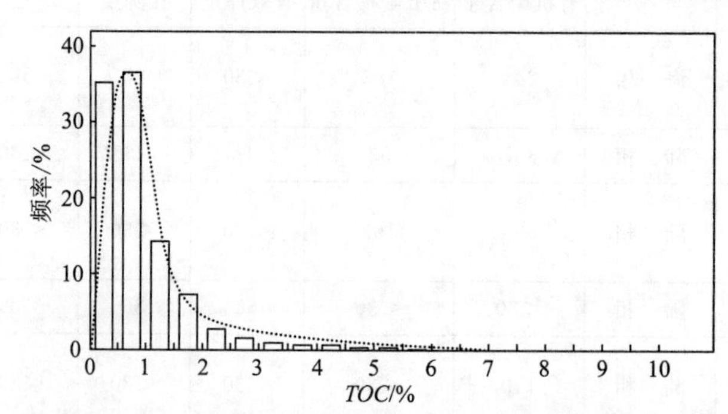


图 5-12　渤海湾盆地东濮凹陷断陷湖盆新生界古近系陆相页岩 *TOC* 分布特征

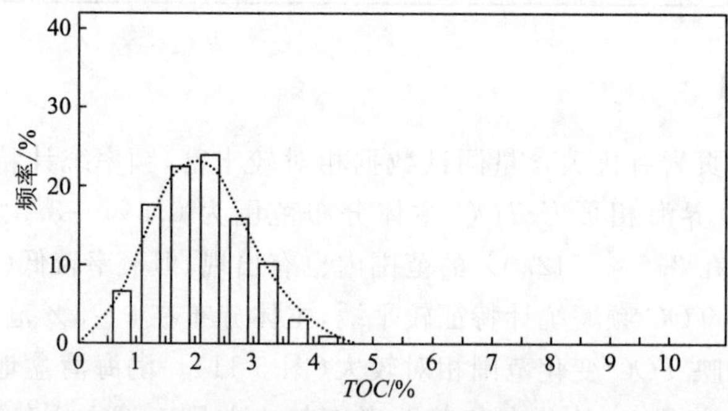


图 5-13　南襄盆地泌阳凹陷新生界古近系陆相页岩 *TOC* 分布特征

总体来看，*TOC* 频率统计特征近似服从概率密度正态分布或对数正态分布模型，这与泥页岩的沉积环境和地质过程有关。其中，海盆、拗陷型湖盆等沉积环境泥页岩和有机物的沉积为渐变、平稳的地质过程，*TOC* 主体接近正态分布；东部典型陆相断陷湖盆泥页岩和有机质沉积速度快，表现为快速变化的动荡地质过程，*TOC* 接近对数正态分布。

### (二) 黏土矿物含量

四川盆地及其周缘下古生界海相页岩、鄂尔多斯盆地中生界陆相页岩及渤海湾盆地东濮凹陷新生界古近系陆相页岩的黏土矿物含量频率统计特征差别不大，分布范围大，从20%～70%都有分布，主体在25%～60%区间，无明显主峰，幅度变化平缓。相对来说，海相页岩稍显偏前峰型，35%～45%概率稍高(图 5-14)；陆相页岩稍显偏后峰型，50%～55%概率稍高(图 5-15 和图 5-16)。

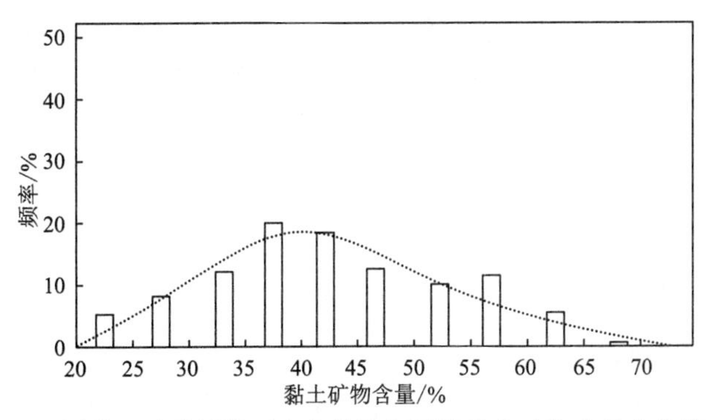


图 5-14　四川盆地及其周缘下古生界海相页岩黏土矿物含量分布统计特征

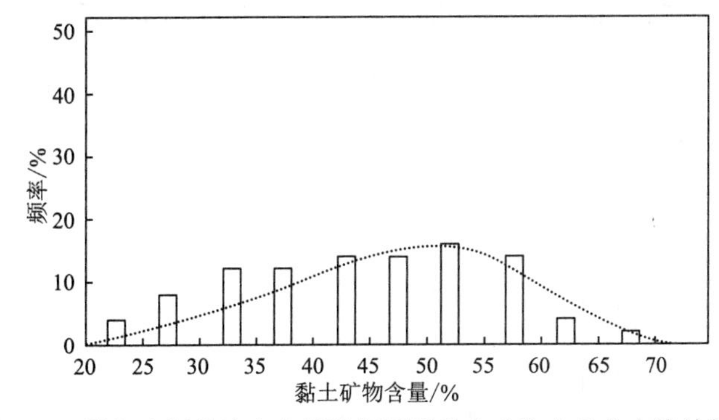


图 5-15　鄂尔多斯盆地中生界陆相页岩黏土矿物含量分布统计特征

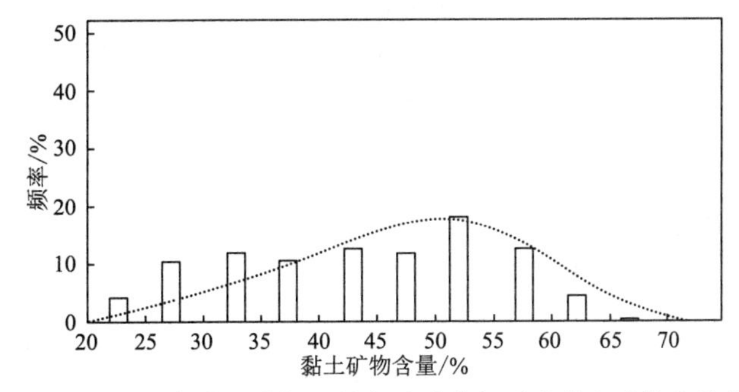


图 5-16　渤海湾盆地东濮凹陷新生界古近系陆相页岩黏土矿物含量分布特征

与常规储层不同的是，原生(沉积时就含有的)黏土矿物是泥页岩的物质组成之一，含量相对较高。成岩过程中矿物转化也能形成次生黏土矿物，但对泥页岩来说，这部分对黏土矿物含量和成分的影响不大，因此该统计数据能够反映泥页岩原始沉积状态的黏土矿物含量。

相对来说，沉积速度对泥页岩黏土矿物含量影响不明显，陆相比海相泥页岩黏土矿物含量稍高。

### (三) 有效厚度

本书中的有效厚度是指在富有机质泥页岩层系中(富有机质泥岩厚度占层系总厚度的60%以上，夹层厚度小于 2 m)，具有气测异常、岩心解吸测试或其他含气证据的厚度。

鄂尔多斯盆地和松辽盆地均为拗陷型湖盆，中生界页岩气有效厚度频率统计特征却不同。鄂尔多斯盆地中生界页岩气有效厚度频率呈正态分布，频率峰值在 50～60 m 之间(图 5-17)；松辽盆地中生界页岩气有效厚度频率近似呈对数正态分布，频率峰值在 10～30 m 之间(图 5-18)；鄂尔多斯盆地上古生界海陆过渡相页岩气有效厚度变化范围较大，频率峰值在 10～30 m之间(图 5-19)。

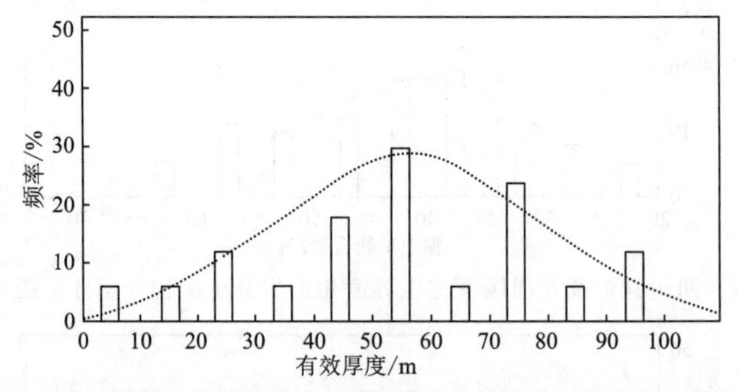


图 5-17 鄂尔多斯盆地中生界陆相页岩有效厚度分布统计特征

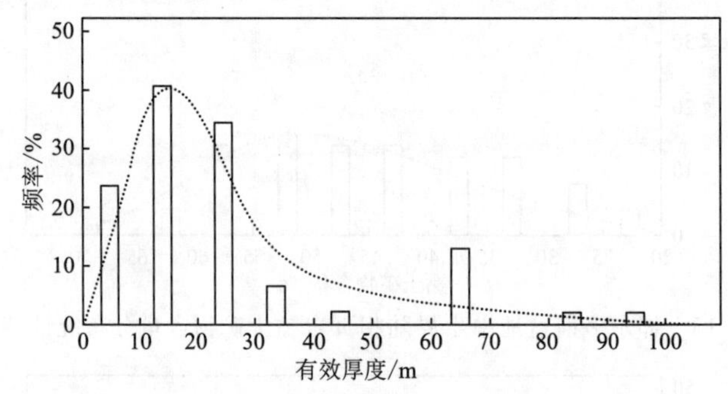


图 5-18 松辽盆地中生界陆相页岩有效厚度分布统计特征

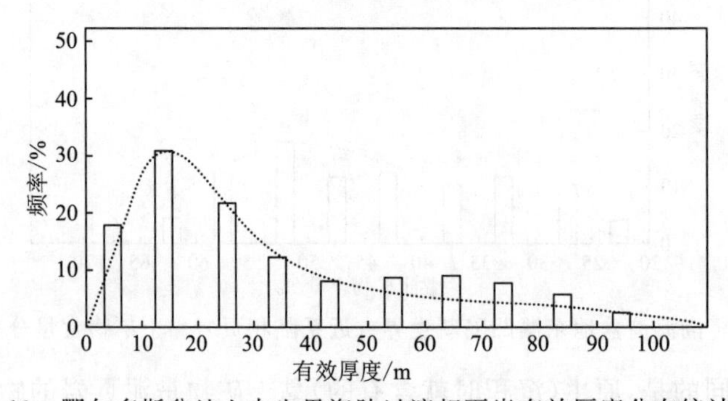


图 5-19 鄂尔多斯盆地上古生界海陆过渡相页岩有效厚度分布统计特征

有效厚度影响因素较复杂，沉积微相、地化特征、流体性质（油、气）等对有效厚度大小都有重要影响，其变化规律尚难以掌握。

### （四）孔隙度

泥页岩孔隙度通常在5%以下，远小于常规储层和其他类型储层。四川盆地及其周缘下古生界海相页岩和鄂尔多斯盆地中生界陆相页岩孔隙度频率分布特征相似，频率峰值在0～2%之间（图5-20和图5-21）；松辽盆地中生界陆相页岩孔隙度频率峰值在2%～4%之间（图5-22）。

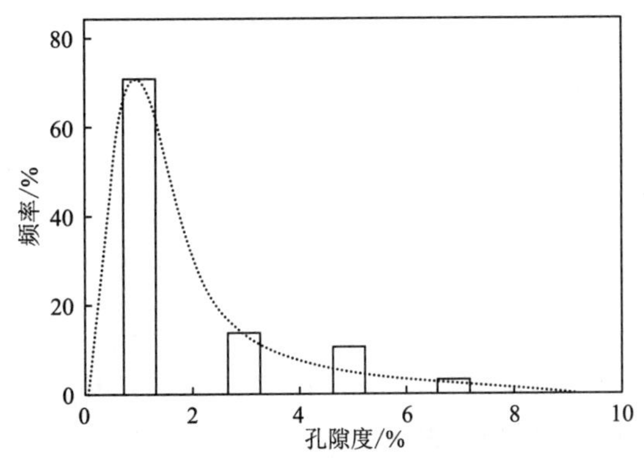


图5-20　四川盆地及其周缘下古生界海相页岩孔隙度分布统计特征

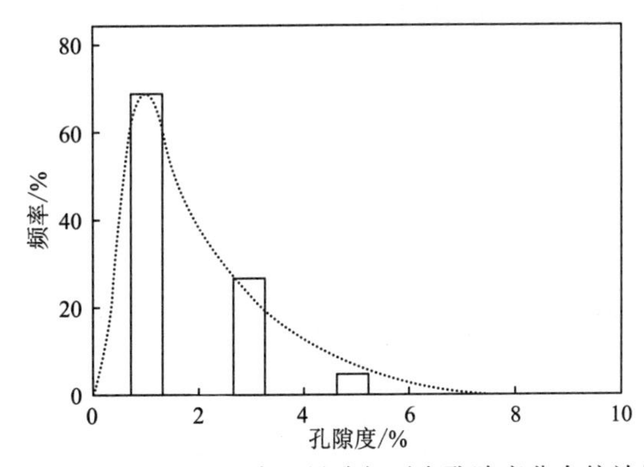


图5-21　鄂尔多斯盆地中生界陆相页岩孔隙度分布统计特征

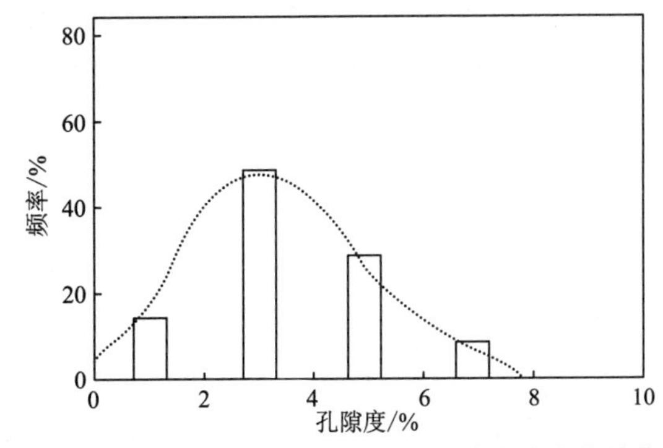


图5-22　松辽盆地中生界陆相页岩孔隙度分布统计特征

### （五）渗透率

泥页岩渗透率极低，主体在 0.001 mD 以下（图 5-23），接近对数正态分布。

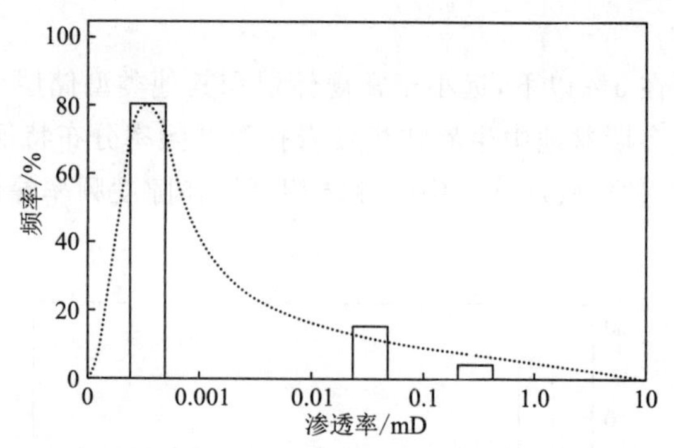


图 5-23　四川盆地及其周缘下古生界海相页岩渗透率分布统计特征

### （六）页岩密度

页岩密度主要与物质组成和成岩作用有关。从物质组成上来看，海相页岩石英等碎屑矿物含量一般要高于陆相页岩；从成岩演化上来看，随着经历地质时代的增长，从新生界到中生界再到古生界页岩成岩作用依次减弱。在这两方面的综合作用下，四川盆地及其周缘下古生界海相页岩密度、鄂尔多斯盆地中生界陆相页岩密度、渤海湾盆地新生界古近系陆相页岩密度概率峰值从 2.6～2.8 g/cm$^3$，2.4～2.6 g/cm$^3$ 到 2.2～2.4 g/cm$^3$ 依次降低（图5-24～图 5-26）。

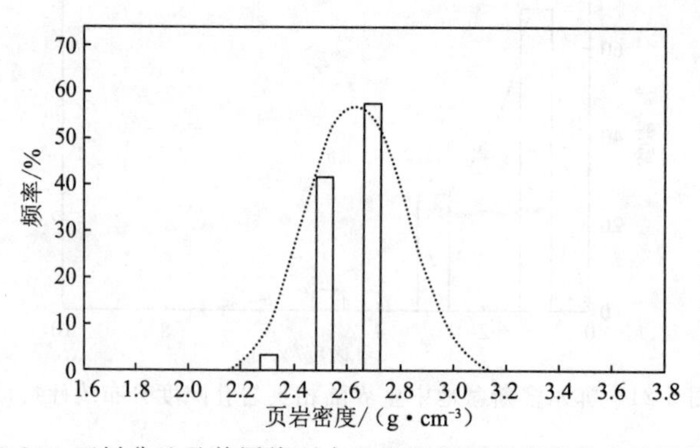


图 5-24　四川盆地及其周缘下古生界海相页岩密度分布统计特征

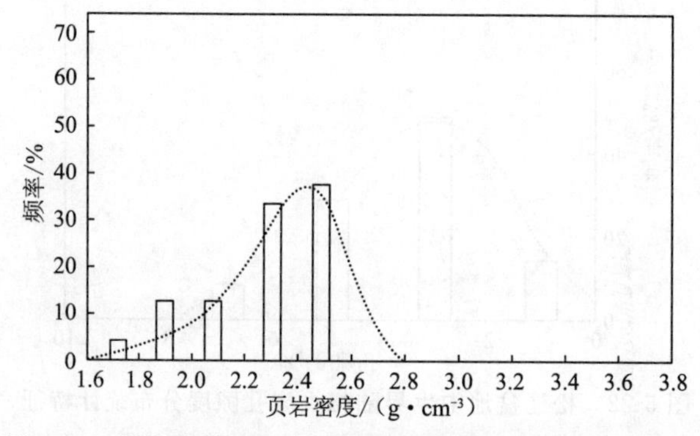


图 5-25　鄂尔多斯盆地中生界陆相页岩密度分布统计特征

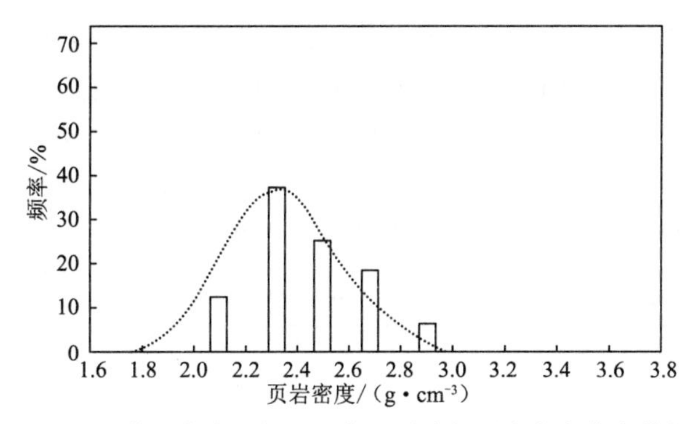


图 5-26　渤海湾盆地新生界古近系陆相页岩密度分布特征

### (七) 含气量

含气量是页岩气资源评价的关键参数,也是勘探开发的基础。含气量的获取方法很多,各种方法获取的含气量数据含义和可靠性程度不同。本书中提到的含气量有效数据主要是指应用现场解吸方法获得并进行了损失气和残余气恢复的总含气量数据。

由于我国目前针对页岩气的取心钻井数量有限,含气量有效数据相对较少。获得四川盆地南部下古生界海相页岩和南襄盆地泌阳凹陷新生界古近系陆相页岩含气量有效数据各20个左右,统计分析初步表明,四川盆地南部下古生界海相页岩含气量分布范围较大(0～10 $m^3/t$)(图 5-27),南襄盆地泌阳凹陷新生界古近系陆相页岩含气量主体在 3 $m^3/t$ 以下(图 5-28)。

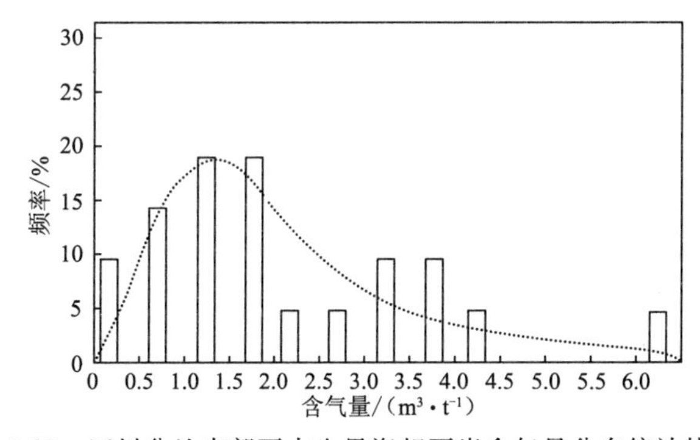


图 5-27　四川盆地南部下古生界海相页岩含气量分布统计特征

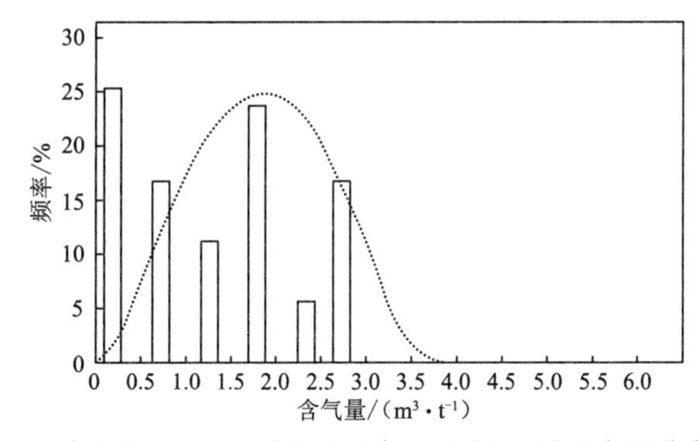


图 5-28　南襄盆地泌阳凹陷新生界古近系陆相页岩含气量分布特征

通过对四川盆地及其周缘下古生界海相沉积页岩、鄂尔多斯盆地中生界陆相坳陷湖盆沉积页岩、松辽盆地中生界陆相坳陷湖盆沉积页岩、渤海湾盆地东濮凹陷新生界陆相断陷湖盆沉积页岩及南襄盆地泌阳凹陷新生界陆相页岩主要地质参数有效数据的频率统计，可以看出不同的沉积构造环境对页岩参数的分布具有重要影响，海相沉积页岩、拗陷型湖盆沉积的陆相页岩及断陷型湖盆沉积的陆相页岩在参数分布特征上有差别（表 5-3）。

**表 5-3　不同沉积类型页岩主要参数频率统计特征表**

| 参　数 | 海相页岩 | | 陆相页岩 | | | |
|---|---|---|---|---|---|---|
| | | | 拗陷型湖盆 | | 断陷型湖盆 | |
| | 分布模型 | 频率峰值 | 分布模型 | 频率峰值 | 分布模型 | 频率峰值 |
| 有机碳含量/% | 正　态 | 1.5～2.5 | 正　态 | 0.5～3.5，无明显峰值 | 对数正态 | 0～2 |
| 黏土矿物含量/% | 正　态 | 35～45 | 正　态 | 40～60，无明显峰值 | 正　态 | 50～55 |
| 有效厚度/m | — | — | 正态/对数正态 | 50～60/10～30 | — | — |
| 孔隙度/% | 对数正态 | 0～2 | 正态/对数正态 | 2～4/0～2 | | |
| 渗透率/mD | 对数正态 | ＜0.001 | — | — | — | — |
| 页岩密度/(g·cm$^{-3}$) | 正　态 | 2.6～2.8 | 正　态 | 2.4～2.6 | 正　态 | 2.2～2.4 |

分析发现，参数无论是服从正态分布还是对数正态分布，并不受泥页岩相类型（海相、陆相）控制，而是与构造演化与水体变化过程密切相关。地质参数的概率密度正态分布反映了渐变、平稳的地质过程，表明了该参数受多种因素综合作用影响，各因素影响基本均匀，例如，四川盆地及其周缘下古生界海相页岩黏土矿物含量概率密度分布特征、鄂尔多斯盆地中生界陆相页岩有效厚度概率密度分布特征。对数正态分布反映了渐变和突变地质过程的过渡状态，表明该参数受多种因素综合作用影响，其中个别因素影响显著，但不能左右全局，其他因素的影响均匀微小。例如渤海湾盆地东濮凹陷新生界古近系陆相页岩 *TOC* 概率密度分布特征、四川盆地及其周缘下古生界海相页岩渗透率概率密度分布特征。

在某一参数分布模型相同的情况下，海相页岩和陆相页岩的差别主要在参数分布范围、中值、偏度及标准差等影响分布曲线形态的特征参数上。例如四川盆地及其周缘下古生界海相页岩 *TOC* 概率密度分布特征和鄂尔多斯盆地中生界陆相页岩 *TOC* 概率密度分布特征。

## 四、预测方法与步骤

蒙特卡罗法是以概率论与数理统计为指导的统计学方法，应用随机抽样技术和统计实验方法来解决数值解不确定的问题。20 世纪 60 年代，蒙特卡罗法开始应用于含油气区早中期勘探阶段常规油气资源的定量计算，重点解决地质风险评价问题。其基本思想是，为获得某地质问题的数值解，首先根据已有资料建立描述该地质问题的数学模型，然后通过对数学模型中参数变量的抽样计算获得概率分布函数形式的数值解。概率形式给出的数值解具有特定期望值，且描述了各种结果出现的可能性。

页岩气聚集呈连续分布、无明确参数界限、丰度低，地质参数变量具有更大的随机性，尤其是我国地质条件复杂，页岩气类型多、资料少、认识程度低，含气量的关键参数变化规律尚不清楚，应用蒙特卡罗法解决页岩气资源评价问题是现阶段最科学、最合理的方法。

体积法适用于勘探开发各阶段和各种地质条件，是我国各类油气资源评价的重要方法，也是页岩气资源评价的基本方法。应用蒙特卡罗法评价页岩气资源量时可采用体积法计算公式。依据体积法原理，页岩气地质资源量为页岩总质量与单位质量页岩所含天然气的乘积，可表示为常数系数与地质参数（随机变量）的连乘，即

$$Q = 0.01Ah\rho q$$

式中，$Q$ 为页岩气地质资源量，$10^8\ m^3$；$A$ 为含气页岩分布面积，$km^2$；$h$ 为有效页岩厚度，m；$\rho$ 为页岩密度，$t/m^3$；$q$ 为总含气量，$m^3/t$。

蒙特卡罗法预测页岩气资源量的主要步骤如下。

### （一）参数获取

页岩气研究和评价的主要对象是泥地比大于60%、夹层厚度小于2 m的泥页岩层系。资源量计算参数主要包括有效厚度、面积、含气量、页岩密度等。由于资料相对有限，各项参数可以采取多种方法获取，不同方法获得的参数应进行合理的厘定、校正及综合，使参数间可对比。数据量应尽量达到统计学要求，数据点分布应相对均匀，具有代表性。

1. 有效厚度

泥页岩层系厚度可通过露头调查、钻探、地震及测井等手段获得。其中，有效厚度指已有充分的证据证明泥页岩含油气，并可能具有工业价值页岩油气聚集的含油气页岩层段，包括页岩、泥岩及其夹层。含气证据包括钻井中已获得页岩气流、岩心现场解吸获得页岩气，录井在该段发现气测异常（图5-29），缺少钻井资料的地区泥页岩层段见油气苗、近地表样品解吸见气等；保存条件好的地区也可以将地球化学指标超过下限作为间接含气证据。因此，可依据钻井、测井、录井、岩心测试、实验分析等各类资料及其在剖面上的变化来确定含气泥页岩层系厚度，即有效厚度。

2. 面　积

通过泥页岩层系连井剖面、地震解释等资料分析，掌握有效厚度在剖面和平面上的变化规律，结合泥页岩层系各项相关参数平面变化等值线图，可对含气面积进行分析。

常规油气资源评价时，通常把面积作为定值给出，这是因为常规油气分布受圈闭控制，具有较明确的含油气边界；而页岩气为层状分布，含气性呈低丰度、连续、不均匀分布，无明确边界，因此含气面积也有必要以概率形式给出。在缺少较多实际井资料建立含气面积统计分布规律的情况下，一般按照对数正态分布模型研究含气面积概率分布，可将最小含气面积和推测最大含气面积分别作为累积概率95%和5%所对应的含气面积以进行下一步分析。

3. 含气量

页岩含气量可通过直接法（岩心现场解吸法）和间接法（模拟实验法、统计法、类比法、计算法、测井资料解释法及生产数据反演法等）获得。各类方法获得的含气量数据代表的含义不同，应用时需注意。

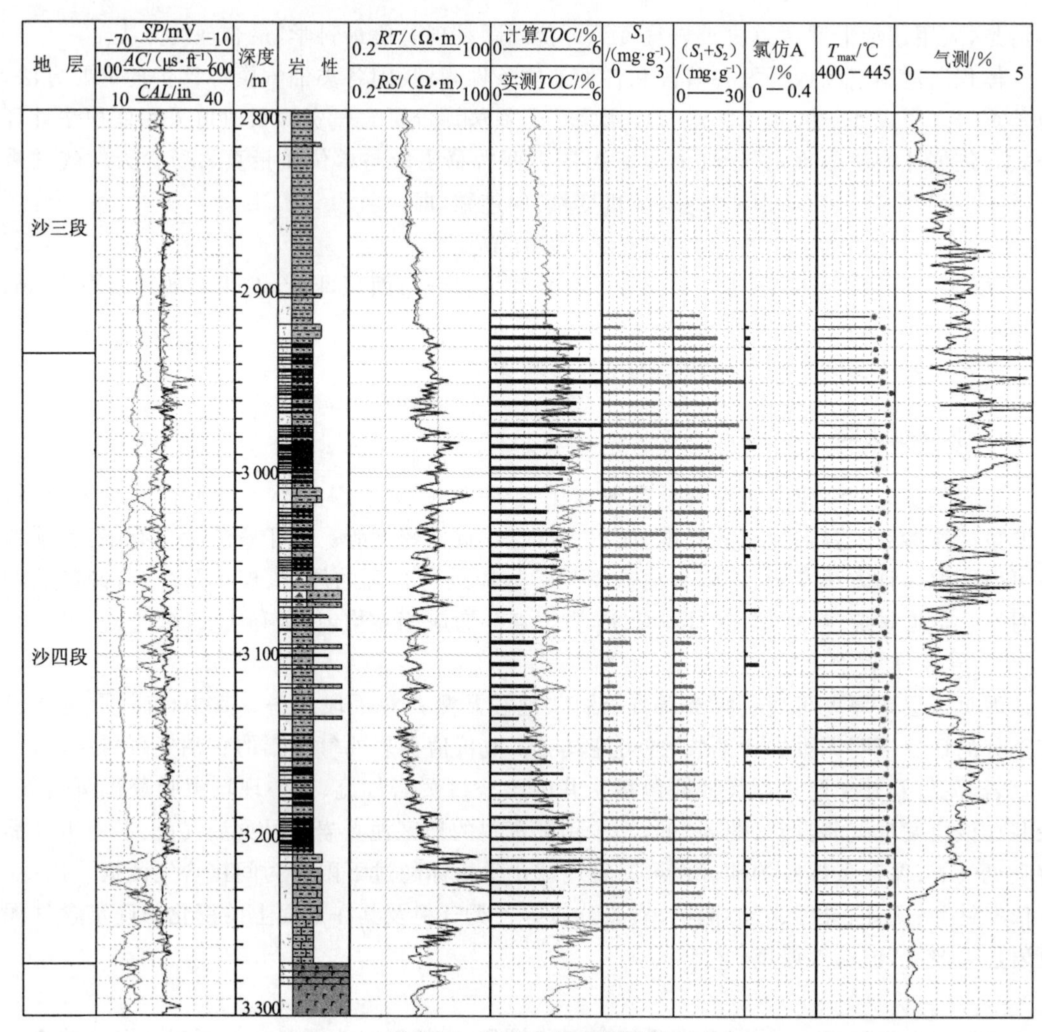


图 5-29 页岩含气有效厚度

1 in=25.4 mm

4. 页岩密度

页岩密度可通过实测法、类比法、测井解释法等获得。

### (二) 参数分析与抽样计算

将获得的各项参数变量的分布函数作为统计模型，随机抽样 $m$（如 1 000）次以上，将各组抽样值按照数学模型进行计算，得到页岩气资源量的 $m$ 个估计值。

### (三) 获得页岩气资源量概率解

对资源量的 $m$ 个估计值进行频率统计分析，求出页岩气资源量的概率分布函数，从分布曲线上即可获得不同概率条件下的页岩气资源量数值解(图 5-30)。通常把 $P_{50}$ 对应的资源量数值作为期望值。

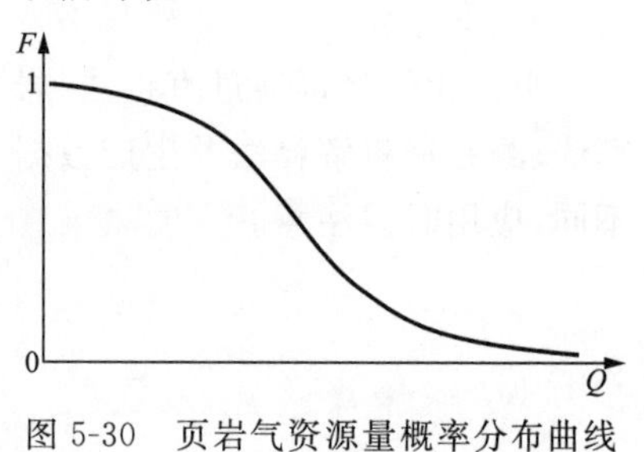


图 5-30 页岩气资源量概率分布曲线

综上所述，应用蒙特卡罗法预测页岩气资源量时，首先分析页岩气资源量计算所依赖的地质参数变量，构造表征资源量概率解的数学模型；将包括面积在内的各项地质参数作为变量处理，根据已有数据统计确定各个参数变量的概率密度分布模型。然后对模型中的各个地质参数变量进行 $m$ 次随机抽样，获得随机地质参数的 $m$ 组抽样值；把 $m$ 组抽样值代入资源量计算数学模型，求出资源量的 $m$ 个估计值。最后用频率统计法求出油气资源量的分布曲线，由此获得概率不小于 $P$ 所对应的资源量数值解。蒙特卡罗法更科学地描述了页岩气边界条件不确定的机理特征，可用于各个阶段。

## 五、实　例

以上扬子渝东南地区为例。渝东南地区位于重庆市东南部，属于四川盆地外缘川东高陡构造带武陵褶皱带，区内发育一系列 NNE 向隔挡式和隔槽式褶皱，地貌上岭谷相间，从震旦纪到第四纪漫长的地质年代里，经历了多次构造运动。区内出露地层以古生界为主，其次为中生界三叠系及少量的侏罗系。渝东南地区属于油气勘探空白区，没有油气钻井，只有少量固体矿产井。

渝东南地区主要发育古生界下寒武统牛蹄塘组和下志留统五峰—龙马溪组两套海相黑色页岩，有机质类型主要为Ⅰ型。

牛蹄塘组黑色页岩全区均有分布，为大陆架到大陆斜坡过渡区的海相沉积，厚度为 20～140 m，东南厚西北薄，埋深由南向北逐渐加大。牛蹄塘组黑色页岩有机碳含量为 0.16%～9.62%，平均为 3.43%，有机质成熟度为 1.60%～3.55%，平均为 2.71%。

龙马溪组黑色页岩也在全区广泛分布，为前陆盆地控制下的闭塞海湾沉积，厚度变化较大，为 40～200 m；有机碳含量为 0.12%～6.16%，平均为 1.62%；有机质成熟度为1.56%～3.68%，平均为 2.51%；黑色页岩矿物成分主要为碎屑矿物和黏土矿物，还有少量的碳酸盐岩和黄铁矿；碎屑矿物成分主要为石英和长石，黏土矿物含量为 27%～62%，平均为 42.6%，主要为伊利石和伊蒙混层，其次为绿泥石；页岩孔隙度为 0.77%～5.40%，平均为 3.3%；渗透率为 0.002 4～0.079 mD，平均为 0.015 mD。

对渝科 1 井、酉科 1 井黑色页岩岩心含气量现场解吸分析，古生界黑色页岩含气量为 0.6～3.0 $m^3/t$。

采集渝东南地区黑色页岩露头样品和渝科 1、酉科 1 井岩心样品共 583 块，样品在全区分布均匀，具有代表性。对样品开展系统的实验分析测试和单井解剖，获取资源评价相关参数。

在没有更多实际资料建立面积的统计分布规律情况下，面积的确定采用 *TOC* 关联法，依据国内外对页岩气有利区的划分标准，将 *TOC* 为 2.0%圈定的面积作为面积中值，将 *TOC* 为 1.0%和 3.0%圈定的面积分别作为逆累积概率的 5%和 95%对应的面积。厚度的确定主要依据钻井、野外剖面实测以及实验测试资料确定，海相页岩沉积厚度相对稳定，采用正态分布概率模型。页岩密度依据样品实测数据统计分析确定为正态分布，含气量依据钻井岩心样品现场解吸获得，统计分析后为对数正态分布概率分布（图 5-31 和图 5-32）。

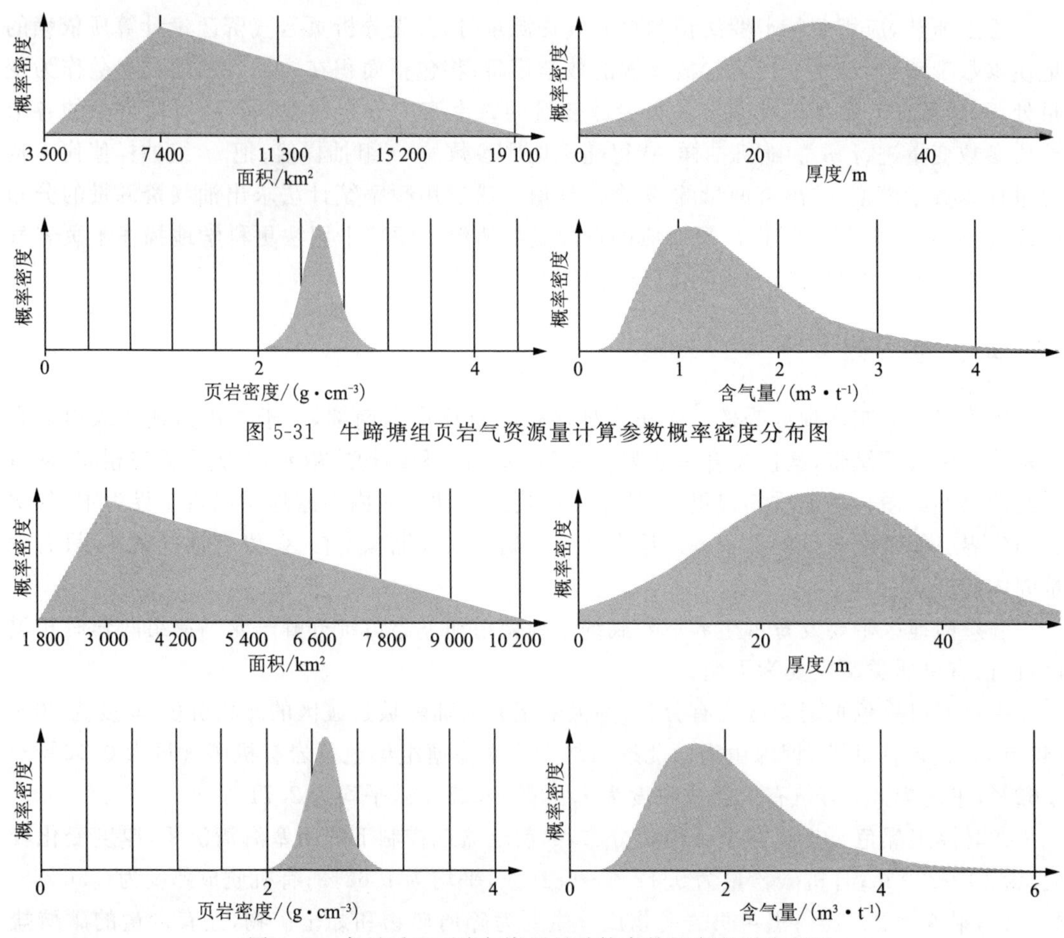


图 5-31 牛蹄塘组页岩气资源量计算参数概率密度分布图

图 5-32 龙马溪组页岩气资源量计算参数概率密度分布图

在参数分析的基础上(表 5-4),采用蒙特卡罗法计算渝东南地区下寒武统牛蹄塘组页岩气资源量期望值为 7 892×$10^8$ $m^3$,下志留统龙马溪组页岩气资源量期望值为 5 908×$10^8$ $m^3$(图 5-33 和图 5-34),合计 1.38×$10^{12}$ $m^3$。此处计算的是地质资源量,未考虑地貌、埋深、道路、水源等工程地质条件。

**表 5-4 渝东南地区页岩气资源量计算表**

| 参数 \ 评价单元 | 牛蹄塘组页岩 | | | 龙马溪组页岩 | | |
|---|---|---|---|---|---|---|
| | $P_5$ | $P_{50}$ | $P_{95}$ | $P_5$ | $P_{50}$ | $P_{95}$ |
| 面积/$km^2$ | 12 910 | 8 389 | 4 998 | 8 694 | 4 788 | 2 523 |
| 厚度/m | 47 | 27 | 8 | 47 | 26 | 7 |
| 总含气量/($m^3 \cdot t^{-1}$) | 3.3 | 1.4 | 0.6 | 4.0 | 1.9 | 0.9 |
| 密度/($g \cdot cm^{-3}$) | 2.8 | 2.6 | 2.3 | 2.7 | 2.5 | 2.3 |
| 地质资源量/($10^8$ $m^3$) | 23 096 | 7 892 | 1 977 | 17 520 | 5 908 | 1 346 |
| 合计/($10^8$ $m^3$) | 期望值:13 800 | | | | | |

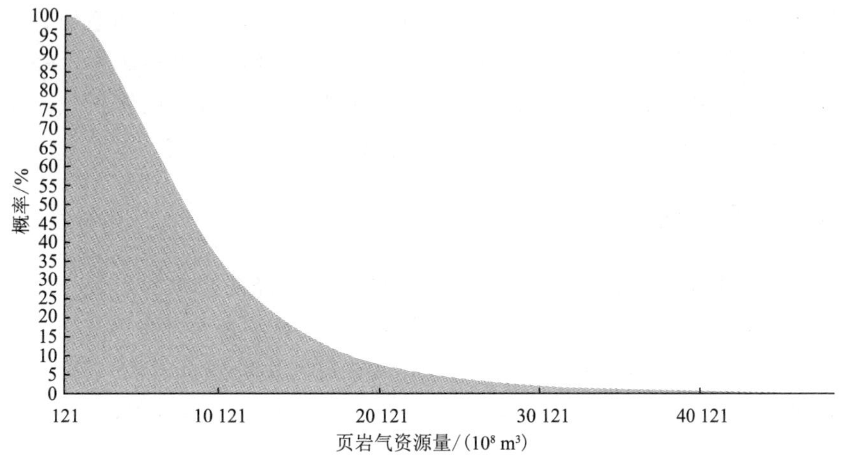


图 5-33 牛蹄塘组页岩气资源量累积概率分布图

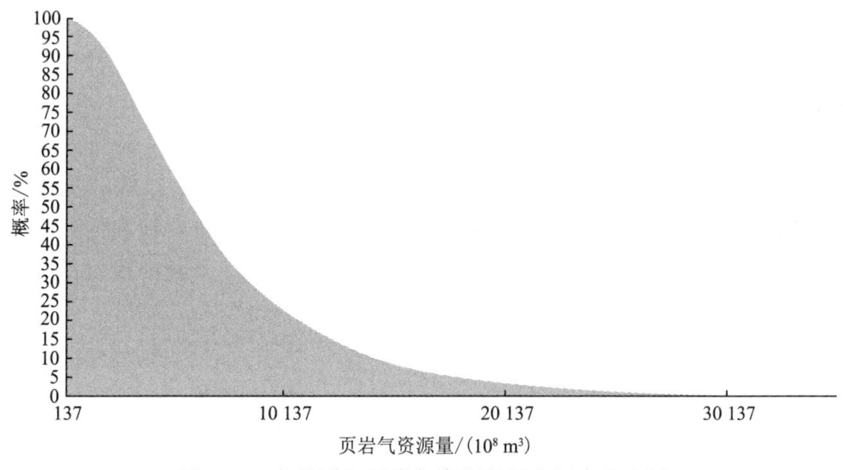


图 5-34 龙马溪组页岩气资源量累积概率分布图

# 第三节 地球化学法

成因法评价页岩气资源量需要基于大量的地球化学参数，也叫地球化学物质平衡法，适用于页岩气勘探开发早期阶段的资源量计算。

## 一、生烃门限与排烃门限

Tissot 和 Welte(1984)提出的干酪根晚期降解成烃理论已被几十年来的油气勘探实践所证实，其中，生烃门限是干酪根热降解生烃模式中的一个重要概念。生烃门限是有机质开始大量生烃的起点，岩石只有进入生烃门限后才能大量生烃构成烃源岩。如果有机质经历的温度低于生油门限温度，或者其埋藏深度小于生油门限深度，则有机质不会生成大量烃类。生烃门限对应的镜质体反射率一般为 0.5%。在此基础上，黄第藩(1996)提出的有机质生烃演化综合模式补充了未熟—低熟石油的生成过程，强调了不同类型有机质生烃的差异性。

庞雄奇(1997,2004)结合生产实践提出了排烃门限的概念，他认为，排烃门限指烃源岩在埋藏演化过程中，由于生烃量满足了自身吸附，孔隙水溶、油溶（气）和毛细管饱和等多种形式的残留需要，并开始以游离相大量排出的临界点。排烃门限是烃源岩含烃从欠饱和到过饱和，从水溶、扩散相排烃到游离相排烃，从少量排烃到大量排烃的转折点。排烃门限的存在已在地球化学、地质、物理模拟及数值模拟等多方面得到了证实。

## 二、源岩残烃量

从成因机理上来说，页岩油气资源就是残留和保存在烃源岩中的烃类。由于盆地地质和演化历史的复杂性，页岩油气的形成过程也是复杂的，要弄清页岩在埋藏历史过程中的每一次有机质生排烃演变过程是十分困难的。因此，在成因法考虑页岩油气资源量问题时，可采用黑箱原理，将复杂问题简单化，即不关心页岩油气形成的具体过程，而是把该过程看作一个黑箱，把有机质生烃量看作系统的输入、排烃量看作系统的输出，则依据物质平衡原理，有机质生烃量与排烃量之差即为源岩残烃量。

$$Q = Q_{残} = Q_{生} - Q_{排} \tag{5-11}$$

式中，$Q$ 为页岩油气资源量，$10^8\ m^3$；$Q_{残}$ 为源岩残烃量，$10^8\ m^3$；$Q_{生}$ 为源岩生烃量，$10^8\ m^3$；$Q_{排}$ 为排烃量，$10^8\ m^3$。

根据前人提出的生烃门限和排烃门限的概念和含义，页岩达到生烃门限时开始大量生烃但并不排烃，烃类满足源岩自身储集需要时才达到排烃门限开始排烃。从生烃门限到排烃门限之间的那个阶段所形成的烃类就是残留在源岩内供源岩初始饱和的烃量。随着埋深增加，有机质总生烃量增大，烃类分子逐渐缩小，排烃效率增加，页岩中残留的烃量也会在后期的埋藏演化过程中发生幅度不大的变化（图 5-35）。

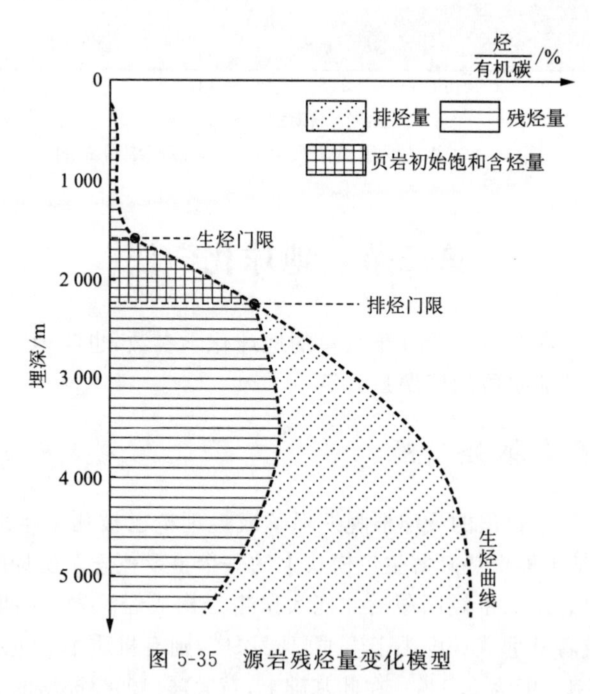


图 5-35　源岩残烃量变化模型

## 三、预测方法与步骤

不同盆地由于演化历史和地温梯度不同，有机质类型、门限深度等特征可能有很大差异。根据该模型，在用地球化学法预测页岩油气资源量时，可采用以下步骤：

(1) 确定该盆地排烃门限深度及其对应的温压及成熟度条件。

统计该盆地不同深度生烃潜力指数$(S_1+S_2)/TOC$的变化。该值通常表现出随埋深增加先升高再降低的趋势。生烃潜力指数最大值所对应的深度即可代表该盆地的排烃门限深度(庞雄奇，2004)。根据地温梯度计算相应的地层温度和有机质成熟度。

(2) 结合热模拟实验确定排烃门限深度条件下的烃产率。

根据该盆地的有机质热模拟实验，确定源岩达到排烃门限时有机质的烃产率。

(3) 计算源岩初始饱和含烃量。

根据排烃门限深度条件下的烃产率、$TOC$、厚度、面积、密度等参数，计算页岩初始饱和含烃量。该值可近似代表页岩油气资源量。

(4) 依据热模拟实验分析现今页岩所含流体性质和资源量。

依据热模拟实验中不同演化阶段不同相态烃的产率，结合源岩残烃模型，分析计算各阶段源岩中烃流体性质及含量，进一步计算得到现今页岩油气资源量。

## 四、残余系数与排烃系数

在未开展源岩热模拟实验的盆地中，用成因法预测页岩油气资源量时可用生烃量与残余系数相乘来估计页岩油气资源量。

$$Q=Q_{生}\,k_{残} \tag{5-12}$$

式中，$k_{残}$为残余系数，无量纲。

生烃量的计算方法主要有两类：一类是反推法，即由生油岩中残余的有机质推算出生烃量，例如氯仿沥青“A”法、总烃法等；另一类是直接法，即考虑干酪根不同演化阶段的产烃率，如热解法、热模拟法等。

残余系数的确定非常困难，极少有直接针对残余系数的研究。目前可以结合类比法估计研究区的排烃系数，残余系数相当于

$$k_{残}=1-k_{排} \tag{5-13}$$

式中，$k_{排}$为排烃系数，无量纲。

排烃系数就是油气初次运移量与生烃量之比。表5-5和图5-36为部分地区排烃系数值及其随埋藏深度的变化，一般情况下，排烃系数随有机质热演化程度的增加而增大。

**表5-5 部分地区典型井主力源岩段排烃系数表**

| 单 元 | | 典型井主力源岩段排烃系数 |
|---|---|---|
| 辽河坳陷 | 西部凹陷 | 0.23～0.27 |
| | 大民屯凹陷 | 0.20 |
| | 东部凹陷 | 0.26～0.30 |
| 济阳坳陷 | 东营凹陷 | 0.30～0.36 |

续表

| 单元 | | 典型井主力源岩段排烃系数 |
| --- | --- | --- |
| 苏北盆地 | 海安凹陷 | 0.30～0.40 |
| | 高邮凹陷 | 0.50～0.60 |
| 江汉盆地 | | 0.17～0.32 |
| 东海椒江盆地 | | 0.46～0.52 |

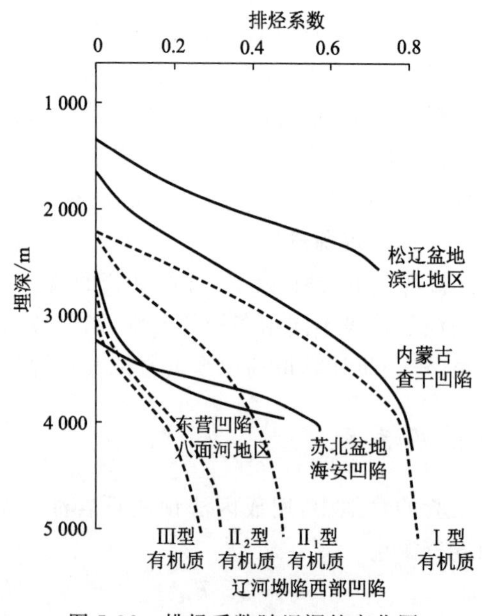


图 5-36　排烃系数随埋深的变化图

# 第四节　页岩气资源评价方法体系

结合前文的研究成果，初步建立了页岩气资源评价方法体系（表 5-6）。该体系有页岩气资源量计算方法和有利区优选方法两类。其中，资源量计算方法包括类比法、统计法、成因法及经验综合法四大类 13 种；有利区优选方法包括信息递进叠合法和模糊综合评判法 2 种。各种方法评价结果可靠性的影响因素各不相同。

类比法主要包括离散单元划分法、丰度类比法和聚类分析法。其中，离散单元划分法适用于勘探中后期，该方法将类比单元划分到最小，在评价区内部，依据关键参数分布情况划分刻度单元和类比单元，大大提高了类比法的应用范围。丰度类比法和聚类分析法主要应用在勘探早中期，通过评价区与刻度区页岩气发育地质条件的比较，估算确定评价区页岩气资源计算的有关参数，从而求得资源量。这一方法受评价人对页岩气和评价区地质资料了解程度的限制，通常与专家评价法（或特尔菲法）结合使用。我国的页岩气工作尚处于探索阶段，还没有成熟的页岩气资源评价刻度区。美国页岩气勘探开发相对成熟，但在大地构造背景、构造演化、页岩时代、沉积环境、地表条件等方面与我国均有较大差异，不宜直接进行类比。因此，盆地、区带级别的类比法应用受限。

**表 5-6　页岩气资源评价方法体系**

| | 类　别 | 主要方法 | 影响可靠性的主要因素 | 适用阶段 | | |
|---|---|---|---|---|---|---|
| | | | | 远景区评价（早期） | 有利区评价（中期） | 目标区评价（后期） |
| 资源量计算方法 | 类比法 | 离散单元划分法 | 控制井密度 | | √ | √ |
| | | 丰度类比法 | 丰度与体积、沉积速率等函数的关系 | √ | √ | |
| | | 聚类分析法 | 综合类比指标 | √ | √ | |
| | 统计法 | 蒙特卡罗法 | 参数的概率取值 | √ | √ | |
| | | 体积法 | 有效体积及含气量等参数的可靠性 | √ | √ | √ |
| | | 历史趋势外推法 | 工作量投入与勘探效果统计 | | | √ |
| | | 发现过程模型法 | 数学模型 | | | √ |
| | | 生产动态资料分析法 | 产量、流体、压力等动态资料积累 | | | √ |
| | | FORSPAN 法 | 地质地球化学特征和勘探开发历史数据 | | √ | √ |
| | 成因法 | 地球化学法 | 残留系数的确定 | √ | | |
| | | 盆地模拟法 | 地质和数学模型 | √ | √ | |
| | 经验综合法 | 特尔菲法 | 专家的经验积累 | √ | √ | |
| | | 专家系统法 | 知识库、标准规范 | √ | √ | |
| 有利区优选方法 | 信息递进叠合法 | | 信息定量化和权重分配 | √ | √ | √ |
| | 模糊综合评判法 | | 评判标准 | √ | √ | |

统计法基于对大量静态地质参数或动态生产数据进行统计分析，摸索统计规律，从而预测资源量。统计法的使用与勘探程度及资料积累有关，主要包括对静态资料统计分析的蒙特卡罗法、体积法，对静态和少量动态资料进行统计分析的历史趋势外推法、FORSPAN 法，以及对开发动态资料进行统计分析的发现过程模型法、生产动态资料分析法。受阶段所限，目前我国的动态资料积累极少，主要应用静态资料进行页岩油气资源评价。统计法的应用主要体现在对参数赋值的统计，可靠性主要基于对相关数据资料的累积及资料数据的可靠性和代表性。其中，静态资料统计法主要用于页岩气勘探开发早中期的储量评价，动态资料统计法主要用于页岩气勘探开发中—后期的储量评价。由于页岩气富集与圈闭之间无必然联系，不存在明确的富集边界，因此常规油气资源评价中常用的油气藏规模序列法等不适用于页岩气。

成因法主要包括地球化学法和盆地模拟法。地球化学法主要应用于盆地评价早期。地球化学法计算页岩气资源量的平衡原理是生烃量≈残留量＋排烃量。其中，得到生烃量的方法相对成熟，而得到残留系数、排烃系数，甚至保存系数是非常困难的。这些参数与有机质类型、有机质热演化程度、生储盖组合条件及保存条件等许多地质因素有关，且目前对页岩气聚集和富集机理还有大量问题有待研究，因而这些关键系数及其变化规律尚难以准确掌握。盆地模拟法是利用计算机技术恢复盆地及其中的烃类流体在地史时期中的演化，利用动态思想分析页岩气的形成和保存，结合综合评价方法预测盆地资源量，其中地质和数学模型是该方法的关键。

经验综合法包括特尔菲法和专家系统法。特尔菲法系统综合了专家小组的经验知识，并统计评价区各项相关资料，由专家组成员按照各自的认识独立预测各种概率下的资源量，最后综合平衡所有专家认识，给出评价区相对可靠的资源量。该方法简单有效，适用于页岩气勘探开发的早中期评价。专家系统法是特尔菲法的发展和延伸，建立集成的知识库、数据库和图形库是该方法的基础，同时还要求有严谨的逻辑和一系列合理的标准规范。综合法评价结果的可靠性主要依赖于资料的可靠性和专家知识经验库。从我国页岩油气勘探开发现状来看，关键参数资料积累少，北美的成熟经验也不适用于我国独特的页岩气地质条件，因此在特尔菲法应用中贯穿了较多的假设和不确定性。

有利区优选方法主要包括信息递进叠合法和模糊综合评判法，这两种方法实现了对页岩气有利区、有利井位的定量—半定量评价与优选。信息递进叠合法可以应用于远景区、有利区及核心区的优选，随着勘探程度的增加，依据不断积累的各类资料，可以不断提取相关参数对研究区进行滚动评价，逐步叠加参数信息，以提高优选结果的可靠性。模糊综合评判法可应用于有利区优选和井位优选，主要应用在勘探阶段的早中期，其中评判标准是影响优选结果的主要因素。

页岩气资源评价方法的选择应根据评价区勘探阶段、资料条件和地质特点进行。以上扬子渝东南地区下古生界寒武系牛蹄塘组海相页岩、鄂尔多斯盆地下寺湾区中生界三叠系延长组陆相页岩为例，分别应用蒙特卡罗法、离散单元划分法预测页岩气资源量，以黔西北地区为例应用模糊综合评判法优选页岩气调查井位。

○○○● 第六章

# 页岩气有利区定量优选方法

## 第一节　页岩气前景分区

页岩气呈层状连续分布，根据勘探开发阶段和选区依据，国内外通常将页岩气分布区划分为远景区、有利区、核心区三个级别。

美国最具代表性的 Fort Worth 盆地 Barnett 页岩气远景区（prospective area）面积达 72 520 km$^2$，以 Red River 背斜、Ouachita 逆冲断层带、Llano 隆起为边界；远景区内包含面积约 18 100 km$^2$的有利区（favorable area），有利区内页岩有机质成熟度（$R_o$）大于 1.1%，处于生气窗范围，有利区西部以 $R_o$等于 1.1%为界，南部以页岩厚度 30 m 等值线为界，东部以 Ouachita 逆冲断层为界；有利区内最具潜力的区域，即核心区（core area），面积约 4 700 km$^2$，位于盆地东北部，包括 Newark Wast 油气田及其外围区域（Bowker，2003；Montgomery，2005；Jarvie，2007）。

在 Barnett 页岩气有利区内，围绕着核心区，还划分出扩展区和周边区。核心区页岩气丰度高，储量大；扩展区储量、产量适中；周边区范围大、储量较低。核心区是最早开始钻探和生产的区域，扩展区已进入快速钻探和生产，面积约 5 838 km$^2$，周边区需要进行缓慢开发，约有 10 676 km$^2$。核心区产量比扩展区产量高 60%，是周边区产量的 3 倍（表 6-1）。

**表 6-1　Fort Worth 盆地 Barnett 页岩选区参数（据 Bowker，2003）**

| 选区级别 | 面积/km$^2$ | *TOC*/% | $R_o$/% | 厚度/m | 埋深/m | 边　界 |
|---|---|---|---|---|---|---|
| 远景区 | 72 520 | >1 | >0.5 | >15 | 0～300 | 页岩分布区 |
| 有利区 | 18 100 | >3.3 | >1.1 | >30 | >300 | $R_o$=1.1%及厚度=30 m |
| 核心区 | 4 700 | >3.5 | >1.3 | 91～214 | >2 000 | Newark Wast 油气田及其外围 |

我国正处于页岩气勘探开发初期阶段。页岩气远景区是在区域地质调查基础上，掌握区域构造、沉积及地层发育背景，结合地质、地球化学、地球物理等资料，优选出的富有机质页岩发育区及具备页岩气形成地质条件的潜力区域；页岩气有利区是在远景区内进一步优选，在地震、钻井以及实验测试等资料基础上，通过分析泥页岩沉积特点、构造格架、泥页岩地化指标、储集特征、页岩气显示及少量含气性参数优选出来的、经过进一步钻探能够或可

能获得页岩气工业气流的区域；页岩气目标区是在页岩气有利区内，基本掌握了泥页岩的空间展布、地化特征、储层物性(含裂缝)、含气量以及开发基础等参数，有一定数量的探井控制并已见到了良好的页岩气显示或产出，在自然条件或经过储层改造后能够具有页岩气商业开发价值的区域。

## 第二节　信息递进叠合法

### 一、地质评价信息体系与层次

对于页岩气，页岩本身既是源岩又是储层，为典型的原地生、原地储富集模式，常规油气勘探中分别用于评价烃源岩、储集层、保存和开发条件的参数信息都要集页岩于一身，因此页岩气评价选区的地质信息更加多样和复杂。

页岩气地质评价信息体系由3个层次组成(表6-2)，基础信息层主要包含23项因素，这23项因素反映了9个方面特征，构成了组合信息层，其中，地质背景主要包括地层、构造格局及沉积、构造演化史信息；地化特征主要包括有机质类型、有机质丰度及热演化程度信息；储集特征主要包括孔隙度、渗透性及储集空间类型信息；发育规模主要包括页岩层系厚度、有效厚度和页岩横向连续性信息；环境与保存条件主要包括埋深、流体压力和储层温度及地下水与断层信息；含气性主要包括流体性质和含气量信息；压裂开发基础条件主要包括矿物组

表6-2　页岩气地质评价信息体系与层次

| 序　号 | 基础信息 | 组合信息 | 综合信息 |
|---|---|---|---|
| 1 | 地　层 | 地质背景 | 地质条件 |
| 2 | 构造格局 | | |
| 3 | 沉积、构造演化史 | | |
| 4 | 有机质类型 | 地化特征 | |
| 5 | 有机质丰度 | | |
| 6 | 热演化程度 | | |
| 7 | 孔隙度 | 储集特征 | |
| 8 | 渗透性 | | |
| 9 | 储集空间类型 | | |
| 10 | 页岩层系厚度、有效厚度 | 发育规模 | |
| 11 | 页岩横向连续性 | | |
| 12 | 埋　深 | 环境与保存条件 | |
| 13 | 流体压力和储层温度 | | |
| 14 | 地下水与断层 | | |

续表

| 序　号 | 基础信息 | 组合信息 | 综合信息 |
|---|---|---|---|
| 15 | 流体性质 | 含气性 | 工程地质条件 |
| 16 | 含气量 | | |
| 17 | 矿物组成 | 压裂开发基础条件 | |
| 18 | 岩石力学参数 | | |
| 19 | 区域构造应力场特征 | | |
| 20 | 地貌环境与井场情况 | 生产开发条件 | |
| 21 | 压裂用水 | | |
| 22 | 输气管网及市场 | | |
| 23 | 污水处理与环保 | 环保条件 | |

成、岩石力学参数及区域构造应力场特征信息；生产开发条件主要包括地貌环境与井场情况、压裂用水、输气管网及市场信息；环保条件主要包括污水处理与环保信息。9 个组合信息构成了页岩气地质条件和工程地质条件两方面综合信息。

在地质评价的基础上，从勘探迈向开发还需进一步考虑技术、经济条件等相关信息。

## 二、信息递进叠合选区

多信息叠合是利用地质参数的非均质性，对评价区已有资料进行综合处理的一种定量—半定量方法。这种方法的目的是综合多项基础地质信息，把地质信息值按照某种约定的算法叠加，得到能够近似表征含气有利性的新的组合信息，为制订勘探方案提供依据。多信息叠合评价法的基本思想是：先把控制页岩气形成的各种单一地质因素作为基础地质信息，将其绘制成基础地质信息图；再把不同的基础地质信息图按照权重叠加得到组合地质信息图；最后将组合地质信息图按照权重叠加生成综合地质信息图。

页岩气勘探过程中，从优选远景区，到有利区，再到优选核心区，是一个资料逐步丰富、信息逐步综合、依据逐步充分、认识逐步加深且目标范围逐步缩小的递进过程(图 6-1)。远景区优选实际上是寻找富有机质泥页岩发育的地区，主要考虑地质背景和泥页岩基本地化条件；有利区优选则要在考虑地质背景和基本地化条件的基础上，进一步综合有机地球化学特征、储集条件、规模、保存条件及少量含气特征等信息进行优选；核心区在有利区综合地质信息的基础上，需进一步考虑含气量、矿物组成、岩石力学特征、应力场、地貌及水源等开发基础条件。因此，选区过程实际上是一个信息递进叠合的综合过程。该方法中，选区信息体系和权重分配可依据含气量预测模型或结合评价区具体地质特点来确定。

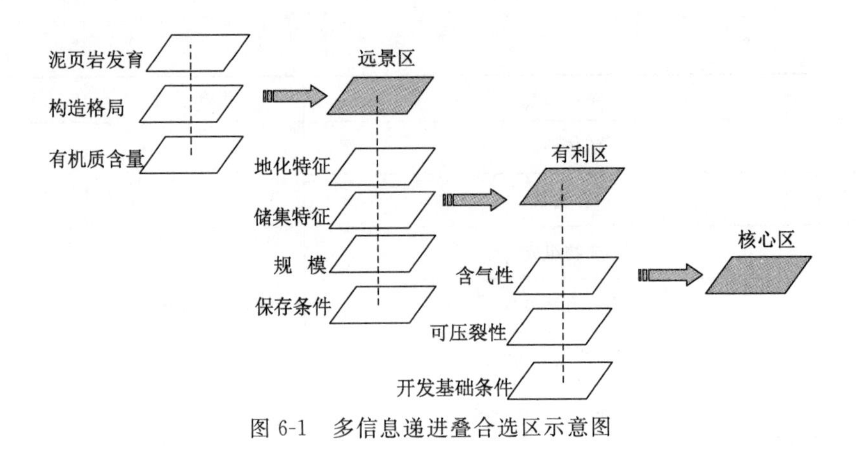


图 6-1　多信息递进叠合选区示意图

## 三、预测方法与步骤

信息递进叠合方法预测有利区的主要步骤有：

(1) 资料归类与分级。整理收集到的地质信息，进行归类，形成层次分明的信息体系，通常分为基础地质信息和组合地质信息两个层次，同类的基础地质信息叠加构成组合信息，组合信息叠加构成综合信息。

(2) 基础地质信息叠合前处理。为了保持各种地质信息在叠合中的等价性及可加性，一般采用级差正规化方法，将各种基础地质信息变换到[0,1]区间内。对于非数值型参数信息，例如保存条件，可按照好坏程度划分等级，给不同等级赋不同数值，以实现定量—半定量化。

(3) 基础地质信息的平面插值和成图。在基础地质信息分布稀疏离散的情况下，对基础地质信息进行平面插值处理，生成统一比例尺的基础地质信息图。

(4) 确定权重和叠加方法。结合评价区地质特点，根据各种基础地质信息或组合地质信息对页岩气富集所起的作用大小赋予不同的权重值。叠合方法主要有累加叠加、乘积叠加和取小叠加。

(5) 生成综合信息图。把同类基础地质信息图平面上同一坐标点的 $m$ 种基础地质信息值进行加权累加-取小叠加，形成组合地质信息图。把不同组合地质信息图叠加即形成综合信息图，依据该图数值变化，划定有利区。

# 第三节　模糊综合评判法

## 一、模糊综合评判法原理

模糊数学概念由美国控制论专家 Zadeh 在 1965 年提出，是用数学方法研究和处理“模糊性”现象的数学方法。模糊性是指事物之间的差异没有截然分开的分界线，而是呈过渡状态渐变，具有界线的“不分明性”，例如，岩石的颜色、成藏条件的优劣等。由于事物之间的差异具有模糊性，因此描述它们特征的变量也是模糊的，即各变量的分级、归类也没有明显的数值界限。地质作用是复杂的，有些特征可以定量度量，有些却无法用定量的数值来表达，只能用客观模糊或主观模糊的准则进行推断或识别。

页岩气形成和富集的地质现象具有典型的模糊性。页岩气的富集不像常规油气那样具有明确的圈闭范围和油水边界，而是呈层状连续分布，具有普遍含气性，含气量呈连续非均质性变化，其含气边界具有典型的模糊性，不同含气特征之间没有明显界限，无法用截然分开的物理界限和数值界限确定页岩气的范围。此外，描述页岩气特征的地质变量也是模糊的，例如页岩的含气性、保存条件的好坏、富集条件有利性等，没有明显的定量数值界限对它们分级。因此，用模糊数学方法处理页岩气选区问题是合适的。

模糊综合评判法的基本原理是，评价某地质对象的好坏时，分别构建评价因素集合 $U$ 及其子集 $U_i$、评价级别集合 $V$、权重分配集合 $A$ 及其子集 $A_i$、相对评语表示子集 $R(U_i)$ 等，由 $U$ 到 $V$ 的模糊映射组成综合评价变换矩阵，再按照权重分配求出各个评价对象的综合评价值，按照该值大小对评价对象进行评价和排序。

评价区带含气性时主要依据 $n$ 个地质因素，则构成因素集合 $U$，即

$$U=\{U_1,U_2,\cdots,U_n\} \tag{6-1}$$

把评价结果分成 $m$ 个级别，则构成评价集合 $V$，即

$$V=\{V_1,V_2,\cdots,V_m\} \tag{6-2}$$

根据每个地质因素所起的作用大小，构成评价因素权重分配集合 $A$，即

$$A=\{A_1,A_2,\ldots,A_n\}$$

建立从 $U$ 到 $V$ 的 $n$ 个模糊映射，构成综合评价变换矩阵 $\boldsymbol{R}$，即

$$\boldsymbol{R}=\begin{pmatrix} r_{11} & r_{12} & \cdots & r_{1m} \\ r_{21} & r_{22} & \cdots & r_{2m} \\ \vdots & \vdots & & \vdots \\ r_{n1} & r_{n2} & \cdots & r_{nm} \end{pmatrix} \tag{6-3}$$

$A$ 与 $\boldsymbol{R}$ 按照矩阵合成算子合成，称为目标的综合评价。

$$\boldsymbol{B}=A\cdot\boldsymbol{R} \tag{6-4}$$

每个评价目标含气性的综合评价值为：

$$D=\boldsymbol{B}\cdot\boldsymbol{C}^{\mathrm{T}} \tag{6-5}$$

式中，$\boldsymbol{C}^{\mathrm{T}}$ 为等级矩阵的转置矩阵。

依据 $D$ 值对评价对象进行排序。

## 二、预测方法与步骤

模糊综合评判法的实施步骤主要有：

(1) 构建评价因素集合。整理收集到的资料，将地质资料分为不同类型和级别，若用 $n$ 项地质因素评价某地质对象的好坏，则构成 $n$ 项评价因素的集合 $U$，其中 $U_i$ 是集合 $U$ 的元素或子集，当 $U_i$ 是 $U$ 的子集时，它可由 $n_i$ 项元素或次一级子集组成。

(2) 选择适宜的评价级别集合。评价级别集合 $V$ 可以划分为{好，中，差}或{好，较好，中等，较差，差}或更细。

(3) 单因素决断。形成从 $U$ 到 $V$ 的模糊映射，则所有单因素的模糊映射就构成了一个模糊关系矩阵或综合评价变换矩阵($\boldsymbol{R}$)。

(4) 确定权重分配集。$A=\{A_1,A_2,\cdots,A_n\}$，要求 $\sum\limits_{i=1}^{n}A_i=1$

(5) 选择算子。矩阵合成算子主要有取小取大运算、乘积取大运算、取小求和运算及乘积求和运算，常用的是乘积求和运算。

(6) 合成综合评价矩阵 $\boldsymbol{B}$。$\boldsymbol{B}=A\cdot\boldsymbol{R}$

(7) 有利性综合评价。根据 $D = \boldsymbol{B} \cdot \boldsymbol{C}^{T}$ 数值大小对评价对象进行综合评价和排序。模糊综合评判通常借助计算机软件完成。

## 第四节 实 例

我国海相页岩气资源约有一半分布在南方盆地外的露头区,这些露头区勘探程度很低,资料获取主要依靠页岩露头,要开展进一步的勘探和资源评价工作急需钻探大量调查井以获取可靠的资源评价参数。基于大量的野外地质调查工作,结合我国南方海相页岩气地质条件,初步提出了我国南方海相页岩露头区调查井井位优选标准,并进一步以黔西北地区为例,应用模糊综合评判法进行调查井井位优选。

### 一、露头区调查井井位优选标准

露头区主要是指处于现今盆地外围、具有富有机质泥页岩分布,但常规油气勘探极少或未做过勘探工作,地震、钻井等相关资料极少或基本没有资料的空白区。我国南方古生界海相富有机质页岩在扬子地区广泛分布,其中空白区占到总面积的一半以上。根据页岩气聚集机理特殊性,这些露头区也具有页岩气资源潜力,且目前已在部分地区获得突破。因此,露头区是页岩气勘探的重要领域,开展露头区页岩气资源调查与勘探具有重要的意义。

调查井是以获取资料、发现页岩气为目的所钻探的井,是露头区页岩气勘探的主要手段。调查井井位的优选决定了获取资料的完整度和页岩气发现的早晚。由于露头区通常构造、地貌条件非常复杂,又缺乏地震等信息资料的指导和参考,只能依据露头地质调查及露头样品的分析测试资料确定,调查井井位的优选非常困难,可以借助模糊综合评判法对调查井井位进行优选。

结合我国南方页岩气地质条件和资料条件,提出了调查井井位的评语分级标准和权重分配(表 6-3 和表 6-4),该分级标准由 2 个子集构成,分别是地质条件子集(权重 0.7)和工程地质条件子集(权重 0.3),各子集由多个因素组成。该分级标准可在运用过程中结合实际资料和地质特点参考使用。

表 6-3 露头区页岩气调查井井位优选地质条件分级标准

| 地质因素 \ 评语 | 好 | 较好 | 中等 | 较差 | 差 | 权重 |
|---|---|---|---|---|---|---|
| 页岩厚度/m | >40 | 30~40 | 20~30 | 10~20 | <10 | 0.10 |
| 预测深度/m | 1 000~1 500 | 800~1 000 或 1 500~1 800 | 600~800 或 1 800~2 000 | 300~600 或 2 000~3 000 | <300 或>3 000 | 0.15 |
| 地层倾角/(°) | <10 | 10~20 | 20~30 | 30~40 | >40 | 0.10 |
| 断裂发育程度 | 弱 | 较弱 | 中等 | 发育 | 断裂带 | 0.10 |
| 与最近露头的距离/km | >2.0 | 1.0~2.0 | 0.5~1.0 | <0.5 | <0.1 | 0.10 |
| 有机碳含量/% | >2.0 | 1.0~2.0 | 0.5~1.0 | 0.4~0.5 | <0.4 | 0.10 |
| 有机质成熟度/% | 1.2~2.0 | 1.0~1.2 或 2.0~2.5 | 2.5~3.5 | 3.5~4.0 | <1.0 或>4.0 | 0.05 |

续表

| 地质因素<br>评　语 | 好 | 较　好 | 中　等 | 较　差 | 差 | 权　重 |
|---|---|---|---|---|---|---|
| 脆性矿物含量/% | 40～50 | 50～55 或<br>35～40 | 55～60 或<br>30～35 | 60～65 或<br>25～30 | ＜25 或＞65 | 0.05 |
| 应力场/构造运动 | 应力平衡区 | 应力较弱区 | 应力定向区 | 应力复杂区 | 应力集中区 | 0.05 |
| 水下水、地表水条件 | 不活跃 | 活动弱 | 活动较强 | 活动强 | 强烈交换 | 0.10 |
| 开口层位确定程度 | 确　定 | 相对确定 | 基本确定 | 推　测 | 不确定 | 0.10 |
| 合　计 | | | | | | 1.00 |

**表 6-4　露头区页岩气调查井井位优选工程地质条件分级标准**

| 工程地质因素<br>评　语 | 好 | 较　好 | 中　等 | 较　差 | 差 | 权　重 |
|---|---|---|---|---|---|---|
| 井场地形高差/m | ＜100 | 100～200 | 200～300 | ＞300 | ＞500 | 0.10 |
| 与村庄、铁路、景区、水库、电网等设施的距离 | 远　离 | 较　近 | 邻　近 | 贴　近 | 重　叠 | 0.05 |
| 需辅修、改造的进场道路/m | 0 | 50 | 500 | ＞1 000 | ＞2 000 | 0.10 |
| 道路交通 | 国　道 | 省　道 | 县　道 | 乡　道 | 仅小型车辆可通行 | 0.20 |
| 勘探纵深面积/$km^2$ | ＞10 | 5～10 | 2～5 | ＜2 | 0 | 0.10 |
| 可利用水源 | 丰　富 | 较丰富 | 一　般 | 缺　水 | 无地表水 | 0.15 |
| 空中障碍物 | 无障碍 | 轻微遮挡 | 遮　挡 | 可改造性遮挡 | 严重遮挡 | 0.10 |
| 土地使用情况 | 废弃矿场 | 荒　地 | 差　地 | 良　田 | 特殊用地 | 0.20 |
| 合　计 | | | | | | 1.00 |

## 二、黔西北地区井位优选

### (一) 评价区地质概况

黔西北地区位于贵州省西北部，以隆起区为主，包括黔中隆起及其北部。评价区北与川南坳陷相邻，东与武陵坳陷相邻，南与黔南坳陷、黔西南坳陷相邻，西为滇东隆起。地质结构总体上以冲断-褶皱类型为主，区内发育北东向褶皱，呈雁行式排列形成复式背斜。

黔西北地区富有机质页岩主要发育下寒武统牛蹄塘组、下志留统龙马溪组及二叠系龙潭组等。下寒武统牛蹄塘组泥页岩分布稳定，全区发育，有机质类型为Ⅰ型，有机碳含量普遍高于2%，最高可达 9.94%，热演化成熟度高。龙马溪组页岩沉积于滞留盆地和深水陆棚环境，为一套笔石页岩，厚度一般为 50～200 m；有机质类型主体为Ⅰ型，个别地区发育$\mathrm{II}_1$型干酪根；*TOC* 普遍高于 2%，全区平均为 3.09%，有机质成熟度高。二叠系龙潭煤系泥质岩有机质类型以$\mathrm{II}_2$

型为主,也有少量Ⅰ型和Ⅲ型分布;有机碳含量为3.74%~5.77%,平均为4.76%。

区内油气勘探程度低,资料少,页岩气的勘探调查需要部署一批调查井,以获得资料和页岩气发现。通过大量野外地质调查和井位论证工作,初步确定了A,B,C,D,E五口调查井井位(表6-5),需要通过进一步的工作从中优选两口井开展钻探。

**表6-5 五口调查井井位特征**

| 井 位 | A井 | B井 | C井 | D井 | E井 |
|---|---|---|---|---|---|
| 页岩目的层 | 龙马溪组 | 龙马溪组 | 牛蹄塘组 | 牛蹄塘组 | 龙潭组 |
| 页岩厚度/m | >40 | >40 | 30~40 | >40 | 20~30 |
| 预测深度/m | 500~1 000 | 500~1 000 | 1 000~1 500 | 500~1 000 | 500~1 000 |
| 地层倾角/(°) | 10~20 | 10~20 | <10 | 10~20 | <10 |
| 断裂发育程度 | 中 等 | 中 等 | 较 弱 | 较 弱 | 发 育 |
| 与最近露头的距离/km | 1.0~2.0 | 0.5~1.0 | >2.0 | >2.0 | >2.0 |
| *TOC*/% | >2 | >2 | >2 | >2 | >2 |
| $R_o$/% | 2.0~2.5 | 2.0~2.5 | 2.5~3.5 | 2.5~3.5 | 2.0~2.5 |
| 脆性矿物含量/% | 30~40 | 30~40 | 40~50 | 40~50 | 30~40 |
| 区域构造应力场 | 应力定向区 | 应力定向区 | 应力较弱区 | 应力较弱区 | 应力定向区 |
| 地下水、地表水活动 | 较 强 | 较 强 | 弱 | 弱 | 弱 |
| 开口层位确定程度 | 相对确定 | 相对确定 | 相对确定 | 确 定 | 确 定 |
| 井场地形高差/m | 100~200 | 100~200 | 100~200 | 200~300 | <100 |
| 与村庄、高速、铁路、景区、自然保护区、水库、变电站、电网、防洪堤等的距离 | 较 近 | 较 近 | 较 近 | 远 离 | 远 离 |
| 需辅修、改造的进场道路/m | >1 000 | 0 | 0 | 0 | 50 |
| 道路交通 | 县 道 | 县 道 | 省 道 | 省 道 | 乡 道 |
| 勘探纵深面积/$km^2$ | 5~10 | 5~10 | 5~10 | 5~10 | 2~5 |
| 可利用水源 | 较丰富 | 较丰富 | 丰 富 | 缺 水 | 较丰富 |
| 空中障碍物 | 轻微遮挡 | 轻微遮挡 | 轻微遮挡 | 无障碍 | 无障碍 |
| 土地使用情况 | 荒 地 | 良 田 | 荒 地 | 差 地 | 良 田 |
| 地质背景认知程度 | 一 般 | 一 般 | 系 统 | 系 统 | 一 般 |
| 产状点控程度 | 8 | 8 | 8 | 8 | 8 |
| 露头点控程度 | 2 | 2 | 3 | 3 | 3 |

### (二) 井位优选

根据露头区地质条件和资料条件,构建页岩气调查井井位评价因素集合$U$,即

$$U=\{地质条件U_1,工程地质条件U_2\} \quad (6\text{-}6)$$

其中,$U_1$和$U_2$为集合$U$的子集。

$U_1$={页岩厚度 $U_{11}$，预测深度 $U_{12}$，地层倾角 $U_{13}$，断裂发育程度 $U_{14}$，与最近露头的距离 $U_{15}$，有机碳含量 $U_{16}$，有机质成熟度 $U_{17}$，脆性矿物含量 $U_{18}$，应力场/构造运动 $U_{19}$，地下水、地表水活动 $U_{110}$，开口层位确定程度 $U_{111}$}

$U_2$={井场地形高差 $U_{21}$，与村庄、铁路、景区、水库、电网等设施的距离 $U_{22}$，需辅修、改造的进场道路 $U_{23}$，道路交通 $U_{24}$，勘探纵深面积 $U_{25}$，可利用水源 $U_{26}$，空中障碍物 $U_{27}$，土地使用情况 $U_{28}$}

$U$ 的权重分配集合为：

$$A=\{0.7,0.3\}$$

$$A_1=\{0.10,0.15,0.10,0.10,0.10,0.10,0.05,0.05,0.05,0.10,0.10\}$$

$$A_2=\{0.10,0.05,0.10,0.20,0.10,0.15,0.10,0.20\}$$

把井位有利程度分为 5 个级别，评价集合为：

$V$={好，较好，中等，较差，差}

从 $U$ 到 $V$ 的模糊映射称为因素评价 $R$ 集合，可按照表 6-6 中的评语级别表示。

根据露头区页岩气调查井位优选地质条件评语分级标准（表 6-3 和表 6-4），将表 6-5 中各井的地质特征转换为评语描述，得到各井各因素的评语（表 6-7）。

**表 6-6 五个级别的评语表**

| 评语/级别 | −2 | −1 | 0 | 1 | 2 |
|---|---|---|---|---|---|
| 好 | 0 | 0 | 0 | 0.20 | 0.80 |
| 较 好 | 0 | 0 | 0.20 | 0.60 | 0.20 |
| 中 等 | 0 | 0.25 | 0.50 | 0.25 | 0 |
| 较 差 | 0.20 | 0.60 | 0.20 | 0 | 0 |
| 差 | 0.80 | 0.20 | 0 | 0 | 0 |

**6-7 各井各因素评语**

| 子 集 | 因 素 | A井 | B井 | C井 | D井 | E井 |
|---|---|---|---|---|---|---|
| 地质因素 | 页岩厚度 | 好 | 好 | 较 好 | 好 | 中 等 |
| | 预测深度 | 中 等 | 中 等 | 好 | 中 等 | 中 等 |
| | 地层倾角 | 较 好 | 较 好 | 好 | 较 好 | 好 |
| | 断裂发育程度 | 中 等 | 中 等 | 较 好 | 较 好 | 较 差 |
| | 与最近露头的距离 | 较 好 | 中 等 | 好 | 好 | 好 |
| | 有机碳含量 | 好 | 好 | 好 | 好 | 好 |
| | 有机质成熟度 | 较 好 | 较 好 | 中 等 | 中 等 | 较 好 |
| | 脆性矿物含量 | 中 等 | 中 等 | 好 | 好 | 中 等 |
| | 应力场/构造运动 | 中 等 | 中 等 | 较 好 | 较 好 | 中 等 |
| | 地下水、地表水条件 | 中 等 | 中 等 | 较 好 | 较 好 | 较 好 |
| | 开口层位确定程度 | 较 好 | 较 好 | 较 好 | 好 | 好 |

续表

| 子 集 | 因 素 | A井 | B井 | C井 | D井 | E井 |
|---|---|---|---|---|---|---|
| 工程地质因素 | 井场地形高差 | 较 好 | 较 好 | 较 好 | 中 等 | 好 |
| | 与村庄、铁路、景区、水库、电网等设施的距离 | 较 好 | 较 好 | 较 好 | 好 | 好 |
| | 需辅修、改造的进场道路 | 较 差 | 好 | 好 | 好 | 较 好 |
| | 道路交通 | 中 等 | 中 等 | 较 好 | 较 好 | 较 差 |
| | 勘探纵深面积 | 较 好 | 较 好 | 较 好 | 较 好 | 中 等 |
| | 可利用水源 | 较 好 | 较 好 | 好 | 较 差 | 较 好 |
| | 空中障碍物 | 较 好 | 较 好 | 较 好 | 好 | 好 |
| | 土地使用情况 | 较 好 | 较 差 | 较 好 | 中 等 | 较 差 |

1. 地质条件评价

将A井地质因素评语按照表6-6中的级别评语形成$\boldsymbol{R}_{11}$，它是A井第1项评价因素(地质条件子集)的综合评价变换矩阵。按照乘积求和计算，A井地质条件的综合评价$\boldsymbol{B}_{11}$为：

$\boldsymbol{B}_{11}=\boldsymbol{A}_1\cdot\boldsymbol{R}_{11}$

$$=(0.10,0.15,0.10,0.10,0.10,0.10,0.05,0.05,0.05,0.10,0.10)\begin{pmatrix}0 & 0 & 0 & 0.20 & 0.80\\0 & 0.25 & 0.50 & 0.25 & 0\\0 & 0 & 0.20 & 0.60 & 0.20\\0 & 0.25 & 0.50 & 0.25 & 0\\0 & 0 & 0.20 & 0.60 & 0.20\\0 & 0 & 0 & 0.20 & 0.80\\0 & 0 & 0.20 & 0.60 & 0.20\\0 & 0.25 & 0.50 & 0.25 & 0\\0 & 0.25 & 0.50 & 0.25 & 0\\0 & 0.25 & 0.50 & 0.25 & 0\\0 & 0 & 0.20 & 0.60 & 0.20\end{pmatrix}$$

$=(0,0.112\,5,0.295\,0,0.362\,5,0.230\,0)$

按同样的方法计算，得到B,C,D,E井的地质条件综合评价为：

$$\boldsymbol{B}_{21}=(0,0.137\,5,0.325\,0,0.327\,5,0.210\,0)$$

$$\boldsymbol{B}_{31}=(0,0.012\,5,0.115\,0,0.382\,5,0.490\,0)$$

$$\boldsymbol{B}_{41}=(0,0.05,0.17,0.35,0.43)$$

$$\boldsymbol{B}_{51}=(0.020\,0,0.147\,5,0.225\,0,0.257\,5,0.350\,0)$$

A井地质条件综合评价值为：

$$D_{11}=(0,0.112\,5,0.295\,0,0.362\,5,0.230\,0)\begin{pmatrix}-2\\-1\\0\\1\\2\end{pmatrix}=0.71$$

B,C,D,E 井地质条件综合评价值分别为 0.61,1.35,1.16,0.77,因此,从地质条件来看,五口井的有利性排序依次为 C 井、D 井、E 井、A 井、B 井。

2. 工程地质条件评价

将 A 井工程地质因素评语按照表 6-6 中的级别评语形成 $\boldsymbol{R}_{12}$,它是 A 井第 2 项评价因素(工程地质条件子集)的综合评价变换矩阵。按照乘积求和计算,A 井地质条件的综合评价 $\boldsymbol{B}_{12}$ 为:

$$\boldsymbol{B}_{12}=\boldsymbol{A}_2\cdot\boldsymbol{R}_{12}$$

$$=(0.10,0.05,0.10,0.20,0.10,0.15,0.10,0.20)\begin{pmatrix}0 & 0 & 0.20 & 0.60 & 0.20\\0 & 0 & 0.20 & 0.60 & 0.20\\0 & 0.60 & 0.20 & 0.20 & 0\\0 & 0.25 & 0.50 & 0.25 & 0\\0 & 0 & 0.20 & 0.60 & 0.20\\0 & 0 & 0.20 & 0.60 & 0.20\\0 & 0 & 0.20 & 0.60 & 0.20\\0 & 0 & 0.20 & 0.60 & 0.20\end{pmatrix}$$

$$=(0.02,0.11,0.26,0.49,0.14)$$

按同样的方法计算,得到 B,C,D,E 井的工程质条件综合评价为:

$$\boldsymbol{B}_{22}=(0.04,0.17,0.24,0.37,0.18)$$

$$\boldsymbol{B}_{32}=(0,0,0.15,0.50,0.35)$$

$$\boldsymbol{B}_{42}=(0.030,0.165,0.240,0.305,0.260)$$

$$\boldsymbol{B}_{52}=(0.080,0.265,0.180,0.225,0.250)$$

A 井工程地质条件综合评价值为:

$$D_{12}=(0.02,0.11,0.26,0.49,0.14)\begin{pmatrix}-2\\-1\\0\\1\\2\end{pmatrix}=0.62$$

B,C,D,E 井工程地质条件综合评价值分别为 0.48,1.20,0.60,0.30,因此,从工程地质条件来看,五口井的有利性排序依次为 C 井、A 井、D 井、B 井、E 井。

3. 井位综合评价

A 井的综合评价为:

$$\boldsymbol{B}_1=\boldsymbol{A}\cdot\boldsymbol{R}_1=(0.7,0.3)\begin{pmatrix}0 & 0.112\,5 & 0.295\,0 & 0.362\,5 & 0.230\,0\\0.020\,0 & 0.110\,0 & 0.260\,0 & 0.490\,0 & 0.140\,0\end{pmatrix}$$

$$=(0.006\,00,0.111\,75,0.284\,50,0.400\,75,0.203\,00)$$

同样的方法得到 B,C,D,E 井的综合评价为:

$$\boldsymbol{B}_2=(0.012\,00,0.147\,25,0.299\,50,0.340\,25,0.201\,00)$$

$$\boldsymbol{B}_3=(0,0.008\,75,0.125\,50,0.417\,75,0.448\,00)$$

$$\boldsymbol{B}_4=(0.009\,0,0.084\,5,0.191\,0,0.336\,5,0.379\,0)$$

$$\boldsymbol{B}_5=(0.038\,00,0.182\,75,0.211\,50,0.247\,75,0.320\,00)$$

A井综合评价值为：

$$D_1=(0.006\ 00,0.111\ 75,0.284\ 50,0.400\ 75,0.203\ 00)\begin{pmatrix}-2\\-1\\0\\1\\2\end{pmatrix}=0.683$$

B,C,D,E井工程地质条件综合评价值分别为0.571,1.305,0.992,0.629。

综合地质条件与工程地质条件(表6-8),五口井的综合有利性排序依次为C井、D井、A井、E井、B井。

表6-8　五口井综合评价分值

| | A井 | B井 | C井 | D井 | E井 |
|---|---|---|---|---|---|
| 地质条件评价分值 | 0.71 | 0.61 | 1.35 | 1.16 | 0.77 |
| 工程地质条件评价分值 | 0.62 | 0.48 | 1.20 | 0.60 | 0.30 |
| 综合评价分值 | 0.683 | 0.571 | 1.305 | 0.992 | 0.629 |

●●●● 第七章

# 胶莱盆地页岩气资源评价

## 第一节 胶莱盆地地质概况

页岩气已在美国、加拿大等北美国家被发现并规模开采，但均为海相地层页岩气，我国含油气盆地以陆相地层为主，与国外明显不同，如何进行陆相地层天然气的勘探和评价，国外尚无成熟的技术，本章以胶莱盆地为例，对陆相盆地页岩气资源的评价方法进行探究。

胶莱盆地主体位于青岛地区，陆上面积达 12 000 $km^2$，是中国东部侏罗—白垩纪陆相沉积盆地。胶莱盆地莱阳凹陷、平度—夏格庄凹陷暗色泥页岩累计厚度达 200 m；牟平—即墨断裂带暗色泥页岩最大厚度达 150 m；海阳凹陷暗色泥页岩最大厚度为 150～200 m，具备良好的页岩气形成条件。前期研究发现，莱阳凹陷发现大量油气显示和油砂分布，说明该凹陷有油气生成和聚集，具有一定的勘探潜力。从目前钻井情况分析，下白垩统莱阳群为主要勘探目的层系。通过露头、岩心、钻井、地震以及地球化学指标等分析，在胶莱盆地白垩系沉积相分析基础上，对白垩系页岩气形成的地质条件进行系统研究，预测页岩气有利分布区，为页岩气勘探工作打下坚实的基础。

### 一、构造背景

胶莱盆地位于鲁东隆起区中部，胶南隆起和胶北隆起之间，北部与胶北隆起呈超覆接触（在平度地区以断层接触）；南部以五莲—荣成断裂为界与胶南隆起相邻；西部以郯庐断裂为界；东北部延伸入黄海，与千里岩隆起和千里岩断裂相接。盆地总体呈 NE 走向，向西南收敛，东北部撒开。盆地内断裂构造发育，主要发育 NE，NNE，EW 向和晚期 NW 向断裂构造。根据盆地现今基底起伏、断层分割控制作用、白垩系厚度和断块构造特征等要素，将胶莱盆地划分为七个次级构造单元，即莱阳凹陷、诸城凹陷、高密凹陷、柴沟地垒、大野头凸起、牟平—即墨断裂带和海阳凹陷（图 7-1）。

#### （一）胶莱盆地构造演化史

根据胶莱盆地构造应力场和岩相特征，可将胶莱盆地构造演化史分为五期。

1. 基底褶皱期

印支运动后期的沂沭断裂活动是古亚洲构造域完全转化为滨太平洋构造域的标志。随

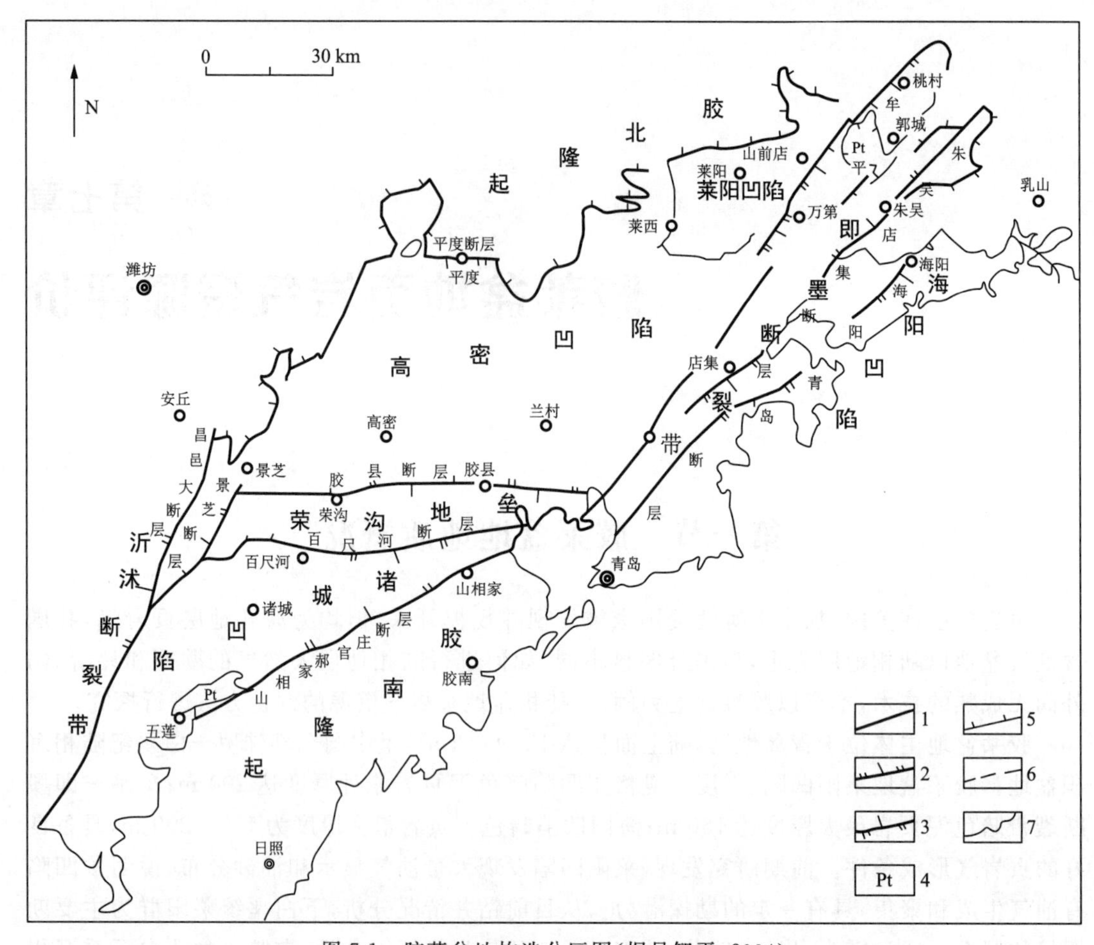


图 7-1 胶莱盆地构造分区图(据吴智平,2004)

1—断层;2—正断层;3—逆断层;4—元古界;5—白垩系尖灭层;6—侵入接触线;7—海岸线

着太平洋板块相对欧亚板块由 SSE 向 NNW 移动,鲁东地区也沿沂沭断裂带向 NE 向移动,且遭受挤压,形成地层叠复和褶皱,造就了偏 NEE 向或近 EW 向的构造格局。胶莱盆地基底形成不对称的"W"形,即两处向斜(莱阳凹陷、高密凹陷)夹一处背斜(大野头凸起)。高密凹陷和莱阳凹陷为相互独立的构造单元,最早沉积形成的瓦屋夼组位于两个凹陷的挠曲中心处,沉积规模较小。

2. 盆地扩张沉降期(莱阳期)

这一时期,太平洋板块对欧亚板块俯冲运动加剧,早期形成的五莲—荣成断裂开始发生 NNW 向逆冲,高密凹陷挠曲加重,形成了近 EW 向展布的盆山构造,断裂前端由于重力作用发生崩塌,形成一条磨拉石带。此时沉积作用由南向北超覆。莱阳期高密凹陷经历了一次形成、发展、灭亡的过程,湖泊鼎盛期沉积了水南组、龙旺庄组,后进入消亡期,沉积环境由还原至氧化,沉积速率由快而慢;莱阳凹陷经历与高密凹陷类似。莱阳期两处凹陷仍为相对独立的个体,大野头凸起为其提供物源。

3. 火山岩盆地期(早白垩世中—晚期,即青山期)

NW—SE 向构造应力场挤压形成的牟平—即墨断裂带切割较深,对青山期的火山活动起控制作用。火山作用形成的凹陷中沉积形成了大盛群。青山群岩性和岩相多变,火山岩多发育在断裂附近，表明深断裂是深部物质运移的通道。

4. 盆地激活期（早白垩世晚期—晚白垩世早期，即王氏期）

这一时期 NW—SE 向挤压活动加剧，大盛群发生褶皱，牟平—即墨断裂带发生 NW 向逆冲，该断裂以东相对抬升而受到剥蚀，以西进入新的盆地演化期，胶莱盆地形成东西分带的格局；同时产生的二级断裂控制了王氏群的沉积，形成多个沉降中心。此时的胶莱盆地具有广盆性质，沉积中心由 SE 向 NW 方向迁移，沉积速度缓慢，沉积物粒度较粗，相带清晰，大野头凸起部分被沉积物覆盖，表明胶莱盆地南北两个凹陷已成为一体。

5. 盆地萎缩消亡期（晚白垩世晚期—古近纪）

晚白垩世晚期区域性拉张作用逐渐减弱，水体变浅，形成氧化沉积环境，沉积以河流相和牛轭湖相为主，晚白垩世末期构造应力场发生重大改变，使 NE—SW 向的压应力代替了近 SN 方向的张应力，胶莱盆地逐渐闭合消亡。

### （二）胶莱盆地断裂分级

根据断裂的规模和控制作用可将胶莱盆地的断裂分为三级（图 7-2）。

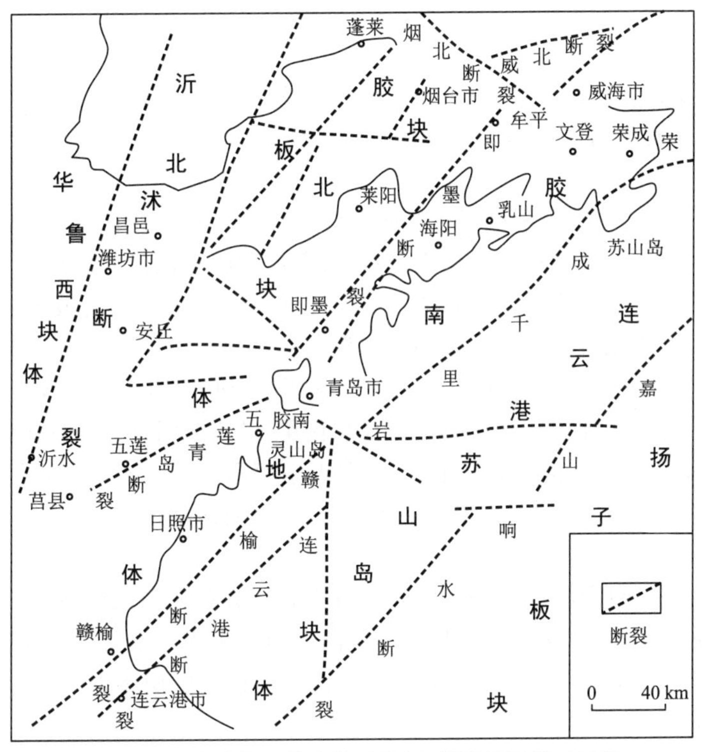


图 7-2 山东及邻区基底构造格架（据马兆同等，1997）

1. 一级断裂

沂沭断裂、五莲—荣成断裂、牟平—即墨断裂属于一级断裂，一级断裂为控盆断裂，规模巨大，构成盆地边界，牟平—即墨断裂形成了盆地东西分区的格局。

（1）沂沭断裂。

沂沭断裂为郯庐断裂的山东区段，断裂总体走向为 10°～25°，主要由四条主干断裂及其所夹持的“二堑夹一垒”所组成。沂沭断裂从早侏罗世末诞生之时就开始发生左行剪切运动，莱阳期达到高潮期；但在沂沭断裂带内未发现莱阳群的沉积，这反映了当时处于压扭隆起状态，青山群八亩地组形成于火山作用阶段，王氏群和大盛群形成于沉积阶段，此时应力场以张扭为主，左行剪切幅度进一步减小，新生代以来，沂沭断裂进入挤压隆起阶段。

(2) 五莲—荣成断裂。

五莲—荣成断裂是胶北地块与胶南地块的分界，呈 NEE—SWW 走向，该断裂被牟平—即墨断裂带切断错开。根据构造透镜体的展布方向、擦痕阶步、派生构造等特征判断，五莲—荣成断裂为压扭性断裂，并发生了多期活动。盆地形成以前表现为强烈挤压，形成超铁镁岩带和双变质带，是胶北地块与胶南地块对接作用的结果。莱阳早期，右旋张性活动明显，后张性活动与压性活动交替出现，新生代主要表现为压性。

(3) 牟平—即墨断裂。

牟平—即墨断裂北起牟平区，向南延至即墨、青岛，全长 100 km，宽 40～50 km，北东走向，主要由近于平行且等距排列的 4 条正平移断裂组成，断面以 SE 倾向为主，倾角一般为 60°～80°，断裂间距 10 km 左右。断裂带向 SW 方向收敛交汇。4 条断裂近平行展布，以左行压扭活动为主。牟平—即墨断裂在早白垩世以张性活动为主，晚白垩世及以后表现为具有挤压性质的左旋平移活动。

2. 二级断裂

二级断裂规模较大，是二级构造单元的分界断裂，对胶莱盆地内二级构造单元的发育和演化具有明显的控制作用；受一级断裂控制，二级断裂均为走向近东西向的正断层，具有多期活动，以王氏期为主。

(1) 五龙村断层。位于莱阳市五龙村地区，走向近东西向，倾向北，倾角为 60°～70°，是高角度的正断层；其主要活动期为王氏期，控制着莱阳凹陷王氏群的发育。

(2) 平度断层。位于平度地区，走向为东西向，长约 4 km，两端均被第四系覆盖；主要控制王氏期沉积，对莱阳期沉积也有一定的控制作用。

(3) 百尺河断层。位于百尺河地区，走向近东西向，地表长达 76 km，倾向南，呈铲形；莱阳晚期开始活动，对莱阳期沉积具有一定的控制作用，其主要活动期为王氏期。

(4) 胶县断层。位于柴沟—胶县地区，走向近东西向，地表长约 80 km，倾向北，为正断层；莱阳晚期开始活动，使柴沟地垒与高密凹陷分离，主要活动期为王氏期。

3. 三级断层

胶莱盆地内的三级断层规模均较小，其本身受到一级断裂和二级断裂控制，同时又对盆地内的洼陷和构造带具有显著控制作用。三级断层地表出露主要集中在牟平—即墨断裂带和高密凹陷，走向主要有 NE，NW，NNE 和近东西向。该级断层将白垩系分成许多断块，有利于油气藏的形成。

**(三) 褶皱构造分析**

胶莱盆地部分地区在盆地盖层发育过程中有褶皱作用发生，王氏群中褶皱规模较大，莱阳群、青山群较小。

在王氏群中褶皱规模较大的有夏格庄向斜和百尺河向斜。夏格庄向斜两翼由王氏群第二段构成，倾角 13°～15°，属开阔向斜，核部由王氏群第三段组成，轴向近东西或 NWW 向。百尺河向斜西翼为莱阳群或王氏群第二段，翼部倾角 11°左右，核部为王氏群第三段，轴向近东西或 NEE 向。

莱阳群中褶皱地区主要分布在诸城凹陷西南部，为规模较小的 NE,NNE 向褶皱，产状近于直立水平和直立倾伏；形态呈短轴开阔褶皱，两翼夹角大于 70°，长宽比一般小于3∶1。

青山群中发育 NW,NE 向褶皱，在诸城凹陷东部数量少，规模较大，宽 1.7～5.0 km，长 4.0～5.3 km，盆地西部褶皱群较密集。

## 二、地层特征

根据岩石组合类型、构造变形特征、变质程度，将胶莱盆地地层分为基底构造岩层系统和盖层构造岩层系统两部分(表 7-1)。胶莱盆地的基底由太古宇和新太古界—新元古界变质岩系组成，在盆地的南北两侧广泛出露。盆地的盖层由下白垩统莱阳群与青山群、上白垩统王氏群组成，局部地区发育古近系黄县组。

**表 7-1 胶莱盆地地层划分方案表**

<table>
<tr><td colspan="2">地质年代</td><td>构造层划分</td><td colspan="2">胶莱盆地</td></tr>
<tr><td>代</td><td>纪</td><td></td><td>胶 北</td><td>胶 南</td></tr>
<tr><td rowspan="2">新生代</td><td rowspan="2">古近纪</td><td rowspan="7">盖层构造层</td><td colspan="2">黄县组($E_1h$)</td></tr>
<tr><td colspan="2"></td></tr>
<tr><td rowspan="5">中生代</td><td rowspan="3">白垩纪</td><td colspan="2">王氏群($K_2w$)</td></tr>
<tr><td colspan="2">青山群($K_1q$)</td></tr>
<tr><td colspan="2">莱阳群($K_1l$)</td></tr>
<tr><td>侏罗纪</td><td colspan="2" rowspan="3">缺 失</td></tr>
<tr><td>三叠纪</td></tr>
<tr><td>古生代</td><td>寒武纪—二叠纪</td><td rowspan="7">基底构造层</td></tr>
<tr><td rowspan="3">新元古代</td><td>震旦纪</td><td>蓬莱群(Zp)</td><td></td></tr>
<tr><td>南华纪</td><td colspan="2" rowspan="3">缺 失</td></tr>
<tr><td>青白口纪</td></tr>
<tr><td colspan="2">中元古代</td></tr>
<tr><td colspan="2">古元古代</td><td>粉子山群($Pt_1f$)<br>荆山群($Pt_1j$)</td><td>胶南群($Pt_1j$)</td></tr>
<tr><td colspan="2">新太古代</td><td>胶东群(Arj)</td><td></td></tr>
</table>

### (一) 太古界胶东群

胶东群在胶北隆起区大面积出露，在胶莱盆地内广泛分布，视厚度 8 000 m，主要的岩石类型为带状混合黑云变粒岩、黑云斜长片麻岩、斜长角闪岩及麻粒岩、浅粒岩，具有不同程度的混合岩化现象；原岩为基性—中酸性火山岩、火山碎屑岩，属于中高温区域变质作用形成的中深变质岩系。

### (二) 下元古界荆山群

荆山群在胶北隆起区零星出露，主要分布在边缘地区，根据露头资料和钻井资料可推测其在胶莱盆地广泛分布；与下伏胶东群呈角度不整合接触，岩石类型为黑云片岩、大理岩、斜长片麻岩、黑云变粒岩，原岩为钙质泥岩和灰质砂岩组成的沉积旋回，属于中高温区域变质作用形成的中深变质岩系。

### (三) 下元古界粉子山群

粉子山群在胶北隆起区零星出露，主要分布在边缘地区，根据露头资料和钻井资料推测其在胶莱盆地内部广泛分布；与下伏荆山群呈角度不整合接触，主要岩性为长石石英岩、黑云变粒岩、黑云片岩、大理岩、石英岩；原岩为砂岩、泥岩和碳酸盐岩岩石组合，属中低温区域变质作用形成的变质岩系。

### (四) 上元古界蓬莱群

蓬莱群主要分布在庙岛群岛和蓬莱地区；与下伏粉子山群呈角度不整合接触，岩性主要为千枚岩、板岩、石英岩、大理岩；岩石保留各种变余结构，属低温区域变质作用的产物。

### (五) 中、新生界

胶莱盆地盖层包括白垩系和古近系，白垩系包括下白垩统莱阳群与青山群、上白垩统王氏群；古近系主要为黄县组；盖层岩系主要是一套陆相碎屑岩和火山岩系，发育于胶莱盆地，少数残留于胶北隆起与胶南隆起；褶皱作用弱，而断裂作用强烈，未经区域变质作用，与下伏基底呈不整合接触。

## 三、白垩系特征

胶莱盆地白垩系发育下白垩统莱阳群与青山群、上白垩统王氏群，莱阳群整体覆盖于青山群、王氏群及第四系之下，是研究的目的层。

### (一) 下白垩统莱阳群

莱阳群是指发育于胶莱盆地中，底以前震旦系变质岩为界，顶以出现青山期火山岩或火山碎屑岩为界的一套以河湖相沉积为主的碎屑岩。关于该套地层的研究工作开展得较早，产生多种划分方案(表 7-2)，主要有三种意见：① 六分方案，原地质部石油地质局第一普查勘探大队将莱阳群划分为六个组，自下而上分别为逍仙庄组、止凤庄组、马耳山组、水南组、龙旺庄组、曲格庄组；② 四分方案，山东省地质局 805 队(现名为山东省地质局区域地质调查队)将莱阳群划分为四个岩性段；③ 二分方案，如郝诒纯等把莱阳群划分为上下两个亚组(组)，自下而上分别为下亚组、上亚组，每一亚组(组)各划三段，其界线与六分方案基本相同。

关于莱阳群地质时代的归属一直存在争议。20 世纪 20—30 年代，葛利普、周赞衡、谭锡畴、秉志、王恒升等认为莱阳群应属白垩世；20 世纪 60—70 年代顾知微、刘宪亭等将莱阳群时代归属于晚侏罗世；20 世纪 80 年代初以来，我国地层古生物工作者在莱阳群中发现了大量的标准化石，同时结合同位素年龄，将莱阳群地质时代确定为早白垩世。

综合前人的研究成果，我们认同将莱阳群时代定为早白垩世的观点，并采用将莱阳群分为逍仙庄组、止凤庄组、马耳山组、水南组、龙旺庄组、曲格庄组的划分方法(图 7-3)。

**表 7-2　胶莱盆地莱阳群、青山群划分沿革表**

<table>
<tr><td colspan="3">谭锡畴<br>1923</td><td colspan="2">一普<br>1962</td><td colspan="3">石油局<br>1965</td><td colspan="3">华东石院<br>1972</td><td colspan="4">山东地层表<br>1978</td><td colspan="3">南古所<br>1980</td><td colspan="3">郝诒纯<br>1982</td><td colspan="3">山东地矿局<br>1987</td><td colspan="3">山东地矿局<br>1989</td><td colspan="3">吴守法等<br>1990</td></tr>
<tr><td>时代</td><td colspan="2">分层</td><td>时代</td><td>分层</td><td>时代</td><td colspan="2">分层</td><td>时代</td><td colspan="2">分层</td><td>时代</td><td colspan="3">分层</td><td>时代</td><td colspan="2">分层</td><td>时代</td><td colspan="2">分层</td><td>时代</td><td colspan="2">分层</td><td>时代</td><td colspan="2">分层</td><td>时代</td><td colspan="2">分层</td></tr>
<tr><td rowspan="12">白垩纪</td><td colspan="2" rowspan="8">青山层</td><td rowspan="6">早白垩世</td><td rowspan="2">第一旋回</td><td rowspan="6">早白垩世</td><td rowspan="6">青山组</td><td rowspan="2">二</td><td rowspan="6">早白垩世</td><td colspan="2" rowspan="6">青山群</td><td rowspan="6">早白垩世</td><td colspan="2" rowspan="6">青山群</td><td>上</td><td rowspan="12">白垩纪</td><td rowspan="6">青山组</td><td rowspan="4">二</td><td rowspan="12">白垩纪</td><td colspan="2" rowspan="6">青山群</td><td rowspan="12">早白垩世</td><td colspan="2" rowspan="6">青山组</td><td rowspan="12">早白垩世</td><td rowspan="7">青山组</td><td rowspan="6">二</td><td rowspan="12">早白垩世</td><td rowspan="7">青山组</td><td rowspan="3">三</td></tr>
<tr><td rowspan="4">中</td></tr>
<tr><td rowspan="4">第二旋回</td><td rowspan="4">一</td></tr>
<tr><td rowspan="3">二</td></tr>
<tr><td rowspan="2">一</td></tr>
<tr><td>下</td></tr>
<tr><td rowspan="5">晚侏罗世</td><td>曲格庄组</td><td rowspan="6">晚侏罗世</td><td rowspan="6">莱阳组</td><td>六</td><td rowspan="6">晚侏罗世</td><td rowspan="6">莱阳群</td><td>曲格庄组</td><td rowspan="6">晚侏罗世</td><td rowspan="6">莱阳群</td><td rowspan="3">上亚组</td><td>三</td><td rowspan="6">莱阳组</td><td>六</td><td rowspan="6">莱阳群</td><td rowspan="5">水南组</td><td rowspan="6">莱阳群</td><td>四</td><td>一</td><td>一</td></tr>
<tr><td>龙旺庄组</td><td>五</td><td>龙旺庄组</td><td>二</td><td>五</td><td>三</td><td rowspan="5">莱阳组</td><td>四</td><td rowspan="5">莱阳组</td><td>五</td></tr>
<tr><td rowspan="4">莱阳层</td><td rowspan="2">三</td><td>水南组</td><td>四</td><td>水南组</td><td>一</td><td>四</td><td>二</td><td>三</td><td>四</td></tr>
<tr><td>马耳山组</td><td>三</td><td>马耳山组</td><td rowspan="3">下亚组</td><td>三</td><td>三</td><td>一</td><td>二</td><td>三</td></tr>
<tr><td>二</td><td>止凤庄组</td><td>二</td><td>止凤庄组</td><td>二</td><td>二</td><td rowspan="2">瓦屋夼组</td><td rowspan="2">一</td><td>二</td></tr>
<tr><td>一</td><td>早中侏罗世</td><td>逍仙庄组</td><td>一</td><td>逍仙庄组</td><td>一</td><td>一</td><td>逍仙庄组</td><td>一</td></tr>
<tr><td colspan="3">泰山纪<br>五台纪</td><td colspan="2">前震旦纪</td><td colspan="3">前震旦纪</td><td colspan="3">前震旦纪</td><td colspan="4">胶东群</td><td colspan="3">前震旦纪</td><td colspan="3">汶南组</td><td colspan="3">荆山群</td><td colspan="3">前震旦纪</td><td colspan="3">胶东群</td></tr>
</table>

1. 逍仙庄组($K_1lx$)

逍仙庄组为胶莱盆地发育早期的局部洼陷沉积，以深灰绿色、深黄绿色页岩、粉砂岩为主。该段下部为黄褐色砂砾岩(图 7-4a)，向上粒度变细，砾石减少；中部为深灰色钙质页岩夹 1～3 cm 厚的钙质泥岩，可见水平层理，含有大量的叶肢介及一些植物化石；上部为砂岩（图 7-4b，c）、深黑色钙质页岩（图 7-4d）。自下而上，逍仙庄组的砾岩—含砾砂岩—砂岩—泥页岩—粉细砂岩构成一个完整的水进—水退旋回。

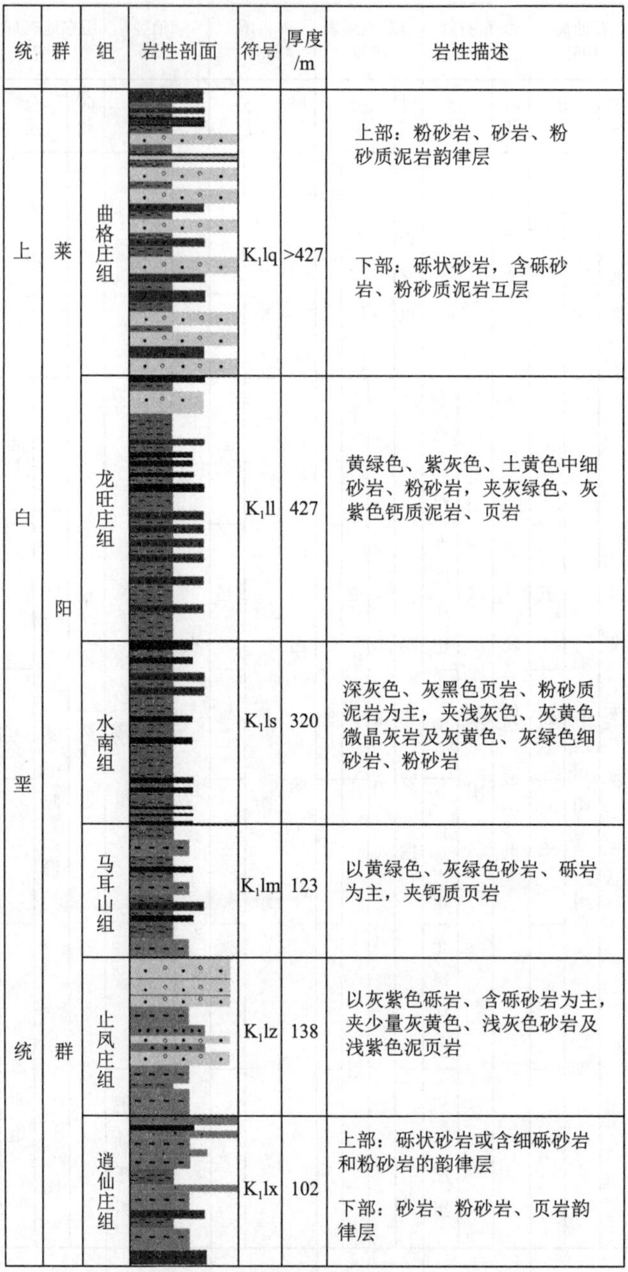

| 统 | 群 | 组 | 岩性剖面 | 符号 | 厚度/m | 岩性描述 |
|---|---|---|---|---|---|---|
| 上白垩统 | 莱阳群 | 曲格庄组 | | $K_1lq$ | >427 | 上部：粉砂岩、砂岩、粉砂质泥岩韵律层<br>下部：砾状砂岩，含砾砂岩、粉砂质泥岩互层 |
| | | 龙旺庄组 | | $K_1ll$ | 427 | 黄绿色、紫灰色、土黄色中细砂岩、粉砂岩，夹灰绿色、灰紫色钙质泥岩、页岩 |
| | | 水南组 | | $K_1ls$ | 320 | 深灰色、灰黑色页岩、粉砂质泥岩为主，夹浅灰色、灰黄色微晶灰岩及灰黄色、灰绿色细砂岩、粉砂岩 |
| | | 马耳山组 | | $K_1lm$ | 123 | 以黄绿色、灰绿色砂岩、砾岩为主，夹钙质页岩 |
| | | 止凤庄组 | | $K_1lz$ | 138 | 以灰紫色砾岩、含砾砂岩为主，夹少量灰黄色、浅灰色砂岩及浅紫色泥页岩 |
| | | 逍仙庄组 | | $K_1lx$ | 102 | 上部：砾状砂岩或含细砾砂岩和粉砂岩的韵律层<br>下部：砂岩、粉砂岩、页岩韵律层 |

图 7-3　莱阳凹陷莱阳群发育特征

逍仙庄组分布局限，仅在莱阳地区龙旺庄、山前店、瓦屋夼及诸城皇华店、五莲高泽一带出露。该段与下伏元古代荆山群呈角度不整合接触；其上在莱阳地区与止凤庄组为角度不整合接触。

(a) 逍仙庄组黄褐色砂砾岩，瓦屋夼东

(b) 逍仙庄组中粗砂岩，瓦屋夼东

(c) 逍仙庄组土黄色中粗粒砂岩夹深灰色钙质页岩，瓦屋夼东

(d) 逍仙庄组深黑色钙质页岩，瓦屋夼东

图 7-4　逍仙庄组岩石特征

2. 止凤庄组($K_1lz$)

该段地层发育于盆地演化阶段早期，属于边缘冲(洪)积扇沉积，以浅紫红色细砾岩、灰紫色砾岩、含砾砂岩(图 7-5a)为主，夹有少量灰黄色、浅灰色砂岩及浅紫色泥页岩(图 7-5b)。下部为紫红色砾岩，砾石成分以花岗岩屑和变质岩屑为主，分选和磨圆较差，砾石呈层状分布、粒序变化或呈旋回分布，向上砾石逐渐变少；上部为浅紫红色细粒岩。该段粒序层理、小型斜层理发育，可见断层、波痕、泥裂构造及一些植物茎化石。

(a) 止凤庄组浅紫红色细砾岩，砾石呈层状分布，止凤庄南

(b) 止凤庄紫红色泥岩夹薄层土黄色粉砂岩，山前店村南

图 7-5　止凤庄组岩石特征

止凤庄组主要出露在盆地的边缘部位，在北部的莱阳凹陷和南部的诸城凹陷较为发育，不整合于逍仙庄组之上。

3. 马耳山组($K_1lm$)

该段为水体较浅的湖泊相沉积，以土黄色砾岩(图 7-6a)、砂岩为主，夹有土黄色钙质页岩(图 7-6b)，土黄色砂岩夹灰色、紫红色泥页岩(图 7-6c，d)；砾岩分选差，磨圆中等，为次棱角状；见断层，化石稀少，仅见植物碎片。

马耳山组在海阳一带广泛出露，厚度可达上千米，与上覆水南组、下伏止凤庄组均为整合接触。

(a) 马耳山土黄色砾岩,G309 国道 158 km

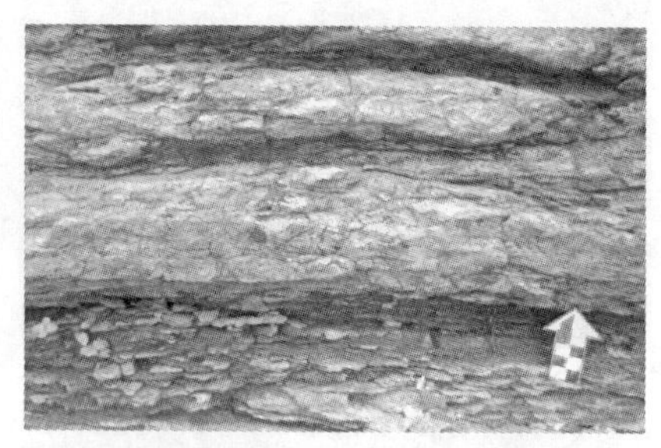

(b) 马耳山土黄色钙质页岩,G309 国道 158 km

(c) 细砂岩夹紫红色泥页岩,山前店村南

(d) 土黄色砂岩夹灰色、紫红色泥页岩,山前店村南

图 7-6　马耳山组岩石特征

4. 水南组($K_1ls$)

该段地层为湖相沉积,沉积物色调暗、粒度细,岩性以灰黑色、深灰色页岩夹薄层土黄色钙质砂岩(图 7-7a),灰黑色页岩夹土黄色泥岩(图 7-7b),灰黑色、深灰色薄层状页岩、粉砂岩夹泥岩(图 7-7c),粉砂质泥岩夹薄层砂岩(图 7-7d)为主,可见断层,页岩及薄层粉砂岩中常含丰富的动植物化石。

水南组在胶莱盆地内普遍分布,其下与马耳山组、上与龙旺庄组皆为整合接触。

(a) G309 国道 158 km

(b) 山前店村南

(c) 黄崖底村东南

(d) 黄崖底村东南

图 7-7　水南组岩石特征

5．龙旺庄组($K_1ll$)

该段以浅湖、河口三角洲相为主，岩石类型主要为灰紫色、灰绿色中细粒砂岩、粉砂岩、粉砂质泥岩组成的韵律。该段下部为紫黄色中厚层砂岩夹黄绿色、深灰色及紫红色泥岩（图7-8a，b，c），中部为浅灰色页岩与砂岩互层（图7-8d），上部为暗紫色泥岩夹土黄色细砂岩和深灰色泥岩（图7-8e）。该段发育斜层理，化石稀少。

龙旺庄组在胶莱盆地莱阳、海阳一带广泛出露，与下伏水南组、上覆曲格庄组皆为整合接触关系。

6．曲格庄组($K_1lq$)

该段地层为典型的河流相沉积，岩性以灰绿色复成分细砾岩、暗紫色含砾粗砂岩（图7-8f）为主，夹少量泥页岩。泥岩中产丰富的双壳类、腹足类和介形虫化石，砂岩中发育交错层理、变形层理、冲刷槽。

曲格庄组主要在胶莱盆地莱阳、海阳一带广泛出露，与基底地层呈不整合接触。

(a) 紫黄色中厚层砂岩夹深灰色及紫红色泥岩，溪聚村南

(b) 紫黄色、土黄色厚层—巨厚层粉砂岩夹灰绿色泥岩，黄崖底村东南

(c) 薄层土黄色细砂岩与深灰色、紫红色泥岩互层，溪聚村南

(d) 浅灰色页岩与砂岩互层，溪聚村南

(e) 暗紫色泥岩夹土黄色细砂岩和深灰色泥岩，南龙旺庄南

(f) 曲格庄组暗紫色含砾粗砂岩，北曲格庄南

图7-8　龙旺庄组、曲格庄组岩石特征

### （二）下白垩统青山群

青山群为一套岩性复杂的火山喷发岩和火山碎屑岩系，其中夹有厚度不等的碎屑岩，如砂岩和粉砂岩，主要岩性为流纹质凝灰岩、角砾岩、安山质火山角砾岩、集块岩等。碎屑岩地层中含化石。

青山群在胶莱盆地的东北部和西南部分布广泛，可作为胶莱盆地地层对比的标志，与下伏莱阳群呈角度不整合或假整合接触。

### （三）上白垩统王氏群

王氏群为河流相夹滨浅湖相，主要岩性为一套河流相沉积的暗紫色、棕红色砂岩、粉砂岩夹砾岩；胶县西南以紫红色砾岩、凝灰质细砾岩为主，夹有滨浅湖相的杂色碎屑岩，并发育火山岩夹层，产化石。

王氏群沉积范围在胶莱盆地白垩系中最大，主要发育在莱阳凹陷和郭城凹陷，与下伏地层呈平行不整合或微角度不整合接触。

胶莱盆地是形成于中生代晚侏罗世的陆相盆地，盆地内缺失古生代沉积，只发育中、新生代地层。中生代主要沉积地层为下白垩统莱阳群、青山群以及上白垩统王氏群。胶莱盆地发育良好的储层和盖层，并经历了油气的生成过程。因此，研究的主要目的层系为下白垩统莱阳群。

## 四、莱阳群沉积期岩相古地理特征

莱阳群沉积时期，盆地在沂沭断裂带和五莲—即墨—牟平断裂中、西段的控制下向东北方向走滑。莱阳凹陷是胶莱盆地中相对独立的一个沉积单元，由于五龙村断层控制了莱阳凹陷的沉降，使莱阳群沉积期湖盆沉积中心经历了重大迁移，呈南断北超特点。卢春红(2012)根据湖盆中部莱阳群水南组的干裂、雨痕、泥裂等反映浅水-暴露环境的沉积构造与暗色泥岩互层特征，认为胶莱盆地深水和浅水的沉积环境是频繁交替的。在莱阳群沉积早期，郯庐断裂带走滑拉伸作用使胶莱盆地沉降加剧，盆地范围迅速向南西方向扩展，湖盆沉积中心位于莱阳—海阳一带，以滨浅湖相沉积环境为主。莱阳群沉积晚期，盆地沉积中心由莱阳—海阳一带向诸城、莒县一带迁移，莱阳—海阳地区湖盆基本消失，仅在湖盆中心残留局部浅湖相。诸城—高密地区广泛分布着莱阳期形成的河流相、滨浅湖相砂岩，表明此阶段莱阳群以河流相、滨浅湖相沉积环境为主。就整个莱阳群而言，莱阳群沉积经历了两个大的旋回：逍仙庄组沉积时期为一个旋回，代表一次快速水进—水退事件；上部地层代表了另一沉积旋回，由止凤庄组、马耳山组、水南组、龙旺庄组、曲格庄组五个沉积时期组成，反映了湖盆由开始发育到湖盆消亡的全过程。具体各个沉积时期岩相古地理特征如下：

### （一）逍仙庄组沉积时期

逍仙庄组沉积时期为胶莱盆地发育的初始活动时期，其沉积范围局限，具“填洼补平”特征。该组在莱阳龙旺庄、山前店瓦屋夼、诸城皇华店、五莲高泽一带均有出露，其砾岩—含砾砂岩—砂岩—泥页岩—粉细砂岩构成一个完整的水进—水退旋回。李金良(2006,2007)认为逍仙庄组沉积时期可能由几个相互独立的湖盆组成，且湖盆规模较小，相互不连通，沉积厚度不大，只在南部和北部局部地区形成串珠状凹陷，湖水是一个浅—深—浅的发展过程。姜在兴(1993)认为道仙庄组沉积时期仅在盆地南部的诸城和北部的莱阳地区形成两个凹陷。其中，诸城凹陷主要沉积区为五莲地区和诸城地区，为扇三角洲沉积环境。北部的莱阳地区包括整个莱阳凹陷和桃村—即墨断裂带北部，沉降中心位于桃村—即墨断裂带北部，而沉积中心则位于莱阳凹陷。桃村—即墨断裂带北部为冲积扇相沉积环境，莱阳凹陷为扇三角洲—湖泊沉积环境。

### (二) 止凤庄组和马耳山组沉积时期

道仙庄组沉积末期，周缘断裂活动加强，胶莱盆地发生较大规模的水退，导致道仙庄组遭受剥蚀。盆地沉降中心分别位于诸城—柴沟一带和朱吴附近。

止凤庄组沉积时期，高密凹陷开始形成。同时，桃村—即墨断裂带也开始活动，并控制盆地内的沉积作用。整个盆地岩性横向变化较大，莱阳凹陷止凤庄组岩性较粗，主要由紫红色细砾岩、巨砾岩、含砾砂岩和砂岩组成，发育山麓洪积扇相沉积，洪积扇层序由下向上分别为块状砂砾岩、砂砾岩、含砾砂岩。朱吴一带主要为紫红色块状砾岩沉积。诸城凹陷止凤庄组岩性略细，为河流相沉积。

马耳山组沉积时期，构造运动趋于缓和，以稳定沉积作用为特征，沉积物粒度较细。胶莱盆地止凤庄组和马耳山组为干旱—半干旱的气候环境。

止凤庄组和马耳山组沉积时期为胶莱盆地发育的早期阶段，周缘断裂活动加强，受东南缘和东北缘断裂活动的影响，地形高差较大，盆地边缘相极其发育，沿盆地西北缘发育泥石流沉积，位于盆地中心地带则发育河流相沉积(图 7-9)。

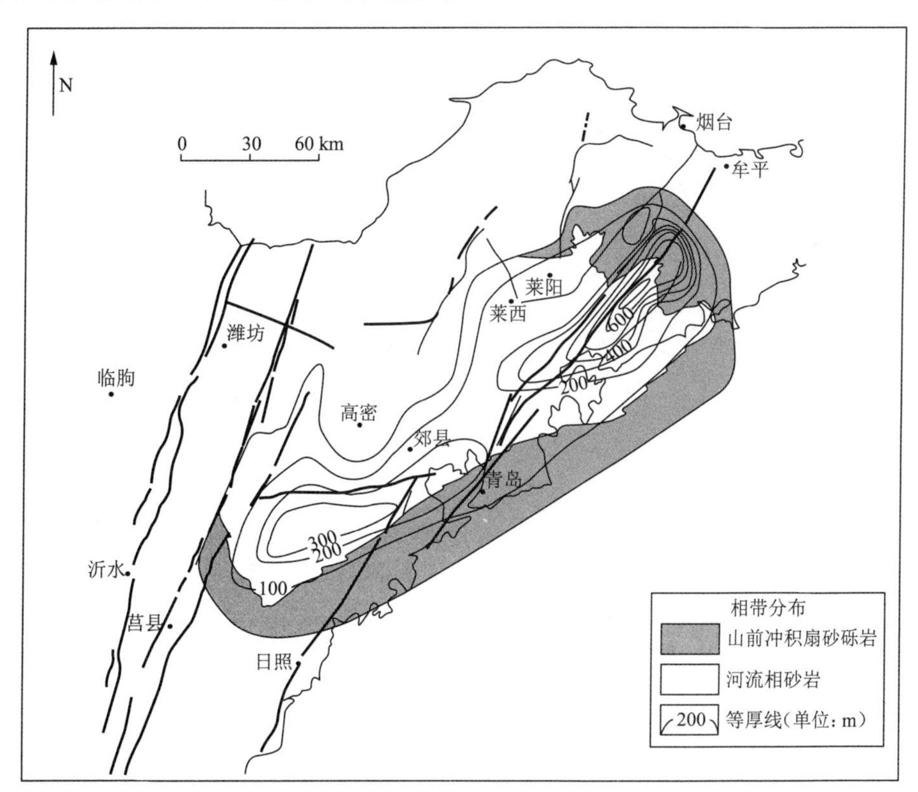


图 7-9　莱阳群止凤庄组和马耳山组沉积岩相古地理图(据李金良，2006)

## （三）水南组和龙旺庄组沉积时期

水南组沉积时期是胶莱盆地最大湖侵时期，湖盆面积达到最大，为盆地发育的鼎盛时期。此时期，构造活动相对较弱，桃村—即墨断裂带明显控制着沉积。水南组沉积时期，盆地内主要发育深灰色、灰色泥页岩、砂质泥岩、砂岩、砂砾岩以及泥质白云岩等，为深湖相沉积；盆地沉积中心位于莱阳凹陷、诸城凹陷和桃村—即墨断裂一带。姜在兴(1998)根据构造格局和沉积特征将胶莱盆地水南组沉积区分为局限湖泊区、湖沟区、火山碎屑—湖泊区和开阔湖泊区四大沉积区。其中，局限湖泊区分为湖湾相和三角洲相；湖沟区分为三角洲相、水下扇相、湖沟浊积岩相和较深湖相；湖泊区分为滨湖相、浅湖相、较深湖相、河流—三角洲相以及浊积岩相。

龙旺庄组沉积时期，构造活动趋向活跃，地形高差开始增加，气候向半湿热半干旱方向转化，湖水开始撤退，湖泊沉积明显减少。莱阳凹陷和桃村—即墨断裂带以滨湖和三角洲沉积为主，而诸城凹陷和高密凹陷以冲积扇—辫状河沉积为特征。这一时期，盆地内的沉积中心位于莒县—诸城和朱吴—即墨两个断陷槽(图 7-10)。

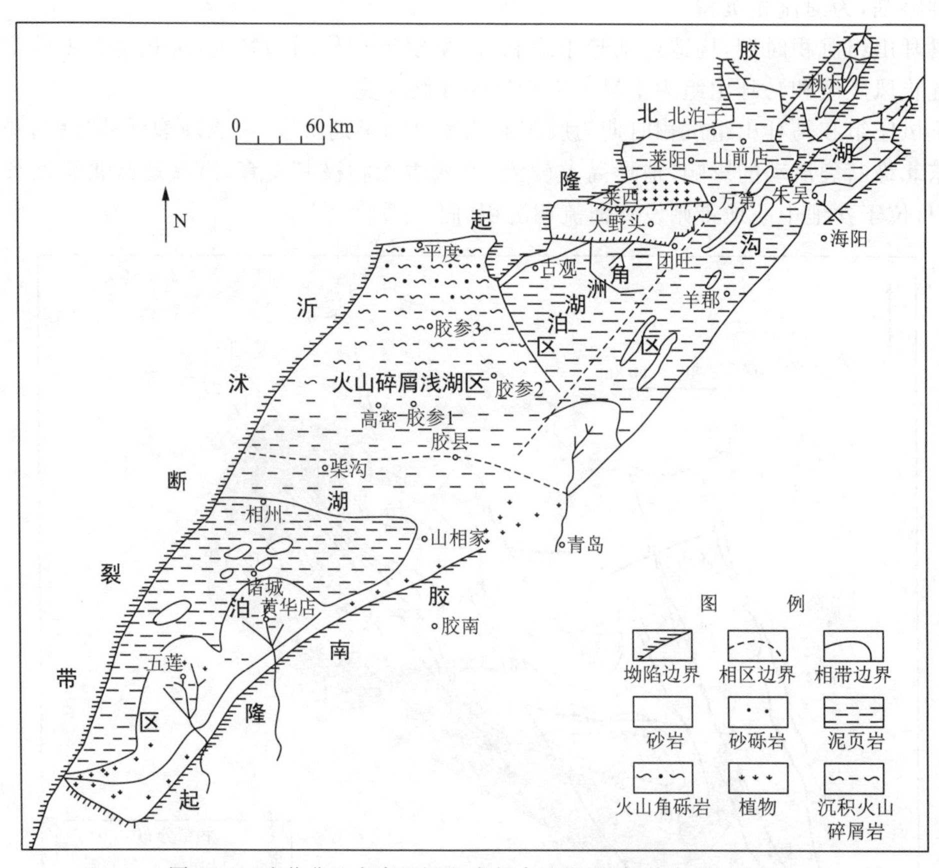


图 7-10　胶莱盆地水南组沉积岩相古地理图(据姜在兴,1998)

## （四）曲格庄组沉积时期

曲格庄组沉积时期，构造运动强烈，为干旱—半干旱气候，沉积环境发生了重大的变化。

莱阳—海阳地区发生抬升，湖水向西南方向退出，盆地沉降中心由北东向南西迁移。代表性沉积类型为透镜状河流砂体，常见大型交错层理。莒县地区由于盆地沉降加速，形成了以发育巨厚层湖相火山碎屑浊积岩沉积为特征的中楼—石场凹陷。诸参凹陷曲格庄组岩性主要为紫红色、灰色砂砾岩、含砾砂岩，灰色细砂岩及泥岩；高密凹陷曲格庄组主要为紫红色泥岩，紫红色、灰色砂岩、含砾砂岩、粉砂岩及细砂岩。此时为胶莱盆地莱阳群沉积末期，这一时期胶莱盆地以河流相沉积为主，仅局部地区发育冲积扇相沉积(图 7-11)。

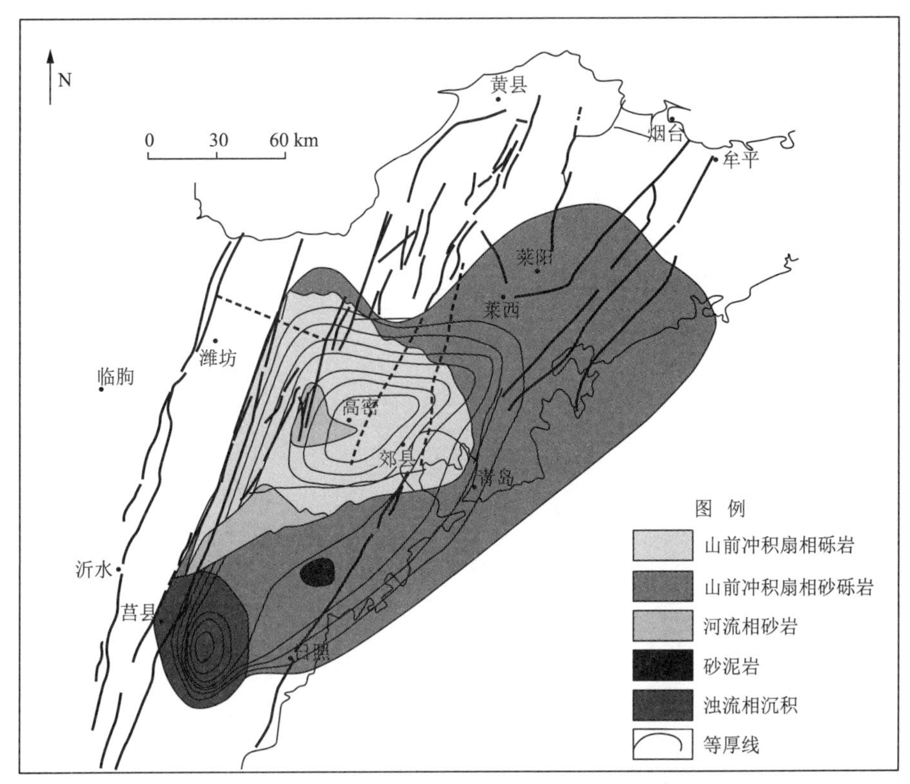


图 7-11　莱阳群曲格庄组沉积岩相古地理图(据李金良，2006)

## 五、莱阳群沉积相特征

胶莱盆地内具有多个钻测井及野外剖面资料，其中，钻测井剖面主要位于莱阳凹陷、高密凹陷及诸城凹陷。我们结合前人研究、钻测井资料及野外实测剖面，对胶莱盆地的沉积相特征进行分析。

### (一) 野外实测剖面沉积相

胶莱盆地野外地质剖面主要分布于莱阳凹陷、高密凹陷和诸城凹陷，包括莱阳凹陷标准剖面、沐浴店剖面、山前店剖面、黄崖底—南泊子剖面，高密凹陷团旺剖面、姜疃剖面以及诸城凹陷皇华店剖面等。我们实测了三条野外露头剖面，并对剖面沉积相进行了详细分析。

1. 莱阳凹陷标准剖面

莱阳凹陷标准剖面位于莱阳市东南龙旺庄镇附近公路边，地层出露完整，包含全部莱阳群。道仙庄组岩性主要为深灰色、土黄色钙质页岩，夹极薄层状钙质泥岩与中粗砂岩，沉积环境为河流相沉积和湖泊相沉积；止凤庄组岩性主要由紫红色细砾岩与紫红色砾岩组成，为冲积扇扇根亚相沉积；马耳山组岩性为土黄色砾岩，土黄色、灰色页岩和土黄色细砂岩，为河流相沉积；水南组岩性以深灰色、黄绿色、灰绿色、灰黑色页岩，浅灰色厚层状泥岩，灰黑色、灰绿色、土黄色泥岩，黄绿色、土黄色砂岩为主，下部为滨浅湖亚相沉积，中部为深湖—半深湖亚相沉积，上部为三角洲前缘亚相沉积和滨浅湖亚相沉积；龙旺庄组岩性以深灰色、暗紫色泥岩，浅灰色页岩，土黄色、紫色砂岩为主，为三角洲相沉积；曲格庄组岩性以紫红色含砾砂岩为主，为辫状河亚相沉积（图 7-12）。

| 地层 界 | 系 | 群 | 组 | 厚度/m | 岩性剖面 | 岩性描述 | 岩石组合沉积序列（事件） | 沉积相 亚相 | 相 |
|---|---|---|---|---|---|---|---|---|---|
| 中生界 | 白垩系 | 莱阳群 | 曲格庄组 | | | 紫红色含砾砂岩，未见顶 | | 辫状河 | 河流 |
| | | | 龙旺庄组 | | | 下部为紫色砂岩、深灰色泥岩，中部为浅灰色页岩、暗紫色泥岩，上部为土黄色细砂岩、深灰色泥岩 | | 三角洲平原 | 三角洲 |
| | | | 水南组 | | | 灰黑色、灰绿色、土黄色泥岩，黄绿色砂岩 | | 三角洲前缘 | |
| | | | | | | 中厚层紫色砂岩 | | | |
| | | | | 24.8 | | 浅灰色厚层块状泥岩 | | 滨浅湖 | 湖泊 |
| | | | | | | 土黄色粉砂质泥岩、黄绿色页岩 | | | |
| | | | | | | 灰绿色页岩与土黄色泥岩互层 | | | |
| | | | | | | 灰绿色粉砂质泥岩 | | | |
| | | | | | | 黄绿色页岩与土黄色泥岩互层 | | | |
| | | | | | | 土黄色泥岩与灰色页岩，夹浅灰色粉砂岩 | | | |
| | | | | | | 深灰色页岩 | | 深湖—半深湖 | |
| | | | | | | 深灰色页岩，偶夹土黄色泥岩 | | | |
| | | | | 19.2 | | 灰黑色页岩与土黄色页岩互层 | | | |
| | | | | | | 深灰色页岩 | | | |
| | | | | | | 土黄色砂岩夹深灰色钙质页岩，见羽状层理→ | | 滨浅湖 | |
| | | | | | | 深灰色钙质泥岩夹薄层土黄色钙质砂岩 | | | |
| | | | 马耳山组 | | | 土黄色、灰色页岩，土黄色细砂岩 | | 辫状河 | 河流 |
| | | | 止凤庄组 | | | 下部为浅紫红色细砾岩，上部为紫红色砾岩 | | 扇根 | 冲积扇 |
| | | | 逍仙庄组 | | | 深灰色钙质页岩夹薄层钙质泥岩与土黄色砂岩 | | 滨浅湖 | 湖泊 |
| | | | | | | 上部为土黄色钙质页岩，夹含砾砂岩，下部为深灰色薄层钙质页岩 | | | |
| | | | | | | 上部为中粗砂岩，下部为土黄色钙质页岩 | | | |
| | | | | | | 深灰色钙质页岩夹薄层钙质泥岩 | | | |

图 7-12　莱阳凹陷莱阳群标准剖面沉积相分析图

2. 黄崖底剖面

黄崖底剖面位于莱阳市黄崖底村东南 4 km 处，出露有马耳山组、水南组和龙旺庄组。马耳山组岩性以土黄色巨厚层状细砂岩为主，为滨浅湖亚相沉积；水南组岩性以灰色、深灰色泥岩及土黄色粉砂岩为主，上部深灰色、灰色泥岩段为深湖—半深湖亚相沉积，下部土黄色、灰色粉砂岩和灰色、褐色泥岩，土黄色泥岩为滨浅湖亚相沉积；龙旺庄组岩性主要以土黄色粉砂岩、灰绿色泥岩为主，为滨浅湖亚相沉积（图 7-13）。

| 地层 | | | | 厚度/m | 岩性剖面 | 岩性描述 | 岩石组合沉积序列（事件） | 沉积相 | |
|---|---|---|---|---|---|---|---|---|---|
| 界 | 系 | 群 | 组 | | | | | 亚相 | 相 |
| 中生界 | 白垩系 | 莱阳群 | 龙旺庄组 | 80 | | 厚层—巨厚层土黄色粉砂岩、灰绿色泥岩，见斜层理 |  | 滨浅湖 | 湖相 |
| | | | 水南组 | 40 | | 深灰色泥岩夹薄层粉砂岩 | | 深湖—半深湖 | 湖泊相 |
| | | | | 78 | | 灰色、土黄色粉砂岩、灰色泥岩夹薄层细砂岩 | | | |
| | | | | 12.4 | | 褐色泥岩，向上变为深灰色泥岩 | | 滨浅湖 | |
| | | | | 9.2 | | 土黄色厚层状粉砂岩夹薄层灰绿色泥岩 | | 三角洲前缘 | 三角洲相 |
| | | | | 30 | | 土黄色粉砂岩夹灰绿色、土黄色泥岩 | | | |
| | | | | 7.2 | | 深灰色、灰色、土黄色泥岩 | | | |
| | | | 马耳山组 | 8.8 | | 土黄色巨厚层状细砂岩 | | 滨浅湖 | |

图 7-13　胶莱盆地黄崖底剖面莱阳群沉积相分析图

3. 山前店剖面

山前店剖面位于山前店村南 1 km 处，出露有止凤庄组、马耳山组、水南组以及龙旺庄组。止凤庄组以紫红色泥岩为主，夹薄层土黄色粉砂岩，为三角洲平原亚相沉积；马耳山组岩性以土黄色砂岩为主，夹灰色、紫红色泥岩，为三角洲前缘亚相沉积；水南组岩性以灰色、灰黑色、灰绿色页岩，土黄色粉砂岩，深灰色粉砂质泥岩为主，为滨浅湖亚相沉积；龙旺庄组岩性为土黄色粉砂岩、灰色砾岩，沉积环境为三角洲前缘亚相沉积（图 7-14）。

| 界 | 系 | 群 | 组 | 厚度/m | 岩性剖面 | 岩性描述 | 亚相 | 相 |
|---|---|---|---|---|---|---|---|---|
| 中生界 | 白垩系 | 莱阳群 | 龙旺庄组 | 12 | | 紫红色、土黄色砂岩，灰色砾岩，向上变为灰绿色与土黄色砂岩互层 | 三角洲前缘 | 三角洲相 |
| | | | | 6 | | 土黄色粉砂岩夹紫红色泥页岩 | | |
| | | | | 16 | | 粉砂岩夹紫红色泥岩，向上变为细砂岩夹灰绿色粉砂质泥岩 | | |
| | | | 水南组 | 30 | | 下部灰绿色泥岩，向上变为灰色泥岩，夹薄层粉砂岩且砂岩向上变厚 | 滨浅湖 | 湖泊相 |
| | | | | 25.6 | | 灰黑色、灰绿色页岩夹薄层粉砂岩 | | |
| | | | | 10 | | 灰色页岩夹薄层粉砂岩 | | |
| | | | | 72.1 | | 灰绿色页岩夹土黄色中厚层状砂岩 | | |
| | | | | 38.4 | | 灰绿色页岩与棕黄色粉砂岩互层 | | |
| | | | | 36 | | 棕黄色中厚层状粉砂岩夹薄层灰绿色页岩 | | |
| | | | | 22 | | 灰绿色页岩夹土黄色泥岩 | | |
| | | | | 22.8 | | 深灰色粉砂质泥岩夹薄层砂岩 | | |
| | | | 马耳山组 | 45 | | 土黄色砂岩夹灰色、紫红色泥岩 | 三角洲前缘 | 三角洲相 |
| | | | 止凤庄组 | 21.5 | | 紫红色泥岩夹薄层土黄色粉砂岩 | 三角洲平原 | |

图 7-14　胶莱盆地山前店剖面莱阳群沉积相分析图

### （二）单井剖面沉积相

1. 莱阳凹陷单井剖面

目前，莱阳凹陷钻孔有莱浅2、莱孔2、莱浅1、莱参1等井，其中，莱浅2、莱参1井揭示的莱阳群较为完整。根据区内钻测井以及野外露头剖面资料，莱阳凹陷莱阳群自下而上为道仙庄组、止凤庄组、马耳山组、水南组、龙旺庄组和曲格庄组。

莱参1井位于莱阳地区山前店背斜带，通过岩心观察，莱参1井单井剖面中莱阳群缺失曲格庄组，见龙旺庄组、水南组及马耳山组，未见莱阳群底界。龙旺庄组主要为粉细砂岩与粉砂岩互层，并夹薄层泥质粉砂岩，属扇三角洲前缘亚相沉积；水南组主要为粉细砂岩、泥质砂岩，灰色、灰黑色、深灰色泥岩、泥灰岩、白云岩及泥质粉砂岩，为滨浅湖亚相沉积；马耳山组以黄绿色砂岩、土黄色砾岩为主，夹钙质页岩，为滨浅湖亚相沉积（图7-15）。

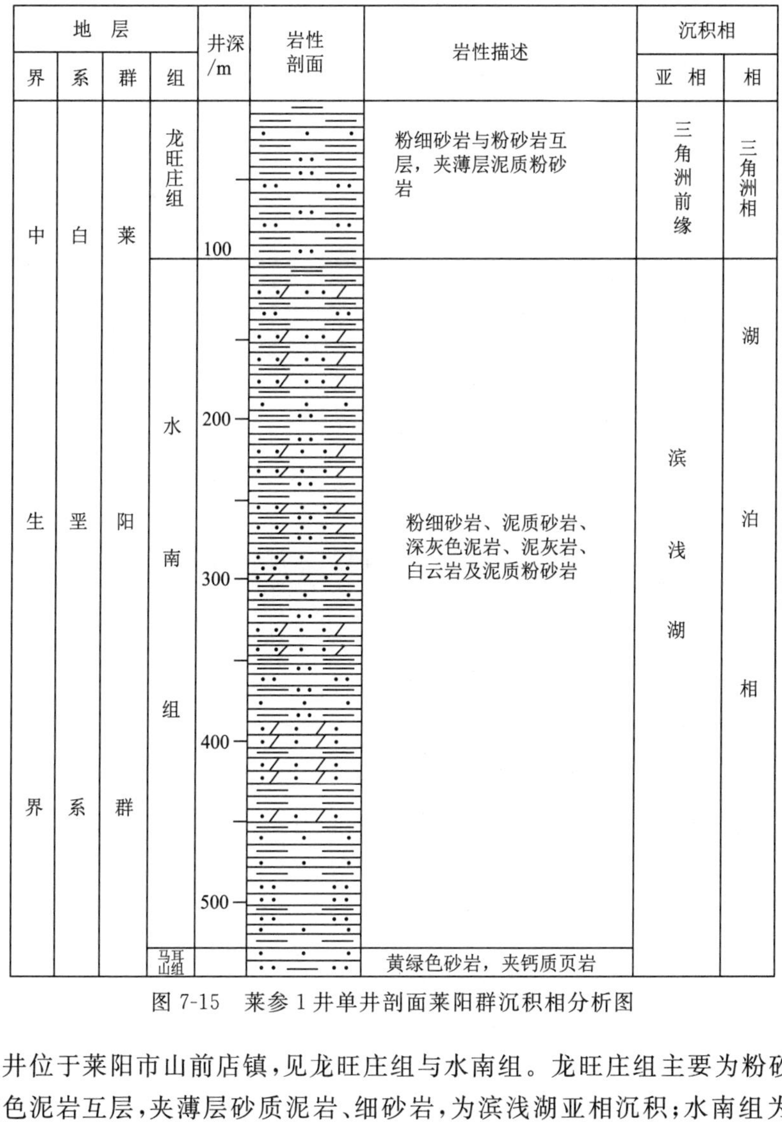

| 地层 | | | | 井深/m | 岩性剖面 | 岩性描述 | 沉积相 | |
|---|---|---|---|---|---|---|---|---|
| 界 | 系 | 群 | 组 | | | | 亚相 | 相 |
| 中生界 | 白垩系 | 莱阳群 | 龙旺庄组 | 100 | | 粉细砂岩与粉砂岩互层，夹薄层泥质粉砂岩 | 三角洲前缘 | 三角洲相 |
| | | | 水南组 | 200<br>300<br>400<br>500 | | 粉细砂岩、泥质砂岩、深灰色泥岩、泥灰岩、白云岩及泥质粉砂岩 | 滨浅湖 | 湖泊相 |
| | | | 马耳山组 | | | 黄绿色砂岩，夹钙质页岩 | | |

图7-15　莱参1井单井剖面莱阳群沉积相分析图

莱浅2井位于莱阳市山前店镇，见龙旺庄组与水南组。龙旺庄组主要为粉砂岩、泥质粉砂岩与深灰色泥岩互层，夹薄层砂质泥岩、细砂岩，为滨浅湖亚相沉积；水南组为粉砂岩、泥质粉砂岩与深灰色泥岩、白云质粉砂岩、砂质泥岩，上部为滨浅湖亚相沉积，下部为半深湖亚相沉积(图 7-16)。岩石颜色自下而上由灰黑色、深灰色、灰色为主，变为灰色、紫色、紫红色为主，反映其沉积环境由还原环境变为氧化环境，岩石组合由砂质泥岩、白云质粉砂岩、泥质粉砂岩和深灰色泥岩，向上变为粉砂岩为主，夹泥岩组合，显示由细变粗的反旋回，揭示水深由深变浅，见水平层理及微斜层理，反映水体能量较弱的沉积环境。

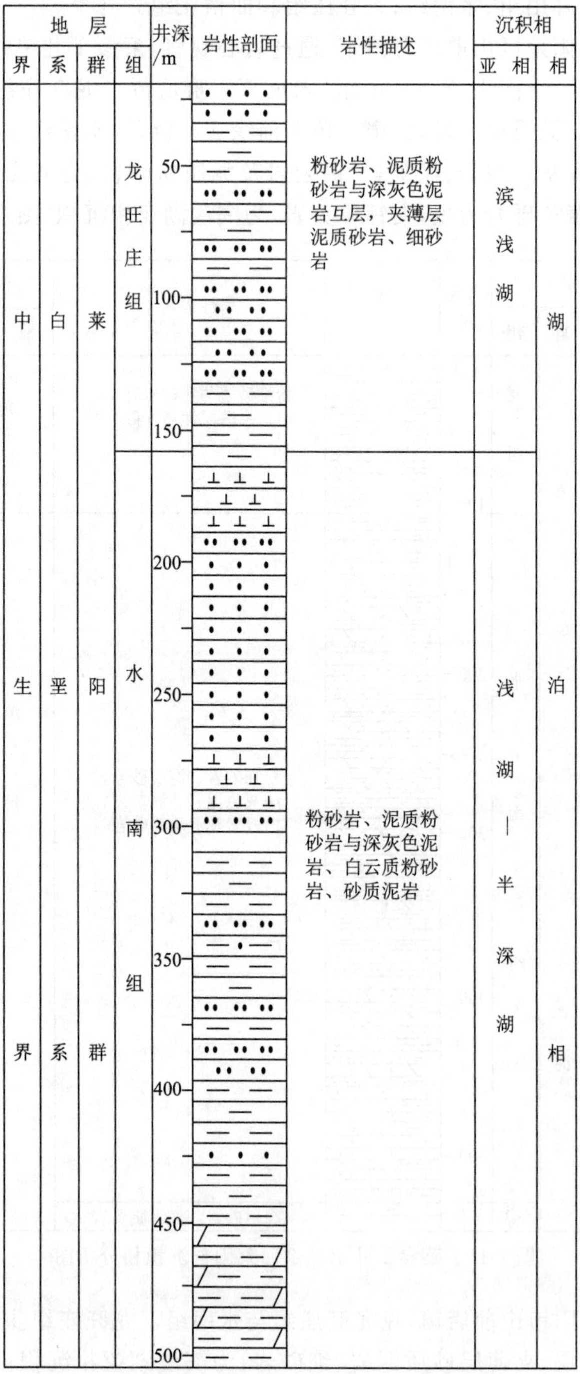

| 地层 界 | 地层 系 | 地层 群 | 地层 组 | 井深/m | 岩性剖面 | 岩性描述 | 沉积相 亚相 | 沉积相 相 |
|---|---|---|---|---|---|---|---|---|
| 中生界 | 白垩系 | 莱阳群 | 龙旺庄组 | 0–150（刻度 50、100、150） |  | 粉砂岩、泥质粉砂岩与深灰色泥岩互层，夹薄层泥质砂岩、细砂岩 | 滨浅湖 | 湖泊相 |
|  |  |  | 水南组 | 150–500（刻度 200、250、300、350、400、450、500） |  | 粉砂岩、泥质粉砂岩与深灰色泥岩、白云质粉砂岩、砂质泥岩 | 浅湖—半深湖 |  |

图 7-16　莱浅 2 井单井剖面莱阳群沉积相分析图

综上所述，结合野外实测剖面沉积相分析可知，莱阳凹陷莱阳群可识别出河流相、三角洲相、冲积扇相和湖泊相四种沉积相。这与秦杰(2011)通过对莱阳凹陷莱阳群岩石特征的研究，认为莱阳凹陷莱阳群为一套复杂的河湖相碎屑岩沉积相组合一致。由野外实测剖面和单井剖面可见，水南组岩性主要为灰色、灰黑色、深灰色泥岩且厚度较大，累计厚度达 100 余米。根据各段岩性特征，河流相可分为曲流河和辫状河两类亚相；湖泊相可分为滨浅湖和深湖—半深湖两类亚相；三角洲相可分为三角洲前缘和三角洲平原两类亚相；冲积扇为扇根亚相。

2. 高密凹陷单井剖面

高密凹陷位于胶莱盆地的中部，分为夏格庄洼陷(姜山洼陷)、平度洼陷、李党家—马山凸起以及高密洼陷四个次级构造单元，为胶莱盆地最大的次级构造单元。凹陷内具有多个钻井、钻孔及野外露头剖面资料，但整个高密凹陷白垩系出露较少。平度洼陷内，由于基本无野外露头，且钻井资料较少，故莱阳群分布情况尚不清楚。

胶参 2 井位于高密凹陷中部李党家—马山凸起内，莱阳群主要有曲格庄组、龙旺庄组以及水南组。曲格庄组主要为紫红色泥岩，紫红色、灰色粉砂岩、砂质泥岩、含砾砂岩及粉细砂岩，属辫状河三角洲平原—前缘亚相沉积；龙旺庄组为灰色、灰绿色含砾砂岩、细砂岩及粉砂质泥岩，属辫状河三角洲前缘亚相沉积；水南组为粉砂质泥岩及厚层的泥岩，属三角洲前缘—半深湖亚相沉积。胶参 2 井由底部的水南组向上显示沉积物粒度变粗的趋势，表明莱阳群沉积期水深由深变浅(图 7-17)。

该剖面内发育有良好的深灰色、灰黑色泥岩，单层厚度最厚达 20 m。高密地区莱阳群沉积主要有两类沉积相：辫状河三角洲相和湖泊相。辫状河三角洲相可分为辫状河三角洲平原亚相及三角洲前缘亚相。姜在兴、李金良等认为高密凹陷水南组沉积时期还发育火山碎屑浅湖区，但区内并未发现正常的火山岩，李金良推测认为火山碎屑来自胶北隆起带，因河流带入凹陷中沉积而成。

3. 诸城凹陷单井剖面

诸城凹陷内仅有诸参 1 井一口钻井，井深 5 010 m，所揭示莱阳群厚度较大，为 2 856 m。根据钻井资料，诸城凹陷主要发育莱阳群曲格庄组、龙旺庄组及水南组。曲格庄组岩性为灰绿色、浅灰色砾状砂岩、含砾砂岩，灰色、灰绿色粗砂岩，灰绿色、灰色细砂岩，灰绿色粉细砂岩，紫红色、深灰色泥岩、泥质粉砂岩，夹紫红色、深灰色泥质砂岩，紫红色、灰色粉砂岩，沉积环境为三角洲平原—三角洲前缘亚相。水南组与龙旺庄组岩性为杂色、紫红色砾岩，紫色、灰色粉砂岩，夹紫色、紫红色、灰色砂质泥岩，紫红色泥岩，龙旺庄组上部为辫状河三角洲前缘亚相沉积，下部为辫状河三角洲平原亚相沉积，水南组为辫状河三角洲平原亚相、辫状河三角洲前缘亚相以及滨浅湖和半深湖亚相沉积(图 7-18)。

诸城 1 井单井剖面沉积相类型为辫状河三角洲相，包括辫状河三角洲平原和辫状河三角洲前缘两类亚相，岩性主要为砾岩、砂岩及泥岩。根据前人研究结果，诸城凹陷还发育河流相和冲积扇相。

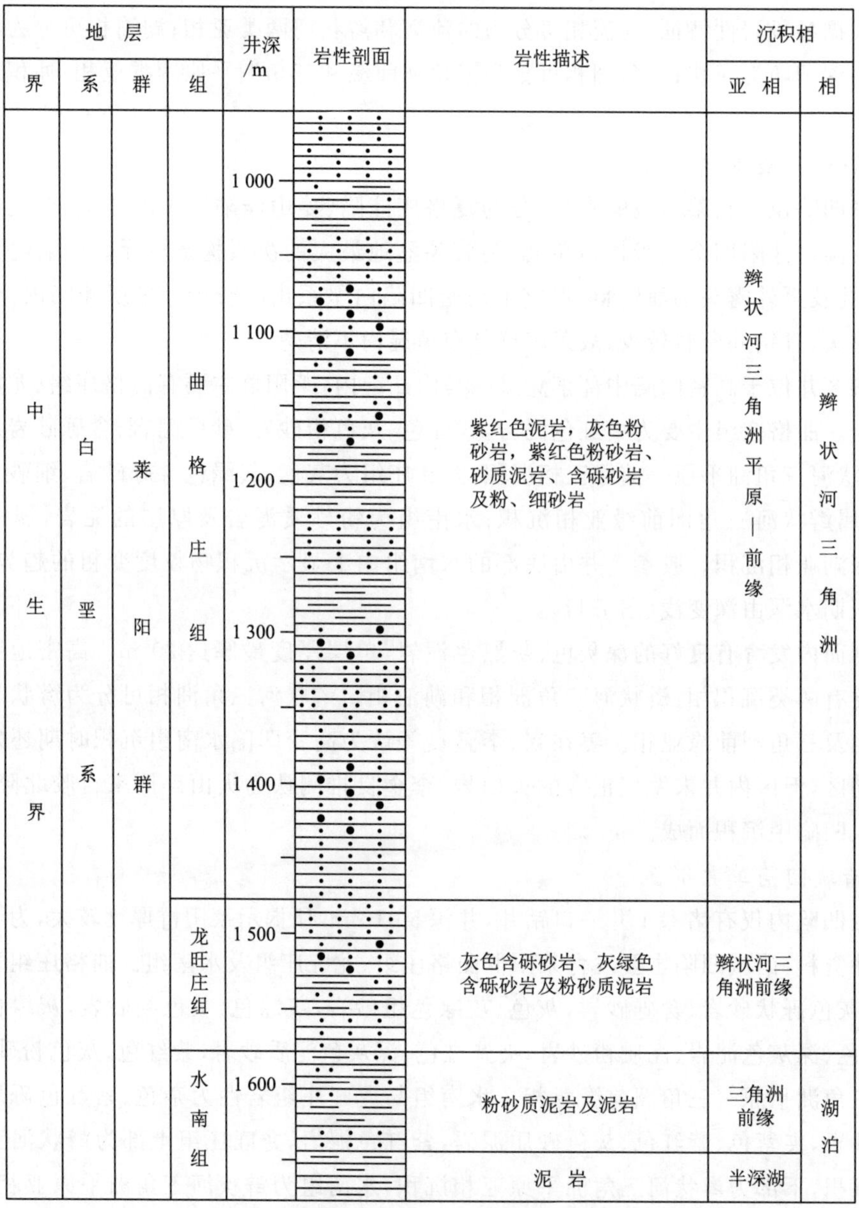

| 地层 | | | | 井深/m | 岩性剖面 | 岩性描述 | 沉积相 | |
|---|---|---|---|---|---|---|---|---|
| 界 | 系 | 群 | 组 | | | | 亚相 | 相 |
| 中生界 | 白垩系 | 莱阳群 | 曲格庄组 | 1 000<br>1 100<br>1 200<br>1 300<br>1 400 | | 紫红色泥岩，灰色粉砂岩，紫红色粉砂岩、砂质泥岩、含砾砂岩及粉、细砂岩 | 辫状河三角洲平原—前缘 | 辫状河三角洲 |
| | | | 龙旺庄组 | 1 500 | | 灰色含砾砂岩、灰绿色含砾砂岩及粉砂质泥岩 | 辫状河三角洲前缘 | |
| | | | 水南组 | 1 600 | | 粉砂质泥岩及泥岩 | 三角洲前缘 | 湖泊 |
| | | | | | | 泥岩 | 半深湖 | |

图 7-17 胶参 2 井单井剖面莱阳群沉积相分析图

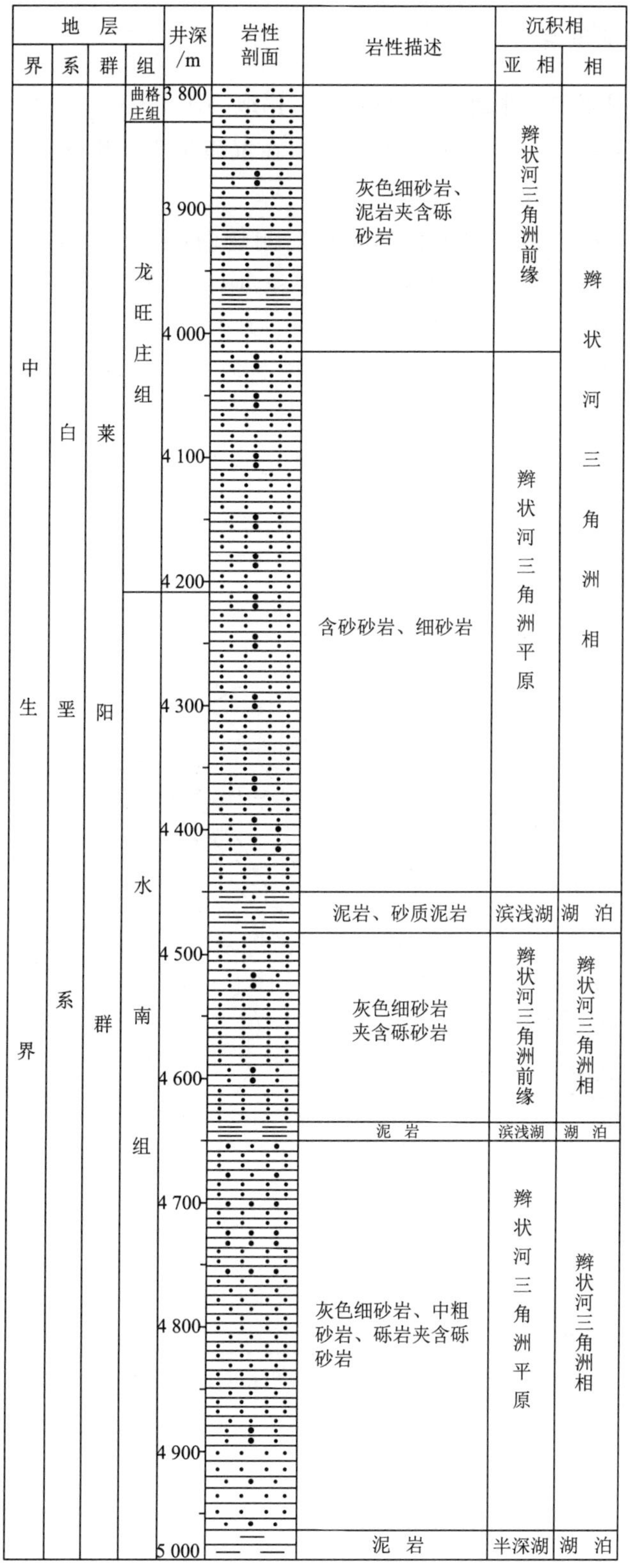

| 地层 | | | | 井深/m | 岩性剖面 | 岩性描述 | 沉积相 | |
|---|---|---|---|---|---|---|---|---|
| 界 | 系 | 群 | 组 | | | | 亚相 | 相 |
| 中生界 | 白垩系 | 莱阳群 | 曲格庄组；龙旺庄组 | 3 800<br>3 900<br>4 000 | | 灰色细砂岩、泥岩夹含砾砂岩 | 辫状河三角洲前缘 | 辫状河三角洲相 |
| | | | 龙旺庄组；水南组 | 4 100<br>4 200<br>4 300<br>4 400 | | 含砂砂岩、细砂岩 | 辫状河三角洲平原 | |
| | | | 水南组 | | | 泥岩、砂质泥岩 | 滨浅湖 | 湖泊 |
| | | | | 4 500<br>4 600 | | 灰色细砂岩夹含砾砂岩 | 辫状河三角洲前缘 | 辫状河三角洲相 |
| | | | | | | 泥岩 | 滨浅湖 | 湖泊 |
| | | | | 4 700<br>4 800<br>4 900 | | 灰色细砂岩、中粗砂岩、砾岩夹含砾砂岩 | 辫状河三角洲平原 | 辫状河三角洲相 |
| | | | | 5 000 | | 泥岩 | 半深湖 | 湖泊 |

图 7-18　诸参 1 井单井剖面莱阳群沉积相分析图

### （三）胶莱盆地沉积相

根据野外实测剖面和单井剖面沉积相分析，选取 $AA_1$，$BB_1$，$CC_1$ 以及 $DD_1$ 剖面对胶莱盆地莱阳群沉积相进行分析（图 7-19～图 7-23），在沉积相分析基础上绘制了胶莱盆地莱阳群沉积相平面分布图（图 7-24）。

综上所述，胶莱盆地莱阳群沉积具有横向侧变的特点。由诸城凹陷—高密凹陷—莱阳凹陷，水南组与龙旺庄组岩性变化较大，粒度越来越细，也充分表明了这一特征。沉积相主要为河流相、湖泊相、三角洲相和冲积扇相四大类。半深湖—深湖相沉积主要见于莱阳凹陷和高密凹陷东部地区以及诸城凹陷西部。水南组发育深灰色、灰色、灰黑色泥岩，分布广泛且沉积厚度较大，表明这一阶段为胶莱盆地湖盆发育的鼎盛时期，依据沉积地层厚度推测，水南组沉积时期沉积中心应位于盆地南部的诸城凹陷和北部的莱阳凹陷内。

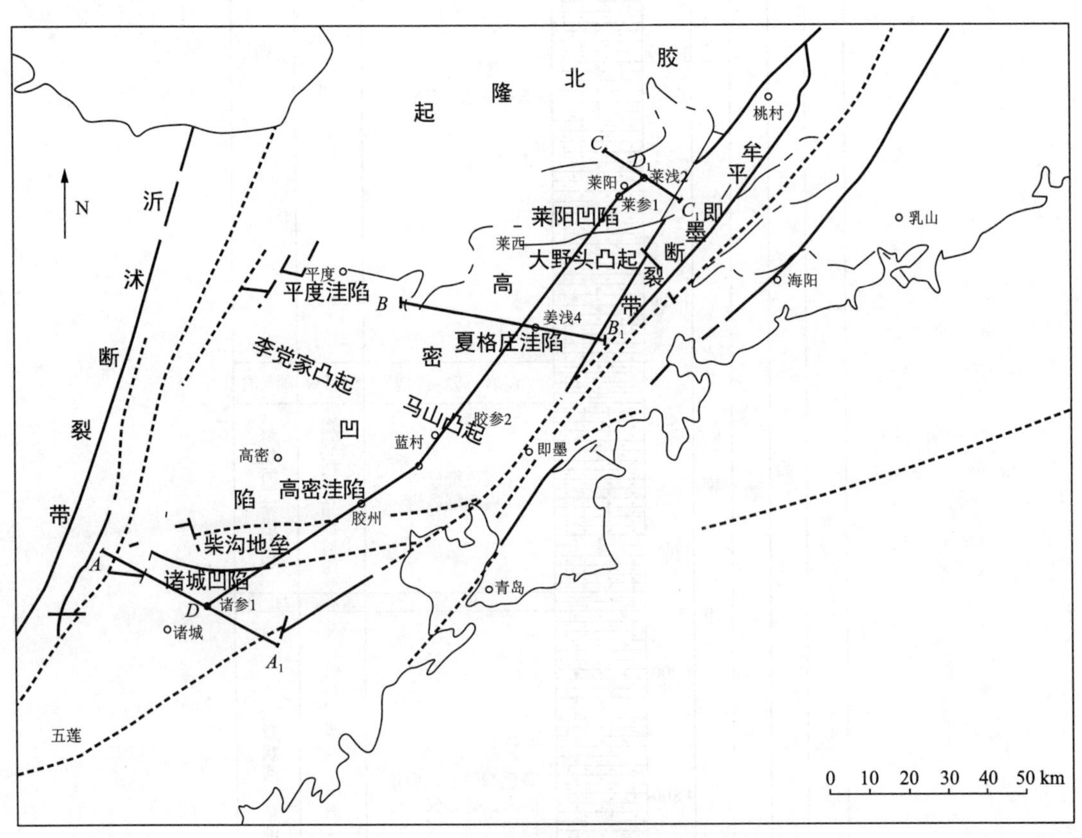


图 7-19　胶莱盆地沉积相测线分布图

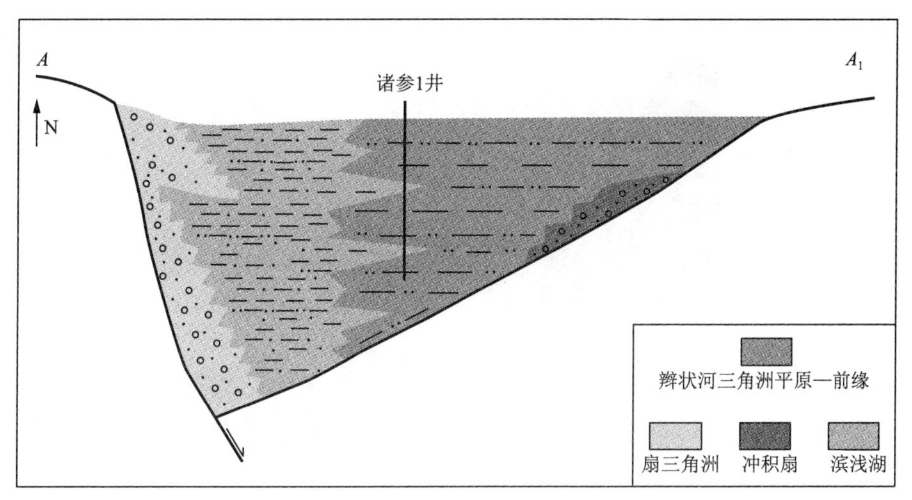

图 7-20　$AA_1$ 剖面莱阳群沉积相剖面示意图

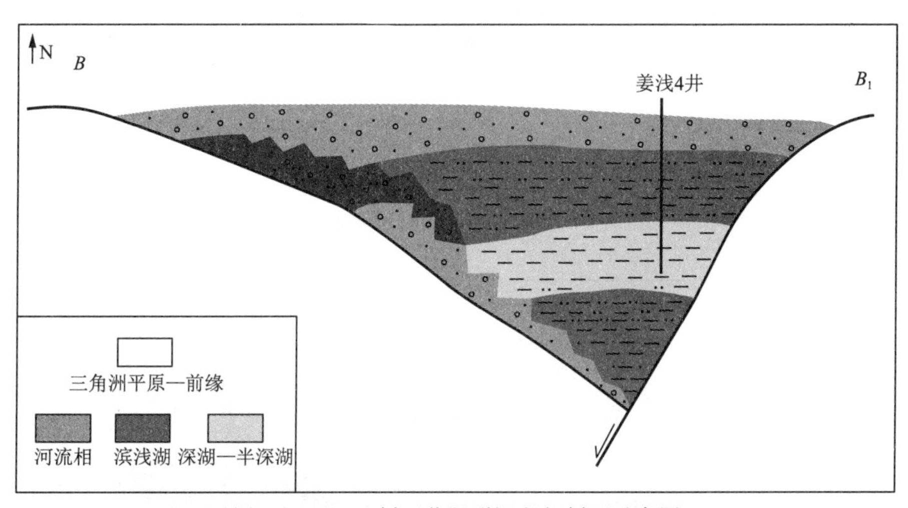

图 7-21　$BB_1$ 剖面莱阳群沉积相剖面示意图

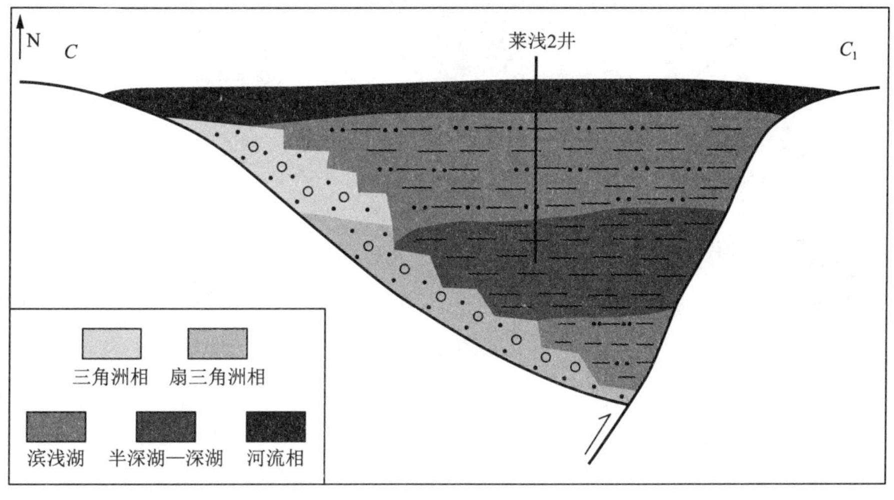

图 7-22　$CC_1$ 剖面莱阳群沉积相剖面示意图

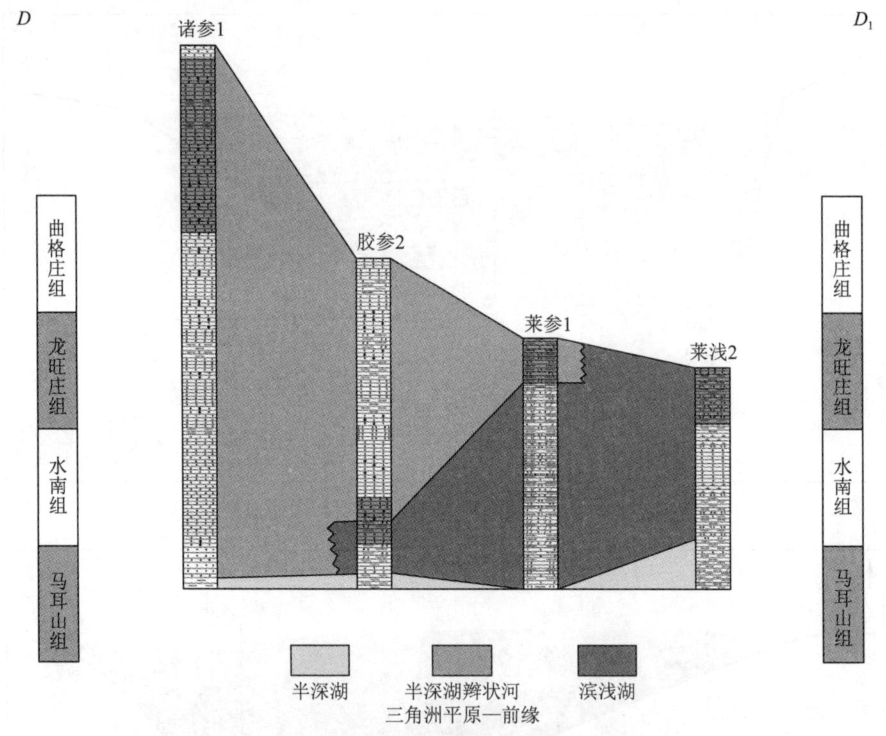


图 7-23　$DD_1$ 剖面莱阳群沉积相对比图

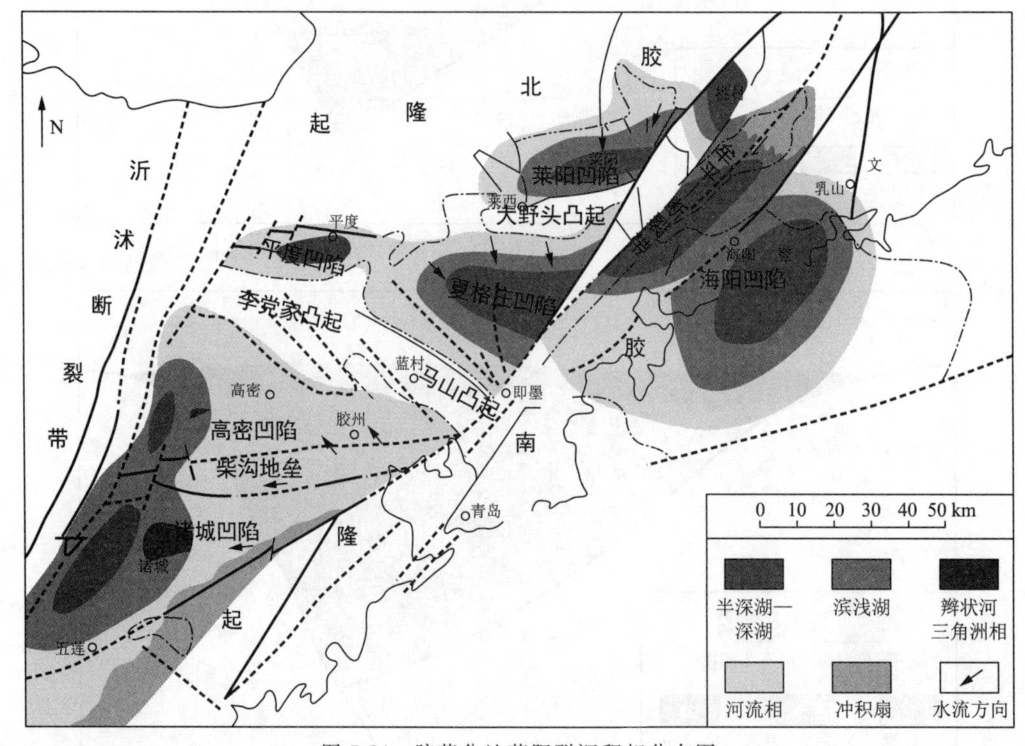


图 7-24　胶莱盆地莱阳群沉积相分布图

# 第二节　页岩气形成条件

## 一、泥页岩有机地球化学特征

泥页岩的好坏直接决定生烃的强度、烃源岩的丰富程度(即烃源岩供给条件)的优劣;而泥页岩的生烃能力取决于烃源岩的有机质类型、有机质丰度、热演化程度、厚度和分布面积等因素。一般来说,泥页岩有机质类型好、丰度高,则评价泥页岩的生烃潜力就大;热演化程度越高,则表明实际的生烃能力比潜在的生烃能力越大。因此,分析胶莱盆地烃源岩的特征对于盆地资源量的评价具有重要意义。通过前一节的论述可知,胶莱盆地暗色泥页岩主要分布于莱阳群的水南组及逍仙庄组。由于逍仙庄组暗色泥页岩分布范围局限、沉积厚度较小,因此主要对莱阳群水南组泥页岩的有机地球化学特征进行详细分析。

### (一) 暗色泥页岩分布

根据野外实测剖面、单井剖面以及前人研究结果分析表明,胶莱盆地莱阳群暗色泥页岩发育且分布广泛。莱阳凹陷和平度—姜山洼陷内暗色泥岩最为发育,累计厚度可达 200 m;高密—诸城凹陷内,暗色泥岩分布局限且厚度较小,深湖—半深湖相不发育,主要以粗碎屑沉积为主;海阳凹陷由于其主体位于南黄海海域内,莱阳群出露不全,资料较少,推测其暗色泥页岩的最大厚度为 150～200 m。

莱阳群各段中,水南组和逍仙庄组暗色泥页岩最为发育,根据野外剖面以及钻井资料可知(表7-3),水南组分布范围和沉积厚度较大,岩性以灰黑色、灰色、深灰色泥页岩为主,共发育

表 7-3　胶莱盆地暗色泥页岩厚度统计

| 剖面、钻井(孔) | 暗色泥岩厚度/m | 备　注 |
|---|---|---|
| 莱阳群标准剖面 | 168.2 | 实测数据 |
| 黄崖底 | 130.4 | |
| 前发坊—五处渡 | 148.5 | 据吴智平,2004 |
| 莱浅 1 | 60.0 | |
| 莱浅 2 | 190.0 | |
| 莱参 1 | 251.0 | |
| 莱孔 2 | 78.8 | |
| 东石水头—大夼 | 155.6 | |
| 团旺剖面 | 43.5 | |
| 东北岩—岔里 | 77.6 | |
| 莱孔 1 | 133.0 | |
| 莱孔 3 | 76.0 | |
| 诸城皇华店剖面 | 27.1 | |
| 万第—凤城 | 99.8 | |

5层暗色泥页岩，连续分布性好，暗色泥页岩最小分层厚度为6 m，最大分层厚度为40 m。道仙庄组分布局限，仅在莱阳地区山前店道仙庄一带和诸城地区皇华店及五莲高泽一带见地层出露，且沉积厚度小，道仙庄组发育2层泥页岩，分层厚度分别为12 m和20 m。由图7-25可知，胶莱盆地各凹陷暗色泥页岩厚度存在较大差异，暗色泥页岩主要分布于莱阳凹陷和平度—夏格庄洼陷。在NE—SW方向上，由诸城凹陷向莱阳凹陷暗色泥页岩具有增厚的趋势。

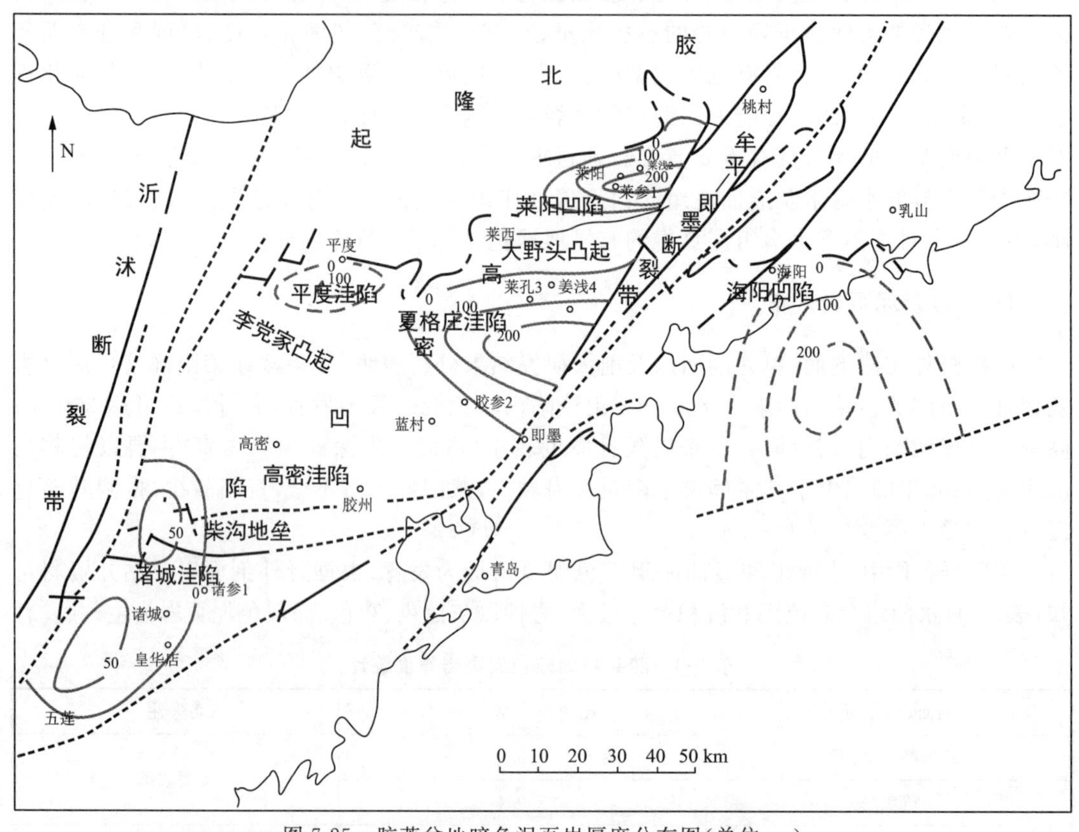


图7-25　胶莱盆地暗色泥页岩厚度分布图(单位:m)

## (二) 有机质丰度

有机质丰度是指岩石中所含有机质的相对含量，是形成油气的物质基础，烃源岩有机质丰度的高低直接关系烃源岩的生烃能力。有机质丰度的评价标准主要有有机碳含量(*TOC*)、总烃含量(*HC*)、有机质热解生烃潜力($S_1+S_2$)和氯仿沥青"A"含量。

本次选取24个样品进行有机碳含量的测定，并对其中的19个样品进行岩石热解分析。有机碳含量测定的样品分别为:莱阳凹陷标准剖面16个、山前店剖面4个、黄崖底剖面4个(图7-26)。岩石热解分析的样品分别为莱阳凹陷标准剖面13个、山前店剖面3个、黄崖底剖面3个。由岩石热演化分析结果(表7-4)可知，($S_1+S_2$)>0.5 mg/g的有7块，($S_1+S_2$)<0.5 mg/g有12块，其中，绝大多数样品的$S_2$较小，可能是由样品受地表风化氧化造成的。由有机碳含量分析结果(表7-5)可知，烃源岩*TOC*>1.0%的有4个，介于0.6%～1.0%之间的有4个，介于0.4%～0.6%之间的有4个；小于0.4%的有12个；有机碳含量变化较大，*TOC*<0.4%的较多，可能是由烃源岩热演化程度较高所导致。

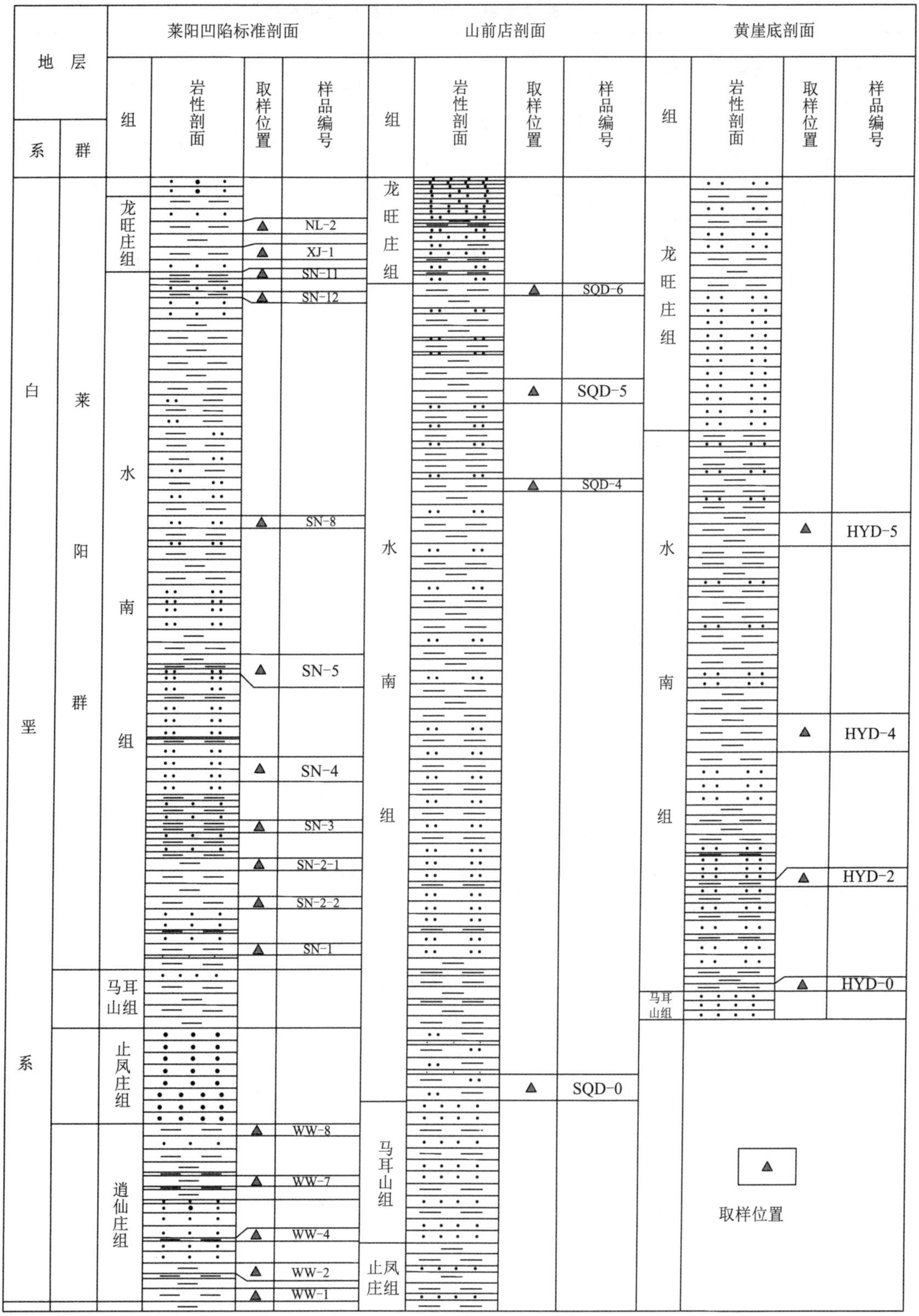

| 地层 | | 莱阳凹陷标准剖面 | | | | 山前店剖面 | | | | 黄崖底剖面 | | | |
|---|---|---|---|---|---|---|---|---|---|---|---|---|---|
| 系 | 群 | 组 | 岩性剖面 | 取样位置 | 样品编号 | 组 | 岩性剖面 | 取样位置 | 样品编号 | 组 | 岩性剖面 | 取样位置 | 样品编号 |
| 白垩系 | 莱阳群 | 龙旺庄组 | | ▲ | NL-2 | 龙旺庄组 | | | | 龙旺庄组 | | | |
| | | | | ▲ | XJ-1 | | | | | | | | |
| | | | | ▲ | SN-11 | | | | | | | | |
| | | 水南组 | | ▲ | SN-12 | 水南组 | | ▲ | SQD-6 | 水南组 | | | |
| | | | | | | | | ▲ | SQD-5 | | | | |
| | | | | | | | | ▲ | SQD-4 | | | | |
| | | | | ▲ | SN-8 | | | | | | | ▲ | HYD-5 |
| | | | | ▲ | SN-5 | | | | | | | ▲ | HYD-4 |
| | | | | ▲ | SN-4 | | | | | | | | |
| | | | | ▲ | SN-3 | | | | | | | | |
| | | | | ▲ | SN-2-1 | | | | | | | ▲ | HYD-2 |
| | | | | ▲ | SN-2-2 | | | | | | | | |
| | | | | ▲ | SN-1 | | | | | | | ▲ | HYD-0 |
| | | 马耳山组 | | | | | | | | 马耳山组 | | | |
| | | 止凤庄组 | | | | | | ▲ | SQD-0 | | | | |
| | | 逍仙庄组 | | ▲ | WW-8 | 马耳山组 | | | | | | | |
| | | | | ▲ | WW-7 | | | | | | | | |
| | | | | ▲ | WW-4 | | | | | | | | |
| | | | | ▲ | WW-2 | 止凤庄组 | | | | | | | |
| | | | | ▲ | WW-1 | | | | | | | | |

▲ 取样位置

图 7-26　胶莱盆地莱阳凹陷 *TOC* 样品取样位置图

表 7-4　胶莱盆地莱阳凹陷泥页岩热解分析结果

| 样品编号 | 原始编号 | 层　位 | 岩　性 | $S_0$ /(mg・g$^{-1}$) | $S_1$ /(mg・g$^{-1}$) | $S_2$ /(mg・g$^{-1}$) | ($S_1+S_2$) /(mg・g$^{-1}$) | $T_{max}$/ ℃ |
|---|---|---|---|---|---|---|---|---|
| Y2013-079-001 | WW-1 | $K_1lx$ | 浅灰色钙质页岩 | 0.02 | 0.05 | 0.11 | 0.16 | 535 |
| Y2013-079-003 | WW-4 | $K_1lx$ | 深灰色钙质页岩 | 0.02 | 0.05 | 0.11 | 0.16 | 535 |
| Y2013-079-004 | WW-7 | $K_1lx$ | 浅灰色钙质页岩 | 0.02 | 0.04 | 0.10 | 0.14 | 540 |
| Y2013-079-005 | WW-8 | $K_1lx$ | 浅灰色钙质页岩 | 0.02 | 0.05 | 0.11 | 0.16 | 531 |
| Y2013-079-006 | SN-1 | $K_1ls$ | 深灰色钙质页岩 | 0.02 | 0.08 | 0.26 | 0.34 | 453 |
| Y2013-079-007 | SN-2-1 | $K_1ls$ | 深灰色页岩 | 0.02 | 0.09 | 0.16 | 0.25 | 448 |
| Y2013-079-008 | SN-2-2 | $K_1ls$ | 深灰色泥页岩 | 0.02 | 0.21 | 2.41 | 2.62 | 451 |
| Y2013-079-009 | SN-3 | $K_1ls$ | 灰黑色页岩 | 0.02 | 0.15 | 0.29 | 0.44 | 439 |
| Y2013-079-010 | SN-4 | $K_1ls$ | 深灰色页岩 | 0.02 | 0.11 | 0.16 | 0.27 | 444 |
| Y2013-079-011 | SN-5 | $K_1ls$ | 灰黑色页岩 | 0.02 | 0.74 | 3.05 | 3.79 | 450 |
| Y2013-079-012 | SN-8 | $K_1ls$ | 深灰色页岩 | 0.03 | 0.21 | 3.84 | 4.05 | 446 |
| Y2013-079-014 | SN-12 | $K_1ls$ | 灰黑色泥岩 | 0.03 | 0.33 | 2.72 | 3.05 | 441 |
| Y2013-079-015 | XJ-1 | $K_1ll$ | 深灰色泥岩 | 0.02 | 0.06 | 0.17 | 0.23 | 451 |
| Y2013-079-017 | SQD-0 | $K_1ls$ | 深灰色粉砂质泥岩 | 0.02 | 0.04 | 0.09 | 0.13 | 359 |
| Y2013-079-018 | SQD-4 | $K_1ls$ | 灰色泥岩 | 0.02 | 0.04 | 0.09 | 0.13 | 441 |
| Y2013-079-019 | SQD-5 | $K_1ls$ | 灰黑色页岩 | 0.02 | 0.04 | 0.09 | 0.13 | 540 |
| Y2013-079-021 | HYD-0 | $K_1ls$ | 浅灰色泥岩 | 0.02 | 0.11 | 2.91 | 3.02 | 443 |
| Y2013-079-023 | HYD-4 | $K_1ls$ | 灰色泥岩 | 0.02 | 0.34 | 6.55 | 6.89 | 446 |
| Y2013-079-024 | HYD-5 | $K_1ls$ | 浅灰色泥岩 | 0.03 | 0.09 | 1.23 | 1.32 | 446 |

表 7-5　胶莱盆地莱阳群泥页岩有机碳含量表

| 样品编号 | 野外编号 | 层　位 | 取样地 | 岩　性 | TOC/% | 备　注 |
|---|---|---|---|---|---|---|
| Y2013-079-001 | WW-1 | $K_1lx$ | 瓦屋夼村东 | 页　岩 | 0.23 | |
| Y2013-079-002 | WW-2 | $K_1lx$ | 瓦屋夼村东 | 页　岩 | 0.19 | |
| Y2013-079-003 | WW-4 | $K_1lx$ | 瓦屋夼村东 | 页　岩 | 0.46 | |
| Y2013-079-004 | WW-7 | $K_1lx$ | 瓦屋夼村东 | 页　岩 | 0.28 | |
| Y2013-079-005 | WW-8 | $K_1lx$ | 瓦屋夼村东 | 页　岩 | 0.42 | |
| Y2013-079-006 | SN-1 | $K_1ls$ | 水南村东 | 泥　岩 | 0.42 | |
| Y2013-079-007 | SN-2-1 | $K_1ls$ | 水南村东 | 页　岩 | 0.29 | |
| Y2013-079-008 | SN-2-2 | $K_1ls$ | 水南村东 | 泥页岩 | 0.86 | |
| Y2013-079-009 | SN-3 | $K_1ls$ | 水南村东 | 页　岩 | 0.46 | |
| Y2013-079-010 | SN-4 | $K_1ls$ | 水南村东 | 页　岩 | 0.23 | |
| Y2013-079-011 | SN-5 | $K_1ls$ | 水南村东 | 页　岩 | 1.12 | |
| Y2013-079-012 | SN-8 | $K_1ls$ | 水南村东 | 页　岩 | 1.49 | |

续表

| 样品编号 | 野外编号 | 层　位 | 取样地 | 岩　性 | *TOC*/% | 备　注 |
|---|---|---|---|---|---|---|
| Y2013-079-013 | SN-11 | $K_1ls$ | 水南村东 | 泥　岩 | 0.20 | |
| Y2013-079-014 | SN-12 | $K_1ls$ | 水南村东 | 泥　岩 | 0.98 | |
| Y2013-079-015 | XJ-1 | $K_1ll$ | 溪聚村南 | 泥　岩 | 0.70 | |
| Y2013-079-016 | NL-2 | $K_1ll$ | 南龙旺庄村南 | 泥　岩 | 0.11 | |
| Y2013-079-017 | SQD-0 | $K_1ls$ | 山前店村南 | 粉砂质泥岩 | 0.18 | |
| Y2013-079-018 | SQD-4 | $K_1ls$ | 山前店村南 | 泥　岩 | 0.14 | |
| Y2013-079-019 | SQD-5 | $K_1ls$ | 山前店村南 | 页　岩 | 0.22 | |
| Y2013-079-020 | SQD-6 | $K_1ls$ | 山前店村南 | 页　岩 | 0.25 | |
| Y2013-079-021 | HYD-0 | $K_1ls$ | 黄崖底村东南 | 泥　岩 | 1.05 | |
| Y2013-079-022 | HYD-2 | $K_1ls$ | 黄崖底村东南 | 泥　岩 | 0.13 | |
| Y2013-079-023 | HYD-4 | $K_1ls$ | 黄崖底村东南 | 泥　岩 | 1.69 | |
| Y2013-079-024 | HYD-5 | $K_1ls$ | 黄崖底村东南 | 泥　岩 | 0.88 | |
| 莱浅 2 井 | | | 7.8 m 处<br>10 m 处<br>12.6 m 处 | 灰色泥岩<br>灰色泥岩<br>深灰色泥岩 | 1.406<br>2.676<br>0.896 | 据胜利油田地质院,2000 |
| 高密凹陷 | | | 姜　疃 | | 0.36 | |
| 诸城凹陷 | | | 皇华店 | | 0.30<br>0.35<br>0.31 | 据陆克政,1994 |
| 海阳凹陷 | | | 郭　城 | | 0.51<br>0.60 | |

陆克政(1994)对胶莱盆地烃源岩有机质丰度的研究表明:诸城皇华店地区 *TOC* 较低,多数为 0.30%～0.35%,龙旺庄剖面内的 19 个样品中,有 17 块 *TOC*>0.4%。胜利油田地质院(2000)对胶莱盆地烃源岩有机质丰度的研究显示:莱浅 2 井烃源岩 *TOC* 较高,介于 0.896%～2.676%之间;莱浅 1 井烃源岩 *TOC* 相对较低,为 0.36%～0.61%;野外露头剖面地层中烃源岩 *TOC* 为 0.36%～1.45%。刘华(2006)对莱孔 2 井样品进行岩石热解分析表明,好或较好烃源岩 35 块,占 65%,较差烃源岩 2 块,占 4%。

综上所述,莱阳凹陷莱阳群野外露头泥页岩样品实测数据显示,莱阳群水南组生烃潜力较道仙庄组和龙旺庄组高。其中,莱阳凹陷道仙庄组泥页岩生烃潜力 0.14～0.16 mg/g,水南组泥页岩生烃潜力 0.13～6.89 mg/g,龙旺庄组泥页岩生烃潜力 0.23 mg/g。由于区内钻井岩石样品的生烃潜力明显好于露头剖面样品的生烃潜力,因此对于研究区有机质丰度的评价可选择 *TOC* 作为评价指标。

根据实测数据和前人研究资料绘制了研究区 *TOC* 分布图(图 7-27),由图可知,胶莱盆地莱阳凹陷、平度—夏格庄凹陷莱阳群泥页岩 *TOC* 相对较高,诸城—高密凹陷 *TOC* 较低,为0.30%～0.36%，海阳—高密凹陷 *TOC* 为0.51%～0.60%。其中，莱阳凹陷莱阳群水南组 *TOC* 相对较高，但变化范围较大，最小值0.14%，最大值可达2.676%；逍仙庄组 *TOC* 较低，为0.19%～0.46%，其可能是由盆地有机质成熟度较高所致(由表7-4可知，逍仙庄组样品 $T_{max}$ 值较其他样品高，为531～540 ℃)；龙旺庄组泥页岩野外样品 *TOC* 值分别为0.11%和0.70%。从横向分布来看，盆地内莱阳凹陷和平度—夏格庄凹陷的烃源岩有机质丰度较其他地区好；纵向上，莱阳群水南组泥页岩有机质丰度较其他各段好。

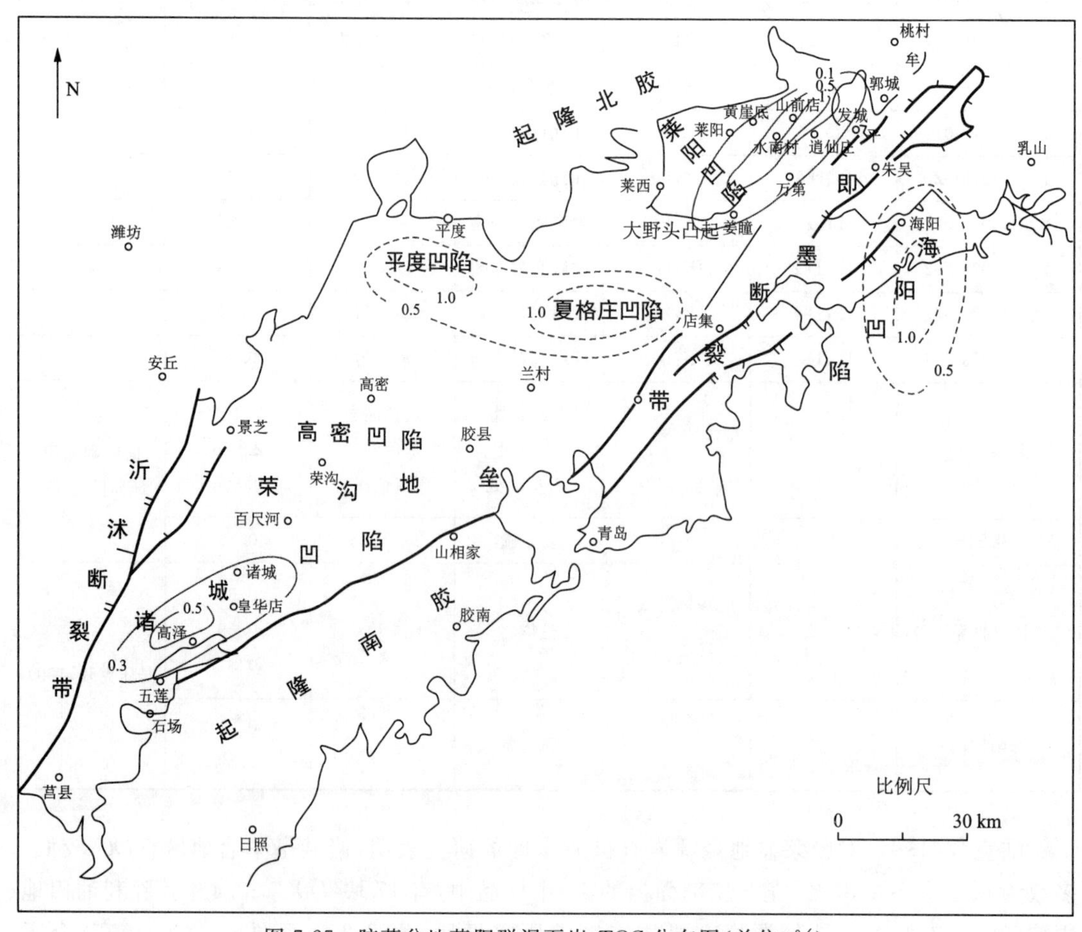


图7-27 胶莱盆地莱阳群泥页岩 *TOC* 分布图(单位：%)

## (三) 有机质类型

有机质的类型和生烃潜力密不可分，是评价烃源岩生油能力的重要指标之一。沉积物(岩)中的有机质经历各种复杂的生物化学和化学变化，通过腐泥化及腐殖化过程形成干酪根，干酪根占沉积物(岩)中总有机质的80%～90%。不同类型的干酪根具有不同的生烃潜力，因此正确判别干酪根类型在烃源岩评价中至关重要。有机质分类有多种标准(表7-6)。目前，通常将有机质划分为腐泥型(Ⅰ)、腐殖腐泥型($Ⅱ_1$)、腐泥腐殖型($Ⅱ_2$)和腐殖型(Ⅲ)四种类型。

表 7-6　干酪根类型分类标准(据吴智平,2004)

| 指标＼类型 | 腐泥型(Ⅰ) | 腐殖腐泥型($Ⅱ_1$) | 腐泥腐殖型($Ⅱ_2$) | 腐殖型(Ⅲ) |
|---|---|---|---|---|
| 类型指数($TI$) | >80 | 40～80 | 0～40 | <0 |
| $I_H$/(mg·$g^{-1}$) | >600 | 250～600 | 120～250 | <120 |
| H/C | >1.5 | 1.0～1.5 | 0.8～1.0 | <0.8 |
| 饱和烃/芳香烃 | >3.0 | 1.6～3.0 | 1.0～1.6 | <1.0 |
| 饱和烃含量/% | 40～60 | 20～40 | | <20 |
| 芳香烃含量/% | 10～15 | 15～20 | | 20 左右 |
| 非烃+沥青质含量/% | 30～40 | 40～60 | | 60～70 |
| 产油气性质 | 生　油 | 生油为主 | 生油气 | 生气为主 |

对胶莱盆地 19 个泥页岩样品的干酪根类型进行分析(表 7-7)。莱阳凹陷标准剖面 13 个,其中逍仙庄组 4 个、水南组 8 个、龙旺庄组 1 个;山前店剖面水南组 3 个;黄崖底剖面水南组 3 个。根据显微镜下特征,煤岩学者将煤的有机显微组分划分为壳质组、镜质组和惰质组 3 大类;油气有机地球化学工作者将干酪根显微组分划分为类脂组(即腐泥组)、壳质组、镜质组和惰质组。通常在透射光和荧光下,对各显微组分进行鉴定和相对含量的统计,运用式(7-1)可计算出类型指数($TI$),从而对有机质类型进行判断。

$$TI=\frac{腐泥组含量\times100+壳质组含量\times50-镜质组含量\times75-惰质组含量\times100}{100} \tag{7-1}$$

表 7-7　胶莱盆地泥页岩显微组分分析表

| 样品编号 | 取样地 | 层　位 | 腐泥组含量/% | 壳质组含量/% | 镜质组含量/% | 惰质组含量/% | 类　型 | 类型指数 | 备　注 |
|---|---|---|---|---|---|---|---|---|---|
| Y2013-079-001 | 瓦屋夼村东 | $K_1lx$ | 55 | 0 | 18 | 27 | $Ⅱ_2$ | 14.50 | |
| Y2013-079-003 | 瓦屋夼村东 | $K_1lx$ | 48 | 0 | 30 | 22 | $Ⅱ_2$ | 3.50 | |
| Y2013-079-004 | 瓦屋夼村东 | $K_1lx$ | 52 | 0 | 20 | 28 | $Ⅱ_2$ | 9.00 | |
| Y2013-079-005 | 瓦屋夼村东 | $K_1lx$ | 68 | 0 | 12 | 20 | $Ⅱ_2$ | 39.00 | |
| Y2013-079-006 | 水南村东 | $K_1ls$ | 46 | 0 | 15 | 39 | Ⅲ | −4.25 | |
| Y2013-079-007 | 水南村东 | $K_1ls$ | 69 | 0 | 8 | 23 | $Ⅱ_2$ | 40.00 | |
| Y2013-079-008 | 水南村东 | $K_1ls$ | 40 | 0 | 15 | 45 | Ⅲ | −16.25 | |
| Y2013-079-009 | 水南村东 | $K_1ls$ | 50 | 0 | 12 | 38 | $Ⅱ_2$ | 3.00 | |
| Y2013-079-010 | 水南村东 | $K_1ls$ | 69 | 0 | 10 | 21 | $Ⅱ_1$ | 40.50 | |
| Y2013-079-011 | 水南村东 | $K_1ls$ | 70 | 0 | 18 | 12 | $Ⅱ_1$ | 44.50 | |
| Y2013-079-012 | 水南村东 | $K_1ls$ | 72 | 0 | 8 | 20 | $Ⅱ_1$ | 46.00 | |
| Y2013-079-014 | 水南村东 | $K_1ls$ | 55 | 0 | 33 | 12 | $Ⅱ_2$ | 18.25 | |
| Y2013-079-015 | 溪聚村南 | $K_1ll$ | 62 | 0 | 8 | 30 | $Ⅱ_2$ | 26.00 | |

续表

| 样品编号 | 取样地 | 层 位 | 腐泥组含量/% | 壳质组含量/% | 镜质组含量/% | 惰质组含量/% | 类 型 | 类型指数 | 备 注 |
|---|---|---|---|---|---|---|---|---|---|
| Y2013-079-017 | 山前店村南 | $K_1ls$ | 60 | 0 | 5 | 35 | $Ⅱ_2$ | 21.25 | |
| Y2013-079-018 | 山前店村南 | $K_1ls$ | 68 | 0 | 3 | 29 | $Ⅱ_2$ | 36.75 | |
| Y2013-079-019 | 山前店村南 | $K_1ls$ | 71 | 0 | 6 | 23 | $Ⅱ_1$ | 43.50 | |
| Y2013-079-021 | 黄崖底村东南 | $K_1ls$ | 80 | 0 | 8 | 12 | $Ⅱ_1$ | 62.00 | |
| Y2013-079-023 | 黄崖底村东南 | $K_1ls$ | 82 | 0 | 8 | 10 | $Ⅱ_1$ | 66.00 | |
| Y2013-079-024 | 黄崖底村东南 | $K_1ls$ | 62 | 0 | 12 | 26 | $Ⅱ_2$ | 27.00 | |
| 莱浅1井 | 11.5 m处 | $K_1ls$ | 56.3 | 0 | 43.7 | 0 | $Ⅱ_2$ | 23.6 | 据翟慎德,2003 |
| | 12.5 m处 | | 91.3 | 0 | 8.7 | 0 | Ⅰ | 84.8 | |
| | 18.9 m处 | | 7.3 | 0 | 92.7 | 0 | Ⅲ | −62.2 | |
| ZC2-6 | 高密—诸城凹陷 | $K_1ls$ | 56.0 | 0 | 44.0 | 0 | $Ⅱ_2$ | 23.0 | 据刘华,2006 |
| ZC2-15 | | | 98.3 | 0 | 1.7 | 0 | Ⅰ | 97.1 | |
| ZC3-26 | | | 27.7 | 0 | 72.3 | 0 | Ⅲ | −26.6 | |
| ZC3-33 | | | 86.3 | 0 | 13.7 | 0 | $Ⅱ_1$ | 76.1 | |
| ZC3-37 | | | 20.3 | 0 | 79.7 | 0 | Ⅲ | −39.4 | |
| ZC3-46 | | | 39.3 | 0 | 60.7 | 0 | Ⅲ | −6.2 | |

通过式(7-1)计算可知,莱阳凹陷道仙庄组泥页岩样品类型指数为3.50～39.00,有机质类型为$Ⅱ_2$型;水南组泥页岩样品类型指数为−62.2～84.8,有机质类型为Ⅰ,$Ⅱ_1$,$Ⅱ_2$和Ⅲ四种,以Ⅱ和Ⅲ型为主(表7-7)。刘华(2006)对诸城—高密凹陷泥页岩有机质类型研究表明,诸城—高密凹陷有机质类型以Ⅲ型为主。

由于各显微组分是不同生物来源有机组分在沉积物和沉积岩中转化的结果,其镜下特征(图7-28～图7-30)不同,如腐泥组在镜下团粒状结构明显,而惰质组在显微镜透射光下一般表现为黑色不透明。因此,可根据显微组分的组成反映不同生物对沉积岩中有机质的贡献。由表7-6可知,胶莱盆地干酪根显微组分主要为腐泥组、镜质组与惰质组,其中腐泥组含量最高。

图7-28 莱阳凹陷道仙庄组干酪根显微组分镜鉴照片

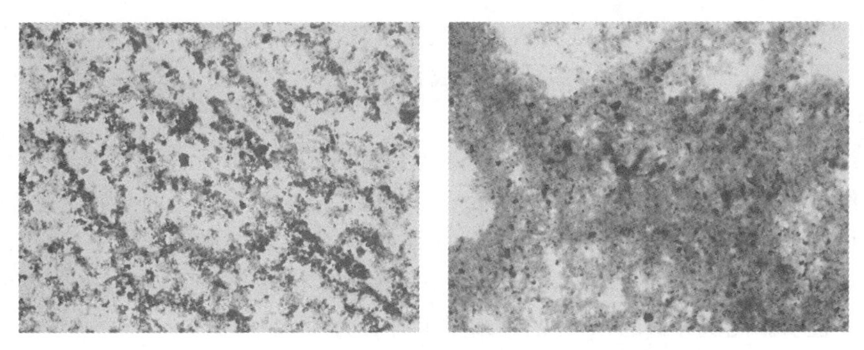

图 7-28(续)　莱阳凹陷道仙庄组干酪根显微组分镜鉴照片

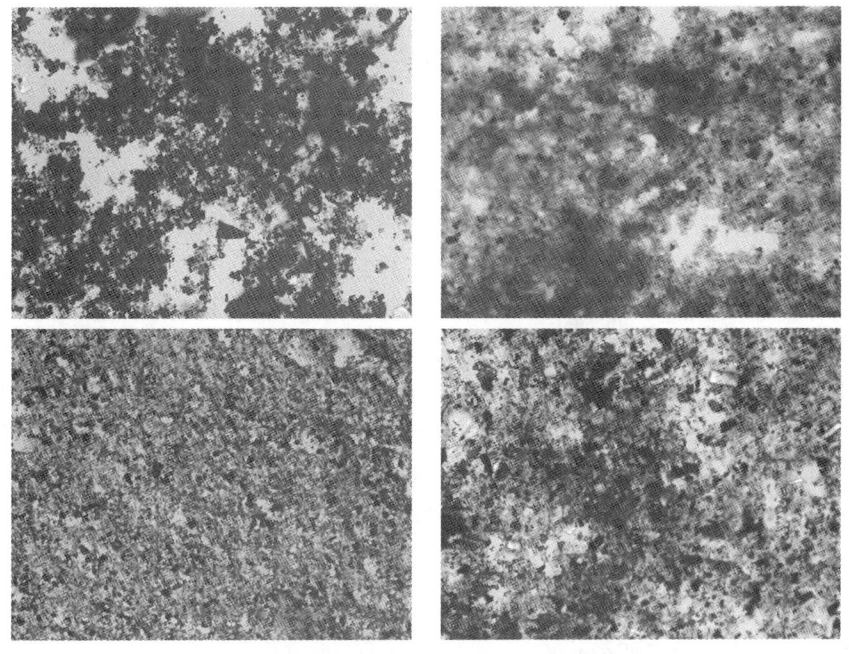

图 7-29　莱阳凹陷水南组干酪根显微组分镜鉴照片

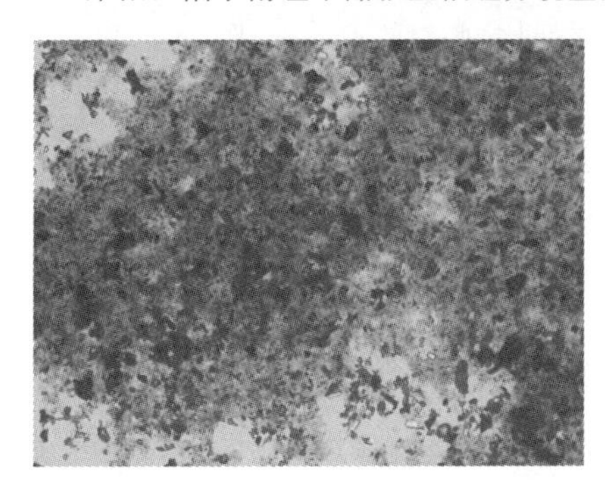

图 7-30　莱阳凹陷龙旺庄组干酪根显微组分镜鉴照片

1. 腐泥组

腐泥组属于内源组分，具有高的生烃潜力，包括无定型和藻质体两类，常可见降解不完全的团粒状结构。无定型为水生生物和藻类遗体在还原环境下经腐泥化作用形成的产物，多呈棉絮状或云雾状；藻质体主要生物来源为藻类。透射光-荧光干酪根显微组分鉴定结果显示，暗色泥页岩以腐泥组为主，泥页岩腐泥组含量较高，为40%～82%，镜下团粒状结构明显。研究表明莱阳凹陷内的主要生烃母质为腐泥组分。

2. 镜质组与惰质组

镜质组是干酪根中主要的显微组分之一，为总量的4%～30%，主要由高等植物的木质纤维组织经过腐殖凝胶化作用后，形成以腐殖酸和沥青质为主要成分的凝胶化物质，再经煤化作用而成，属于外源组分。本次所分析的19块样品，干酪根镜质组含量为3%～33%。惰质组由高等植物的木质纤维组织经丝煤化作用后形成的显微组分组，在显微镜透射光下一般为黑色不透明。此次分析的19样品中惰质组含量为10%～45%。

由胶莱盆地内干酪根显微组分可知，莱阳凹陷泥页岩有机质的主要贡献者为藻类及水生生物，其次为高等植物。

刘华(2006)通过胶莱盆地的泥页岩有机质类型研究认为，莱阳凹陷内泥页岩有机质类型以Ⅰ和$Ⅱ_2$为主，形成于强还原沉积环境中，母质来源为低等水生藻类，混杂有陆源高等植物；平度—夏格庄凹陷生油母质类型可能以Ⅰ型和$Ⅱ_1$型为主，形成于较高盐度的还原环境中，母质来源以低等水生生物和原生生物为主，高等植物对有机质的贡献较小；高密—诸城凹陷中的泥页岩既有腐泥型，又有腐殖型，有机质来源既有低等植物，也有高等植物。

综上所述，胶莱盆地内泥页岩有机质类型多样，包括Ⅰ，$Ⅱ_1$，$Ⅱ_2$和Ⅲ型四种类型(图7-31)。其中，莱阳凹陷泥页岩有机质类型以Ⅰ和$Ⅱ_2$型为主，从各段情况来看，水南组泥页岩有机质类型以Ⅱ和Ⅲ型为主；龙旺庄泥页岩有机质类型以$Ⅱ_2$型为主；逍仙庄组泥页岩有机质类型以$Ⅱ_2$型为主，平度—夏格庄凹陷泥页岩有机质类型以Ⅰ型和$Ⅱ_1$型为主；诸城凹陷泥页岩有机质类型以Ⅲ型为主。通过干酪根显微组分研究可知，莱阳凹陷干酪根显微组分以腐泥组分为主，含量40%～82%，其次为惰质组分，含量10%～45%，有机质的主要贡献者为藻类及水生生物，其次为高等植物。就各段而言，水南组干酪根显微组分以腐泥组分为主，含量46%～82%，惰质组含量为10%～45%；龙旺庄组干酪根显微组分以腐泥组为主，含量62%，惰质组含量30%；逍仙庄组干酪根显微组分同样以腐泥组为主，含量为48%～68%，惰质组含量为20%～28%。

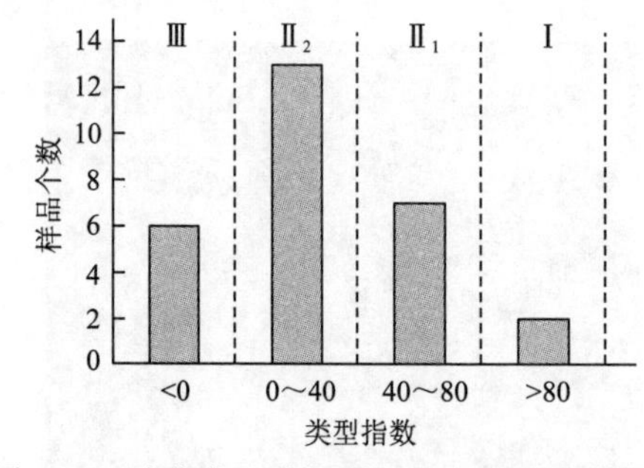


图7-31　胶莱盆地莱阳群泥页岩有机质分类图

### (四) 热演化程度

有机质热演化阶段的判别是区域油气远景评价的主要依据之一。Jarvie通过研究绘制了烃源岩成熟度与页岩产气率的曲线(图7-32)。由关系图可知，随着源岩成熟度的提高，页岩产气率降低。目前用于有机质热演化研究的指标很多，常见的有机质成熟度指标分为三大类：

① 以有机组分的光学性质为基础，如镜质体反射率（$R_o$）、孢粉颜色以及热变指数（$TAI$）等；② 以有机组分的化学组成为基础，如热解分析的最高热解峰温（$T_{max}$）等；③ 有机质结构成熟度指标，如干酪根的自由基浓度、激光拉曼光谱指标等。本书主要选用镜质体反射率、最高热解峰温作为分析烃源岩热演化特征的依据，并结合专家学者对我国其他地区烃源岩的研究成果，确定了胶莱盆地烃源岩有机质热演化阶段的划分标准：$R_o$＝0.5％是生油门限；当 $R_o$＜0.5％时干酪根处于未成熟阶段；0.5％＜$R_o$＜0.8％时为低成熟阶段；0.8％＜$R_o$＜1.3％时为成熟阶段；1.3％＜$R_o$＜2.0％时为高成熟阶段；$R_o$＞2.0％时为过成熟阶段。

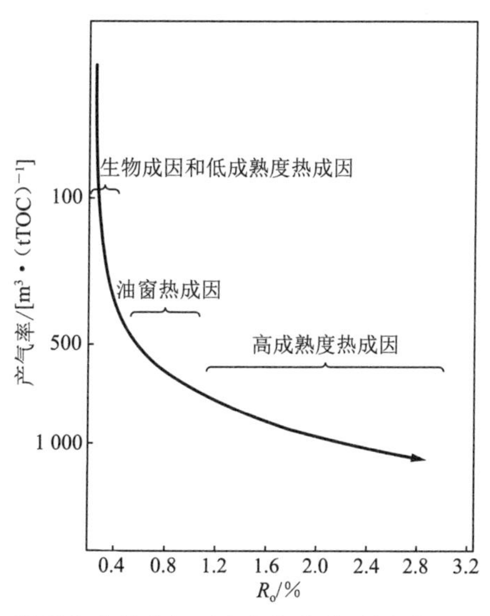


图 7-32　泥页岩成熟度与页岩产气率关系图（据 Jarvie，2004）

1. 镜质体反射率（$R_o$）

镜质体是高等植物木质素经过生物化学降解、凝胶化作用而形成的凝胶体，在受热过程中随温度的上升其芳构化程度和芳环缩聚程度逐渐增大，且缩合芳环排列的定向性和有序程度增强，这使得镜质体的光学性质发生相应变化，表现为镜质体反射率逐渐增高，且具有不可逆性。就地质样品而言，在地温场的作用下，其经历的埋深越大，镜质体反射率的值越大，因而在石油地质学研究中，人们常用镜质体反射率来分析热史演化及烃源岩的成熟度。就不同类型的有机质类型而言，用镜质体反射率作为划分源岩热演化阶段的标准略有不同，通常是Ⅰ型和Ⅲ型有机质稍高于Ⅱ型。

通过对胶莱盆地 18 块样品镜质体反射率的测定（表 7-8），结合前人研究数据对胶莱盆地泥页岩的有机质成熟度进行了划分（图 7-33）。由图可知，胶莱盆地莱阳群泥页岩成熟度较高，其中，莱阳凹陷莱阳群逍仙庄组 $R_o$为 0.85％～1.21％，龙旺庄组 $R_o$为 1.10％，水南组 $R_o$为 0.50％～2.22％；陆克政等（1994）通过取样分析表明，海阳凹陷 $R_o$为 2.895％。

**表 7-8　胶莱盆地泥页岩镜质体反射率分析结果**

| 样品编号 | 取样地点 | 原始编号 | 层　位 | 岩　性 | 测点数 | $R_o$/％ | 备　注 |
|---|---|---|---|---|---|---|---|
| Y2013-079-001 | 瓦屋夼村东 | WW-1 | $K_1lx$ | 钙质页岩 | 6 | 0.85 | |
| Y2013-079-003 | 瓦屋夼村东 | WW-4 | $K_1lx$ | 钙质页岩 | 15 | 1.17 | |

**续表**

| 样品编号 | 取样地点 | 原始编号 | 层 位 | 岩 性 | 测点数 | $R_o$/% | 备 注 |
|---|---|---|---|---|---|---|---|
| Y2013-079-004 | 瓦屋夼村东 | WW-7 | $K_1lx$ | 钙质页岩 | 10 | 1.08 | |
| Y2013-079-005 | 瓦屋夼村东 | WW-8 | $K_1lx$ | 钙质页岩 | 13 | 1.21 | |
| Y2013-079-006 | 水南村东 | SN-1 | $K_1ls$ | 钙质泥岩 | 20 | 1.28 | |
| Y2013-079-007 | 水南村东 | SN-2-1 | $K_1ls$ | 页 岩 | 20 | 1.01 | |
| Y2013-079-008 | 水南村东 | SN-2-2 | $K_1ls$ | 泥页岩 | 20 | 1.14 | |
| Y2013-079-009 | 水南村东 | SN-3 | $K_1ls$ | 页 岩 | 21 | 1.17 | |
| Y2013-079-010 | 水南村东 | SN-4 | $K_1ls$ | 页 岩 | 20 | 0.94 | |
| Y2013-079-011 | 水南村东 | SN-5 | $K_1ls$ | 页 岩 | 21 | 0.94 | |
| Y2013-079-012 | 水南村东 | SN-8 | $K_1ls$ | 页 岩 | 21 | 0.50 | |
| Y2013-079-014 | 水南村东 | SN-12 | $K_1ls$ | 泥 岩 | 10 | 0.58 | |
| Y2013-079-015 | 溪聚村南 | XJ-1 | $K_1ll$ | 泥 岩 | 20 | 1.10 | |
| Y2013-079-017 | 山前店村南 | SQD-0 | $K_1ls$ | 粉砂质泥岩 | 23 | 1.80 | |
| Y2013-079-018 | 山前店村南 | SQD-4 | $K_1ls$ | 泥 岩 | 14 | 2.22 | |
| Y2013-079-019 | 山前店村南 | SQD-5 | $K_1ls$ | 页 岩 | 23 | 2.06 | |
| Y2013-079-021 | 黄崖底村东南 | HYD-0 | $K_1ls$ | 泥 岩 | 10 | 0.84 | |
| Y2013-079-023 | 黄崖底村东南 | HYD-4 | $K_1ls$ | 泥 岩 | 3 | 0.76 | |
| 莱阳凹陷 | 水南村 | | | | | 0.71 | 翟慎德,2003 |
| | | | | | | 0.74 | |
| | | | | | | 0.83 | |
| | | | | | | 0.76 | |
| | | | | | | 0.86 | |
| 诸城凹陷 | 皇华店 | | | | | 1.53 | 据陆克政,1994 |
| | | | | | | 1.35 | |
| 海阳凹陷 | 郭 城 | | | | | 2.895 | |
| | | | | | | 2.73 | |
| 高密凹陷 | 姜 疃 | | | | | 0.78 | 据胜利油田地质院 |

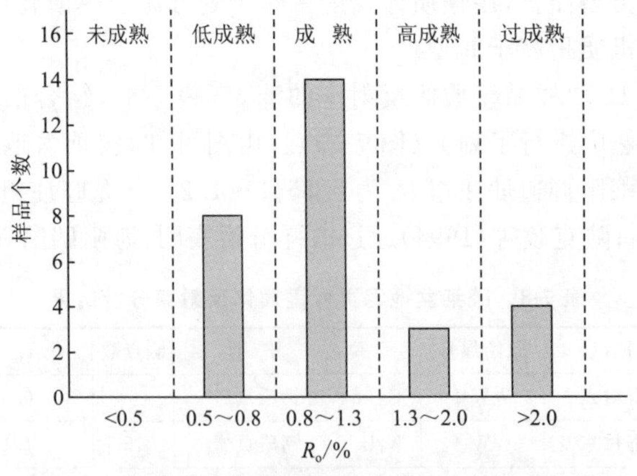


图 7-33 胶莱盆地莱阳群泥页岩有机质成熟度分类图

2. 岩石热解最高峰温($T_{max}$)

岩石热解最高峰温为干酪根的最大裂解温度,即热解 $P_2$ 峰的最高峰温,是烃源岩样品热解产烃达到最高峰时所对应的温度。研究表明,热解最高峰温与成熟度呈正相关关系。在测试过程中,如果样品有机质含量低,测定最高热解峰温较困难;此外,当 $S_2$ 值很小时,会给最高热解峰温的取值带来较大误差,因而在用 $T_{max}$ 讨论样品的成熟度时,应选用 $S_2$ 值大于 0.1 mg/g 样品。

本次对莱阳凹陷的 19 块样品进行了 $T_{max}$ 的测定(表 7-4),其中有 3 块样品 $S_2$ < 0.1 mg/g,其余 16 块样品中,莱阳凹陷莱阳群逍仙庄组热演化程度较高,$T_{max}$ 值较高,为 531～540 ℃;水南组热演化程度适中,$T_{max}$ 值绝大部分为 359～453 ℃,仅有 1 块样品 $T_{max}$ > 490 ℃。前人对于平度—夏格庄凹陷的 5 块样品以及高密—诸城凹陷的 10 块样品进行了 $T_{max}$ 的测定,由图 7-34～图 7-36 可知,莱阳凹陷和平度—夏格庄凹陷烃源岩大多数处于成熟阶段,与镜质体反射率反映的成熟度一致;但高密—诸城凹陷烃源岩多数处于过成熟阶段,与镜质体反射率反映的成熟度截然相反,推测产生这种结果可能是由于当 $S_2$ 值较小时,会给最高热解峰温的取值带来较大误差,使得本实验数据明显偏大。

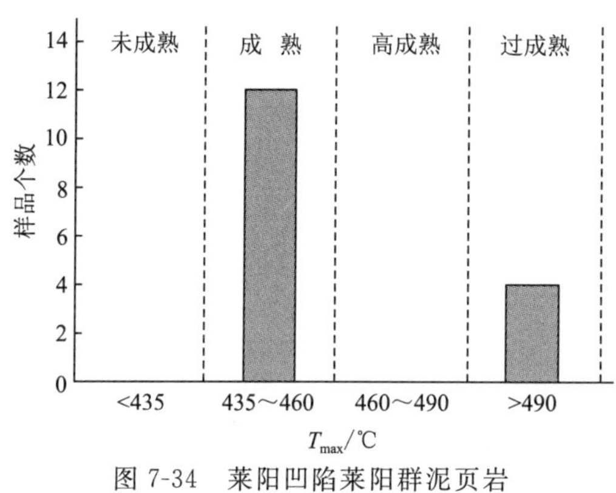


图 7-34 莱阳凹陷莱阳群泥页岩热解最高峰温直方图

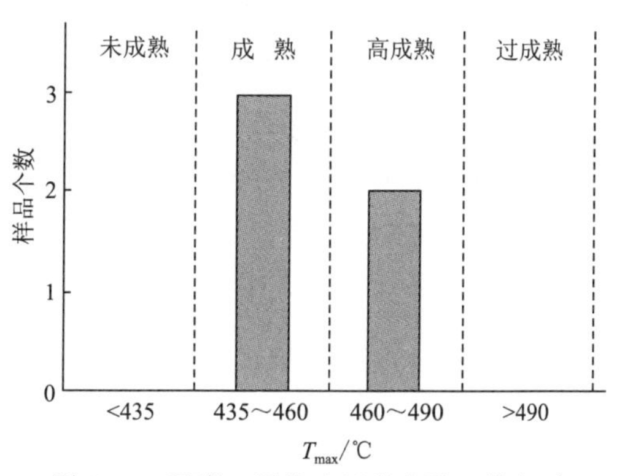


图 7-35 平度—夏格庄凹陷莱孔 3 井岩石热解最高峰温直方图(据吴智平,2004)

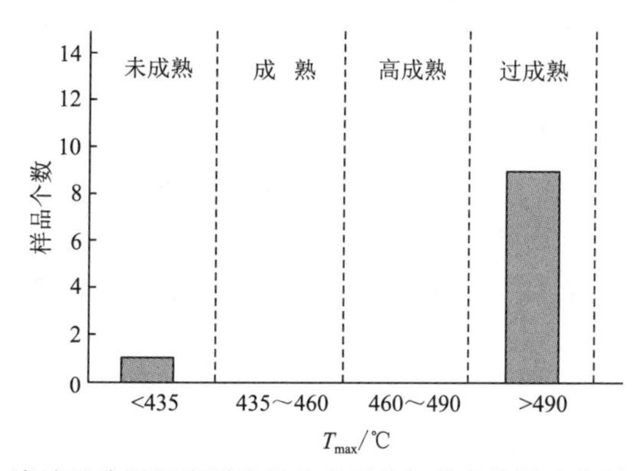


图 7-36 高密—诸城凹陷泥页岩露头样品岩石热解最高峰温直方图(据吴智平,2004)

李金良等(2006,2007)曾按镜质体反射率的大小将胶莱盆地分为四个带:朱吴—青岛断裂以东海阳凹陷,有机质热演化程度很高($R_o$ > 1.5%);诸城凹陷南缘,镜质体反射率为 1.1%～1.5%;中楼—石场凹陷东部边缘,镜质体反射率接近 1.5%;沿牟即断裂带靠近北端郭城和万第一带，镜质体反射率＞1.0%，向南至黄崖底一带，镜质体反射率＜1.0%。但此类划分方法不能很好地反映各区内不同地带的有机质热演化程度。因而，我们利用实测数据以及前人研究成果绘制了有机质成熟度分布图(图 7-37)。

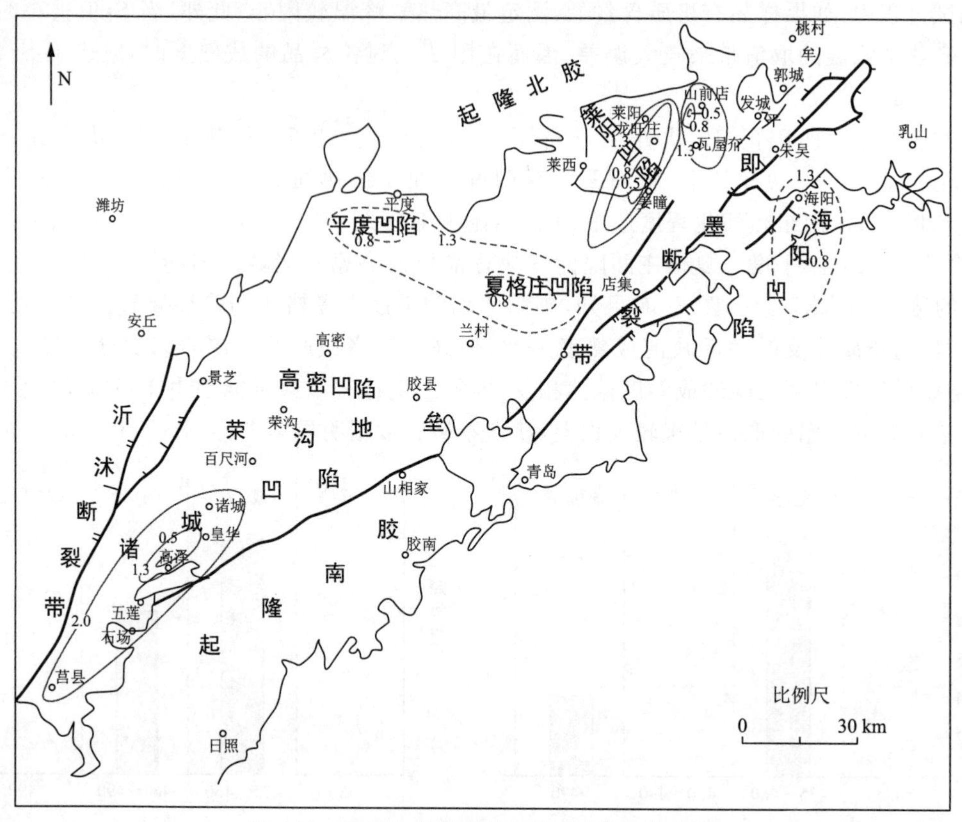

图 7-37　胶莱盆地莱阳群有机质成熟度分布图

综上所述，胶莱盆地莱阳群热演化成熟度较好，其中海阳凹陷和诸城—高密莱阳群泥页岩成熟度较莱阳凹陷和平度—夏格庄凹陷高。莱阳凹陷莱阳群逍仙庄组泥页岩 $R_o$ 为 0.85%～1.21%，平均为 1.08%，龙旺庄组泥页岩 $R_o$ 为 1.10%，水南组泥页岩 $R_o$ 为 0.50%～2.22%，平均为 1.13%。通过泥页岩热解分析可知，莱阳凹陷莱阳群逍仙庄组热演化程度较高，$T_{max}$ 值为 531～540 ℃；水南组热演化程度适中，$T_{max}$ 值绝大部分为 359～453 ℃，仅有 1 块样品 $T_{max}$ 值＞490 ℃。由 $T_{max}$ 表现出的热演化成熟度与 $R_o$ 表现出的热演化成熟度存在一定的差异，推测可能是由于部分样品 $S_2$ 值较小所造成的。

## 二、泥页岩储集空间

通过胶莱盆地莱阳群露头、岩心观察与描述、显微镜下的普通薄片以及扫描电镜分析，结合储集空间成因和结构特征，将莱阳群页岩储层中的储集空间分为裂缝和孔隙两大类，其中裂缝包括沉积成岩裂缝和构造裂缝，具体划分方案见表 7-9；孔隙包括粒内孔隙和粒间孔隙两类，主要受沉积作用和成岩作用控制，具体划分方案见表 7-10。

表 7-9　胶莱盆地白垩系莱阳群页岩裂缝分类和影响因素

| 影响因素 | 裂缝分类 |
|---|---|
| 构造作用 | 断层型裂缝 |
| 成岩作用 | 成岩收缩缝 |
| | 溶蚀裂缝 |
| | 层间页理缝 |

表 7-10　胶莱盆地白垩系莱阳群页岩孔隙分类和影响因素

| 影响因素 | 孔隙分类 | |
|---|---|---|
| 沉积作用<br>成岩作用 | 粒间孔隙 | 颗粒间孔隙 |
| | | 黏土矿片晶间孔 |
| | 粒内孔隙 | 黄铁矿晶间孔 |
| | | 颗粒内孔隙 |
| | | 有机质孔隙 |

## (一) 裂　缝

通过野外露头、岩心、薄片观察分析，胶莱盆地莱阳群储层裂缝可分为构造作用形成的断层型裂缝和成岩过程中产生的页理缝、收缩缝、溶蚀裂缝。

1. 构造裂缝

胶莱盆地莱阳群储层由于压实、压溶、胶结作用强烈，岩石比较致密，脆性程度增大，在后期古构造应力场的作用下容易产生构造裂缝(图 7-38)。通过野外露头和岩心裂缝观察，根据裂缝面的错断特征及其与沉积微层理面的关系，胶莱盆地莱阳群储层中可识别出断层型裂缝。

断层型裂缝主要表现为剪切裂缝，在岩心或地表露头上观察，沿破裂面两侧有微小的错动位移，可见擦痕或阶步。断层型裂缝发育规模相对较大，而裂缝密度相对较小。

图 7-38　莱阳凹陷水南组构造缝特征(位于水南村东)

2. 成岩裂缝

成岩裂缝是指岩层在成岩过程中由于压实和压溶等地质作用而产生的裂缝，包括顺微层理面发育的层间页理缝(图 7-39)、溶蚀裂缝和矿物收缩缝。

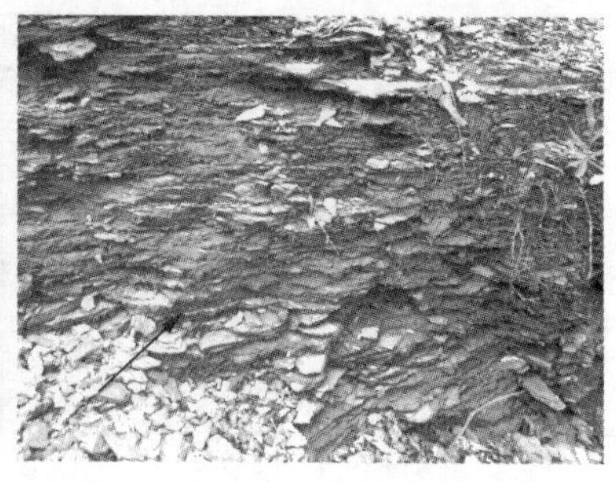

图 7-39　莱阳凹陷水南组页理缝特征(位于山前店村南)

通过岩心观察,在一些砂泥岩的岩性界面上,尤其是在泥质岩类中,发育顺微层面分布的裂缝,称为层理缝。层理缝具有顺层理面弯曲、断续、分枝、尖灭的分布特点。

由于泥岩不同纹层间矿物成分或者矿物颗粒排列方向差异,沿纹理面差异性溶蚀使原生裂缝扩大或者形成新的裂缝。此种裂缝在互层状灰质泥岩中分布广泛,多平行于岩层分布。

泥岩在成岩过程中发生脱水收缩或者矿物的相变造成岩石体积减小,形成收缩缝(图 7-40a)。此种裂缝在泥岩中常见。

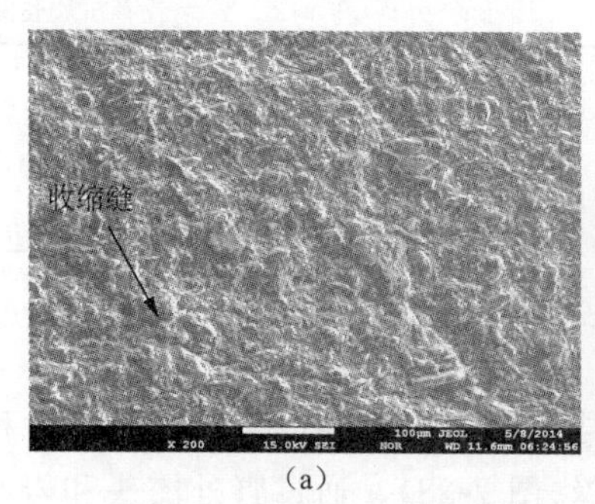


(a)

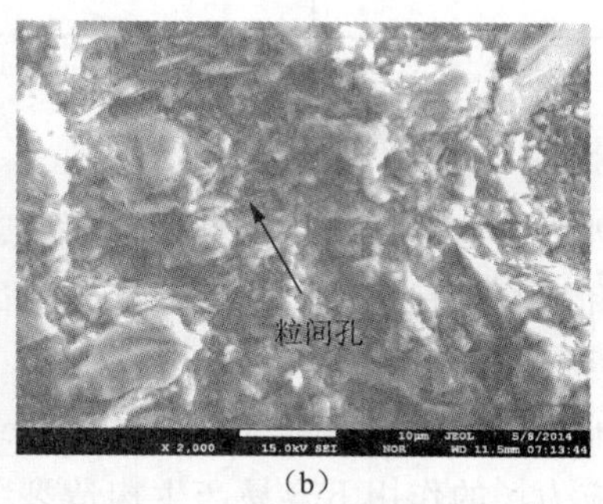


(b)

图 7-40　莱阳凹陷水南组泥页岩电镜扫描图(位于黄崖底村东南)

### (二) 孔　隙

孔隙是指储层中能够储存流体的空间,按照孔隙存在的位置可分为粒间孔隙(图 7-40b)和粒内孔隙。受成岩作用的影响,大部分孔隙为次生孔隙;仅部分粒间孔隙为原生孔隙,受沉积作用的影响。

胶莱盆地粒间孔隙发育颗粒间孔隙和黏土矿物晶间孔隙(图 7-41)。颗粒间孔隙发育在石英、长石及岩屑含量较高的岩层中,多为原生孔隙。黏土矿物层间也存在丰富的孔隙,多为在成岩过程中黏土矿物相变形成,为次生孔隙。

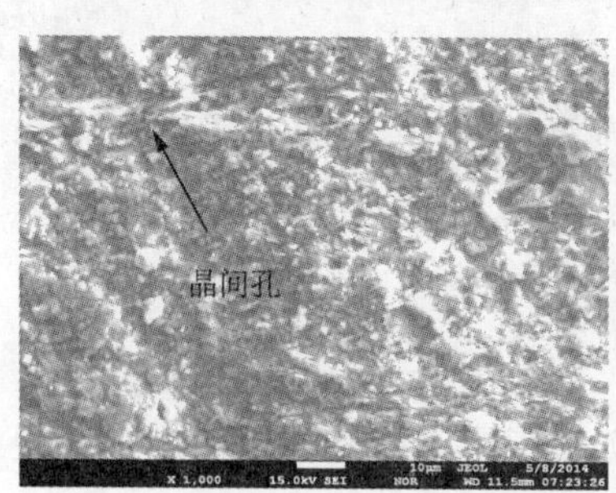


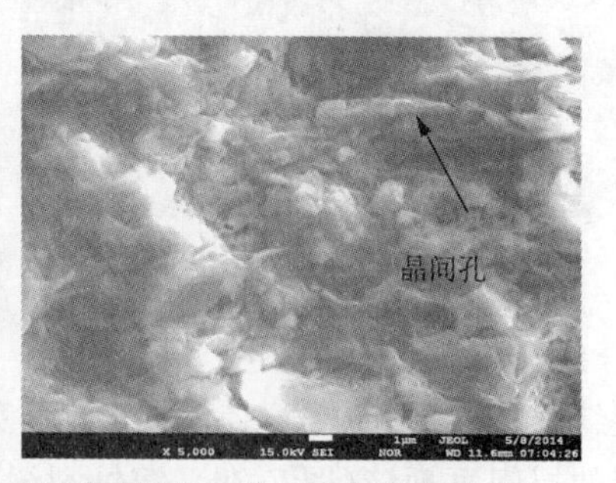


图 7-41　莱阳凹陷水南组泥页岩黏土矿物晶间孔(位于黄崖底村东南)

## 三、有利区块预测

目前，美国页岩气勘探开发已进入高速发展时期，五大页岩气盆地开采区中，页岩 *TOC* 为 0.3%～25.0%，$R_o$为 0.4%～3.0%，埋藏深度为 180～3 660 m，页岩厚度为 30～570 m，有效厚度为 10～90 m。美国页岩气产于海相地层中，经过几十年页岩气勘探与开发，逐渐建立了利用页岩气储层特征、资源分布情况和页岩气地质条件对页岩气评价的方法，提出页岩气藏要达到具有商业开发的价值需满足以下条件：① 页岩气有机碳含量大于 2%；② 热成熟度 $R_o$大于 1%，但需小于 2.1%（成熟度大于 2.1%时，页岩气会遭受破坏，二氧化碳含量增加）；③ 页岩气地层需具有一定的分布范围（延伸面积下限取决于页岩厚度）；④ 页岩地层抬升期早于排烃期；⑤ 有机质转化率大于 80%；⑥ $T_{max}$大于 450 ℃。

我国对页岩的勘探开发日益重视，近年来开展了大量页岩气富集成藏机理及评价方面的研究，成果显著。黄锐以川西须家河组五段为例对陆相页岩气评价标准进行探讨，并制定了陆相页岩评价的标准（表 7-11）。罗鹏（2013）在总结我国主要陆相页岩气勘查评价成果和参照北美海相页岩气储层评价标准基础上认为，陆相页岩气储层评价标准最低下限为：*TOC*＞2.0%，$R_o$＞0.9%，脆性矿物含量大于 40%，有效厚度＞30 m。李延钧（2013）研究龙马溪组页岩气时，认为 *TOC*＞1.0%可作为该区页岩气有机碳评价指标的下限；利用孔隙度和 *TOC* 关系确定充气孔隙度下限为 1.2%；页岩单层厚度应大于 30 m，同时还应包含至少 15 m厚的优质页岩才能满足生烃量。杨阳（2012）将鄂尔多斯盆地延长组长 7 油层组张家滩页岩累计厚度达到 30 m 以上，$R_o$＞0.9%的区域作为页岩气最有利勘探区域。

**表 7-11　陆相页岩储层评价表**

| 评价标准 | 评价参数 | | | | |
|---|---|---|---|---|---|
| | 有机碳含量/% | 成熟度/% | 脆性矿物含量/% | 岩性组合 | 页岩单层厚度/m |
| Ⅰ | ＞4.5 | 1.3～2.0 | ＞70 | 富砂型 | 1～10 |
| Ⅱ | 2.0～4.5 | 0.8～1.3 | 50～70 | 互层型 | 10～20 |
| Ⅲ | ＜2.0 | ＜0.8 | ＜50 | 富泥型 | ＞20 |

页岩气的评价标准包括暗色泥页岩有效厚度、有机质成熟度、有机质丰度、有机质类型等因素。泥页岩有效厚度是形成页岩气的重要条件，是保证页岩气形成和储存的前提条件，泥页岩的厚度越大，封盖能力越强。有机质丰度是形成油气的基础，有机碳的含量决定了页岩的生气能力。前人研究认为，泥页岩中总有机碳含量越高，泥页岩吸附气体的能力越强。有机质成熟度是决定有机质生油或是生气的关键指标，潘仁芳等（2009）研究认为含气页岩的成熟度越高，则表明页岩生气量越大，一般认为 $R_o$处于 1.0%～3.0%之间较好。前人的研究表明，Ⅰ和$Ⅱ_1$型干酪根以生油为主；$Ⅱ_2$型干酪根既可生油，又可生气；Ⅲ型干酪根以生气为主。因此，我们认为在页岩气评价中，不同干酪根类型泥页岩不同评价因素的下限值不同，在对页岩气进行评价时可根据不同干酪根类型的泥页岩来确定指标。分析认为，Ⅰ型干酪根泥页岩由于其有机质丰度高，故其形成页岩气所需的泥页岩有效厚度较其他类型的小，但由于Ⅰ型干酪根的泥页岩以生油为主，其形成页岩气就需要较高的有机质成熟度（即镜质体反射率）；Ⅱ型干酪根泥页岩有机质丰度较好，以生油气为主，故其形成页岩气所需的有效

厚度要比Ⅰ型干酪根泥页岩大，有机质成熟度较Ⅰ型干酪根泥页岩低；Ⅲ型干酪根泥页岩有机质丰度较其他类型的低，其形成页岩气所需的泥页岩厚度大，但由于Ⅲ型干酪根泥页岩以生气为主，所以其形成页岩气所需要的有机质成熟度较其他类型低。

依据国土资源部油气战略研究中心《全国页岩气资源潜力调查评价及有利区优选》标准(2011)，将页岩气分布区划分为远景区、有利区和目标区(表 7-12)。我们依据对胶莱盆地目的层系莱阳群的埋深(图 7-42)、暗色泥页岩分布特征、烃源岩有机地球化学特征和页岩气储层条件等分析，对胶莱盆地页岩气有利区块进行预测。

表 7-12　陆相、海陆过渡相页岩气有利区优选标准

| 主要参数 | 变化范围 |
|---|---|
| 页岩厚度 | 单层页岩厚度不小于 10 m；或泥地比大于 60%，单层泥岩厚度大于 6 m 且连续厚度不小于 30 m |
| 有机碳含量 | TOC 平均不小于 2.0% |
| 有机质成熟度 | Ⅰ型干酪根 $R_o$不小于 1.2%；Ⅱ型干酪根 $R_o$不小于 0.7%；Ⅲ型干酪根 $R_o$不小于 0.5% |
| 埋　深 | 500～4 500 m |
| 地表条件 | 地形高差较小，如平原、丘陵、低山、中山、壁、沙漠等 |
| 保存条件 | 中等—好 |

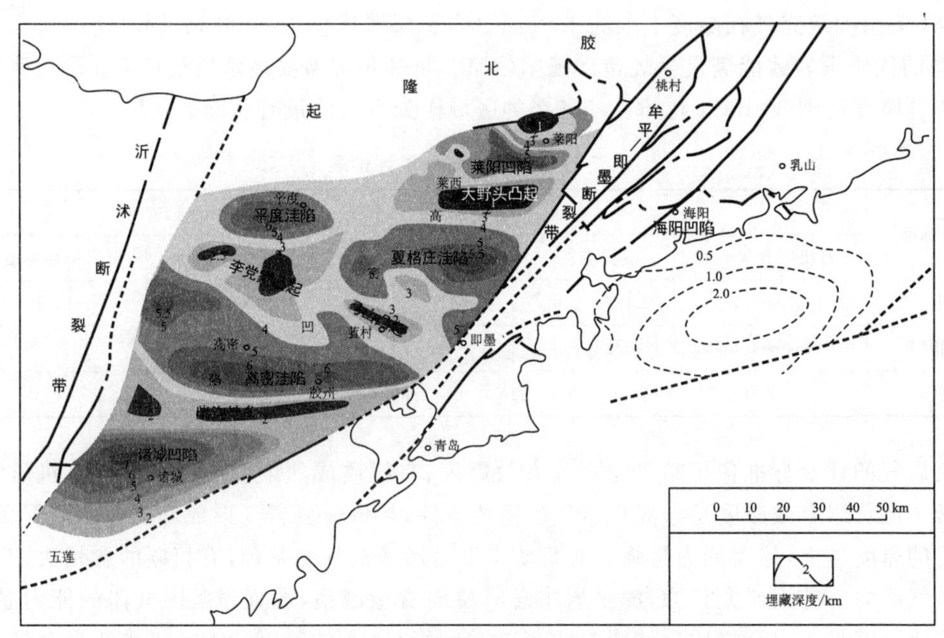


图 7-42　胶莱盆地莱阳群埋深图(据吴智平，2004 修改)

1. 莱阳凹陷

莱阳群埋深 0～6 000 m，水南组暗色泥页岩共 5 层，最小分层厚度 6 m，最大分层厚度 40 m，暗色泥页岩分布连续；道仙庄组暗色泥页岩总厚度 32 m，共 2 层，最大分层厚度为 20 m。该区的有机地球化学结果显示，莱阳群水南组泥页岩有机质丰度相对较高，*TOC* 最小值为 0.14%，最大值可达 2.676%，热演化程度适中，泥页岩镜质体反射率为 0.50%～2.22%，干酪根类型以Ⅱ型和Ⅲ型为主；道仙庄组有机质丰度较低，*TOC* 为 0.19%～0.42%，热演化程度适中，镜质体反射率为 0.85%～1.21%，干酪根类型以$Ⅱ_2$型为主。依据

国土资源部陆相页岩气有利区优选标准，认为莱阳凹陷为页岩气生成的有利区域。

2. 平度—夏格庄凹陷

莱阳群整体覆盖于青山群、王氏群及第四系之下，埋深 2 000～6 000 m，暗色泥页岩分布面积大，有机质类型以Ⅰ型和$Ⅱ_1$型为主，有机质丰度较好，热演化程度适中，镜质体反射率为 0.78%，暗色泥页岩分层厚度为 10～26 m，且断裂、岩浆活动相对较弱。依据国土资源部陆相页岩气有利区优选标准，认为平度—夏格庄凹陷为页岩气生成的有利区域。

3. 诸城—高密凹陷

诸城凹陷断裂相对较少，莱阳群埋深 0～7 000 m，泥页岩有机质丰度较低，*TOC* 为 0.30%～0.35%，热演化程度较好，镜质体反射率为 1.18%～1.50%，干酪根类型以Ⅲ型为主，但由于该区莱阳群沉积期为一快速充填的过补偿沉积盆地，主要以粗碎屑为主，仅在局部低洼的区域发育泥页岩沉积，深湖—半深湖相沉积不发育，因此认为诸城—高密凹陷页岩气勘探的前景不大。

4. 海阳凹陷

海阳凹陷是一个东断西超的箕状断陷，主体位于南黄海海域区。莱阳群埋深 500～2 000 m，刘华等(2006)推测海阳凹陷暗色泥页岩的最大厚度为 150～200 m，李金良(2006，2007)认为海阳凹陷热演化程度较好，$R_o$＞1.5%。总体来说，对于海阳凹陷的研究资料较少，不能较好地确定海阳凹陷页岩气的生成和保存条件等。因此我们认为海阳凹陷可作为页岩气的有利潜力区。

结合钻井、野外剖面以及有机地球化学特征等资料进行综合分析，认为胶莱盆地莱阳群泥页岩具有较好的页岩气形成和保存条件，莱阳凹陷、海阳凹陷、平度—夏格庄凹陷为页岩气的有利优选区块(图 7-43)。

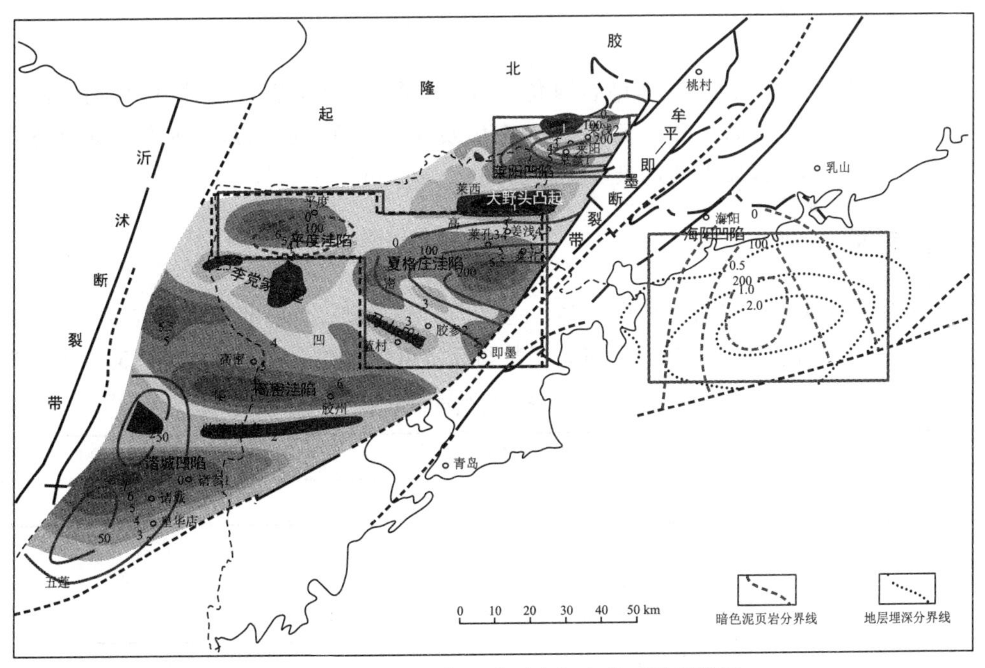


图 7-43 胶莱盆地莱阳群页岩气有利区域预测图

# 第三节 页岩气资源评价

胶莱盆地勘探程度低，钻井资料较少，采用蒙特卡罗法和地球化学法计算页岩气远景资源潜力。

## 一、蒙特卡罗法

在参数分析的基础上，采用蒙特卡罗法计算胶莱盆地水南组页岩气资源潜力期望值为 $268\times10^8$ $m^3$（表 7-13）。

表 7-13 胶莱盆地水南组页岩气资源潜力计算表

| 参数＼评价单元 | 海阳凹陷 | | | 平度—夏格庄凹陷 | | | 莱阳凹陷 | | |
|---|---|---|---|---|---|---|---|---|---|
| | $P_5$ | $P_{50}$ | $P_{95}$ | $P_5$ | $P_{50}$ | $P_{95}$ | $P_5$ | $P_{50}$ | $P_{95}$ |
| 面积/$km^2$ | 200 | 150 | 100 | 200 | 150 | 80 | 250 | 200 | 150 |
| 厚度/m | 30 | 20 | 6 | 40 | 20 | 6 | 40 | 20 | 6 |
| 总含气量/($m^3\cdot t^{-1}$) | 3.0 | 1.0 | 0.6 | 3.0 | 1.2 | 0.6 | 3.0 | 1.4 | 0.6 |
| 密度/($g\cdot cm^{-3}$) | 2.5 | 2.2 | 1.7 | 2.5 | 2.2 | 1.7 | 2.5 | 2.2 | 1.7 |
| 地质资源量/($10^8$ $m^3$) | 450 | 66 | 6 | 600 | 79 | 5 | 750 | 123 | 9 |
| 期望值合计/($10^8$ $m^3$) | 268 | | | | | | | | |

## 二、地球化学法

在分析烃源岩特征的基础上，结合氯仿沥青"A"含量、有机碳含量、降解率、排烃系数、聚集系数、暗色泥岩有效面积和厚度等参数，应用残烃法估算了胶莱盆地页岩气资源潜力。

根据初步评价结果，页岩气远景资源量为 $200\times10^8$ $m^3$。

## 三、可采资源

页岩气比常规天然气可采系数低得多，一般在15%～20%之间，北美页岩气可采系数最大不超过30%。本次评价中采用的技术可采系数与经济可采系数分别为20%和15%（表 7-14）。

表 7-14 胶莱盆地页岩气可采系数取值表

| 单元名称 | 技术可采系数/% | 经济可采系数/% |
|---|---|---|
| 胶莱盆地 | 20 | 15 |

因此，本次初步评价结果见表 7-15。

表 7-15 胶莱盆地水南组页岩气资源潜力评价结果

| 评价单元 | 地质资源量/($10^8$ $m^3$) | | | | 可采资源量/($10^8$ $m^3$) | | | |
|---|---|---|---|---|---|---|---|---|
| | $P_{95}$ | $P_{50}$ | $P_5$ | 期望 | $P_{95}$ | $P_{50}$ | $P_5$ | 期望 |
| 胶莱盆地 | 20 | 268 | 1 800 | 268 | 3 | 40 | 270 | 40 |

其中，青岛区区划内的平度—夏格庄凹陷页岩气地质资源量期望值为 $79\times10^{8}\ m^{3}$，可采资源期望值为 $11.8\times10^{8}\ m^{3}$。

总体来看，胶莱盆地页岩气勘探潜力较小。受研究程度和资料的限制，胶莱盆地页岩气富集规律尚不十分清楚，尚需进一步的工作和资料积累。

●●●● 第八章

# 页岩气勘探风险分析

页岩气是低品位、高风险、高潜能的非常规天然气资源。美国页岩气开发辉煌成就的背后是70%的井产量并未达标的事实。在页岩气开发上,美国拥有无以比拟的先进技术和经验,但仍然屡屡受挫。水平钻井技术和水力压裂技术虽然大大提高了页岩气单井产量,但并不能有效解决页岩气勘探过程中的风险。绝大多数从事勘探的跨国油公司认为,全球新发现的油气平均规模在减小。对于大的油公司,例如Shell,Mobil和Amoco,在高风险、高潜力的油气勘探项目中平均成功率只有10%(Rose,2002)。

地下资源的勘探本身就是高风险、高投入的经济活动,现有的技术无法保证100%成功。页岩气的勘探开发更是一项极为复杂的系统工程,通常具有投资大、周期长、技术复杂、风险大等特点,并且在整个过程中存在着大量的不确定因素。这些不确定因素包括地质、工程、政策、法律、政治、经济,甚至运气等多方面,不确定性即意味着风险和损失。

## 一、地质风险

### (一)地质参数的不确定性

地质科学中,不确定因素包含在所有的地质预测过程中。尽管现今许多复杂、先进的技术、工艺(如三维地震、测井等)广泛应用在油气勘探中,但所获取的绝大多数地质参数仍然不能使我们准确预测地下油气的精度。尽管大量的地质勘查工作和科学研究对于现代油气勘探的成功是非常必要的,但我们也必须认识到,对勘探目标的评价所需的几乎所有参数都是基于不确定因素条件下的评价,这种不确定性通常变化范围很大,因此用确定值评价——"单值预测"是非常不合适的。研究人员可以通过技术、研究及专业的判断,尽可能地降低不确定性,但不能排除不确定性。地质工作者应当始终认识、描述及处理这些不确定性,并将不确定程度准确可靠地反映给决策者,以帮助决策者作出科学的综合判断。

现阶段,我国页岩气勘探程度低,积累的资料少、精度低,地质参数的不确定性更加显著,页岩气前景和勘探风险大小不明,严重影响了决策者的下一步勘探部署与决策。因此,基于现有资料条件,对页岩气开展不确定条件下的地质评价,进行勘探目标风险分析,对于科学认识和部署页岩气勘探规划具有重要意义。

同时,地质参数的分析化验和实验测试过程中亦存在诸多尚未解决的问题,例如,测试样品代表性不足、测试结果精度不够、解释数据不唯一等。更加难以解决的是同一样品在不同国家、不同实验室、不同型号的设备、不同的测试人员甚至同一设备不同时间测到的结果都可能有很大差异，为地质评价带来诸多困难。尤其是页岩气储层的特殊性，目前的实验测试技术及方法都不够成熟，使得该问题更加突出。

韩双彪和张金川(2012)等挑选了我国南方上扬子地区下古生界的四块页岩样品，每个样品分别粉碎并混合均匀后平均分成三份，分别送往国内某实验室、美国犹他大学能源地学研究中心及德国地学研究中心进行了有机地化指标和全岩 X 衍射的平行对比实验，数据表明测试结果差别较大(表 8-1)。

表 8-1　四块平行样品在不同国家测试得到的数据对比

| 参数＼样品 | 样品 1 | | | 样品 2 | | | 样品 3 | | | 样品 4 | | |
|---|---|---|---|---|---|---|---|---|---|---|---|---|
| | 美国 | 德国 | 中国 | 美国 | 德国 | 中国 | 美国 | 德国 | 中国 | 美国 | 德国 | 中国 |
| $TOC$/% | 2.55 | 2.31 | 4.06 | 1.33 | 1.69 | 1.57 | 3.11 | 10.2 | 4.03 | 2.49 | 3.76 | 0.98 |
| $T_{max}$/℃ | 328 | 600 | 346 | 331 | 409 | 372 | 342 | 593 | — | 348 | 593 | — |
| $R_o$/% | 1.42 | — | 2.26 | 1.69 | — | 2.00 | 1.67 | — | 2.26 | 1.47 | — | 2.51 |
| 高岭石含量/% | — | — | 0.726 | — | — | 1.200 | — | — | — | — | — | — |
| 绿泥石含量/% | 1.1 | 2.76 | 1.936 | 1.5 | 7.97 | 3.600 | — | — | — | 0.5 | — | 6.450 |
| 伊利石含量/% | 19.6 | 18.0 | 21.54 | 21.6 | 19.71 | 25.2 | 29.4 | — | 11.6 | 25.2 | — | 22.36 |
| 石英含量/% | 45.2 | 42.82 | 53.0 | 45.2 | 42.19 | 40.7 | 30.7 | — | 68 | 52.7 | — | 40.0 |
| 白云母含量/% | 1.8 | 9.8 | — | 2.3 | 14.84 | — | 6.9 | — | — | 2.4 | — | — |
| 斜长石含量/% | 7.9 | 8.98 | 8.8 | 14.5 | 9.56 | 16.5 | 20.1 | — | 6.0 | 8.9 | — | 13.0 |
| 钾长石含量/% | 5.6 | — | 1.0 | 8.7 | — | 3.1 | 4.7 | — | — | 6.2 | — | 2.0 |
| 方解石含量/% | 1.5 | 2.29 | 5.1 | 0.7 | 1.63 | 0.1 | 0.3 | — | — | 0.5 | — | 2.0 |
| 白云石含量/% | 15.4 | — | 4.7 | 4.0 | — | 6.6 | 2.3 | — | 11.0 | 1.2 | — | — |
| 黄铁矿含量/% | 1.9 | 1.79 | 3.2 | 1.6 | 1.65 | 3.0 | 5.6 | — | — | 2.5 | — | — |

采用现场解吸法测试国内某井某层段泥页岩含气量，不同公司、不同设备和不同操作人员对紧密相邻的岩心样品分别测试的结果同样显示出较大差异，造成对目的层平均含气量的认识相差 1 倍以上(表 8-2)。诸多事实说明了目前页岩气评价相关参数测试中存在的不确定问题。

表 8-2　某井泥页岩含气量分析结果

| 国内 | | | | | Weatherford | | | | |
|---|---|---|---|---|---|---|---|---|---|
| 深度/m | 损失气/($m^3$·$t^{-1}$) | 解吸气/($m^3$·$t^{-1}$) | 残余气/($m^3$·$t^{-1}$) | 总含气量/($m^3$·$t^{-1}$) | 深度/m | 损失气/($m^3$·$t^{-1}$) | 解吸气/($m^3$·$t^{-1}$) | 残余气/($m^3$·$t^{-1}$) | 总含气量/($m^3$·$t^{-1}$) |
| 2 417.85～2 418.13 | 0.45 | 0.22 | 0.03 | 0.70 | 2 418.45～2 418.50 | 0.570 | 0.251 | 0.725 | 1.545 |
| 2 423.07～2 423.37 | 0.51 | 0.37 | 0.02 | 0.90 | 2 422.62～2 422.92 | 0.404 | 0.450 | 0.753 | 1.606 |
| 2 427.07～2 427.37 | 0.36 | 0.01 | 0.04 | 0.41 | 2 426.62～2 426.92 | 0.652 | 0.412 | 0.838 | 1.902 |
| 2 431.00～2 431.30 | 0.24 | 0.01 | 0.03 | 0.28 | 2 431.30～2 431.60 | 0.376 | 0.345 | 0.712 | 1.433 |

续表

| 国内 | | | | | Weatherford | | | | |
|---|---|---|---|---|---|---|---|---|---|
| 深度/m | 损失气/($m^3$·$t^{-1}$) | 解吸气/($m^3$·$t^{-1}$) | 残余气/($m^3$·$t^{-1}$) | 总含气量/($m^3$·$t^{-1}$) | 深度/m | 损失气/($m^3$·$t^{-1}$) | 解吸气/($m^3$·$t^{-1}$) | 残余气/($m^3$·$t^{-1}$) | 总含气量/($m^3$·$t^{-1}$) |
| 2 435.61～2 435.90 | 0.52 | 0.62 | 0.04 | 1.18 | 2 435.91～2 436.21 | 0.472 | 0.574 | 0.659 | 1.704 |
| 2 440.90～2 441.20 | 0.59 | 0.45 | 0.04 | 1.08 | 2 441.20～2 441.50 | 0.218 | 0.316 | 0.710 | 1.243 |
| 平均值 | | | | 0.76 | | | | | 1.572 |

### (二) 地质条件复杂性

与北美环加拿大地盾形成的一系列沉积盆地不同，我国分布着扬子、华北和塔里木三个相互影响的板块，板块间的相互作用形成了复杂的沉积盆地演化背景，使得我国页岩气地质条件具有多层系分布、多成因类型、区域性差异大、后期改造复杂、地貌多样等特点。

在从元古代到第四纪的地质时期内，我国连续形成了从海相、海陆过渡相到陆相多种沉积环境下的多套富有机质泥页岩层系，地层组合特征各不相同。总体上来说，下古生界富有机质泥页岩以海相沉积为主，主要发育在南方和西部地区的寒武系、奥陶系及志留系，其中上扬子及滇黔桂区海相页岩分布面积大，厚度稳定，有机碳含量高，有机质热演化程度高，但后期改造作用强；上古生界富有机质泥页岩以海陆过渡相沉积为主，石炭—二叠系富有机质页岩分布广泛，在鄂尔多斯盆地、南华北和滇黔桂地区最为发育，页岩单层厚度较小，常与砂岩、煤层等其他岩性频繁互层；中—新生界富有机质泥页岩以陆相沉积为主，主要分布在北方鄂尔多斯、渤海湾、松辽、塔里木、准噶尔等盆地和南方四川盆地部分地区，表现为巨厚的泥页岩层系，泥页岩与砂质薄层呈韵律发育，单层厚度薄，夹层数量多，累积厚度大，侧向变化快，有机质热演化程度普遍不高等特点。

复杂的地质条件决定了我国页岩气勘探开发无法简单借鉴国外成功经验，只能在高风险中逐步摸索，从我国页岩气实际地质特征出发，研究和探索适合我国地质条件的页岩气勘探开发模式。

### (三) 地质理论与规律尚不清晰

美国已发现的页岩气藏都是各不相同的，各具特点的。我国的地质条件更加复杂，且目前积累的勘探开发经验非常少，对页岩气资源情况不甚清楚，对于页岩气富集地质理论和分布规律等问题并没有形成清晰的认识。这些勘探中涉及的诸如机理、条件、评价、控制因素等问题严重影响了对我国页岩气勘探方向的把握。

例如，我国南方古生界海相高—过成熟有机质是否仍具有形成页岩气的潜力；多旋回的构造变动和改造作用对页岩气富集和保存的影响是怎样的；上古生界薄层泥页岩与砂岩、煤层薄互层形成的海陆过渡相层系能否归类到页岩气范畴；我国北方新生界陆相泥页岩的矿物组成特点是否易于压裂改造；评价页岩气是否富集的关键指标是什么；如何准确测定页岩含气量；不同规模和类型的断层、裂缝对页岩气富集和保存的作用有什么区别；游离气、吸附气在形成页岩气产能中的贡献；页岩气富集区在地球物理信息上有何特征；页岩气丰度达到什么标准才具有实际开采意义；我国常规油气勘探效果不佳的、数量众多的中小型盆地是否具有页岩气前景等等。

涉及页岩气勘探方向的地质问题还有很多，在没有获得科学解答之前，页岩气的勘探和投入就是高风险的。持续不断的资料积累、经验积累和研究积累只能尽量降低风险，消除风险是不现实的。

## 二、技术风险

### （一）开发技术复杂

技术进步是美国页岩气产量迅速增长的关键。水平钻井和水力压裂技术是页岩气开发的核心技术。经过多年的探索和攻关，美国已形成一套先进有效的页岩气开采技术，其核心是水平井＋储层（同步、多段）压裂技术。针对页岩气吸附气与游离气共存、储层致密、品位低等特点，水平井可以获得更大的渗流和解吸面积，根据美国经验，从水平井中获得的页岩气最终采收率是直井的3～4倍。尽管水平井投入成本较高，但其更适合于页岩的含气及采气特点，产气效益更高，是开发页岩气的必要手段和技术。90％以上的页岩气储层需要经过压裂等改造措施才能获得比较理想的产量，水力压裂是目前用于页岩储层改造的主要技术，其增产效果显著，主要包括多级分段压裂、同步压裂及重复压裂等技术。对于水平井段长、产层多的页岩气井，常根据储层含气性特点进行多级分段压裂，可增加60％的可采储量。2011年世界石油十大科技进展中，有4项是关于页岩气的，包括nmCT和双射线系统三维成像技术、地球物理集成与融合技术、HiWAY（高速公路）流动通道水力压裂技术及Quick-FRAC批次多级压裂系统。美国的页岩气工业发展历史和经验表明，及时、系统、针对性的方法技术是决定页岩气勘探开发速度甚至成败的关键。

我国开始页岩气的勘探开发只有几年时间，虽然也有一定的技术积累，但尚未掌握开发页岩气的核心技术，相关的工程技术手段也相对不够成熟。例如，水平井的部署、井眼轨迹设计、完井及分段多级压裂等配套技术还比较薄弱。同时，我国页岩气储层类型多样，储层特征地区差异大，构造变形较强，纵、横连续性较差，分布规律复杂，且地面条件不佳，使得开采条件比美国更加复杂，大大增加了技术移植和改进的难度。此外，许多大型国际油企，例如斯伦贝谢、贝克休斯、哈里伯顿等纷纷趁机在我国加大申请各项页岩气相关技术专利，对我们进行了知识产权封锁，为抢占我国页岩气市场做准备。

### （二）核心装备薄弱

我国在常规天然气领域已经形成了较为完善的技术装备体系，为页岩气的装备研制奠定了基础。但由于页岩储层的特殊性，页岩气比常规天然气对开发技术和装备的要求高很多，现有基础远不能满足页岩气勘探开发的需要，目前设备往往具有性能、可靠性、时效性及测量精度不够，钻井周期长，配套设备不全，关键工具等受制于国外公司，改造成本居高不下等问题，关键设备亟待研制，实现页岩气技术装备自主化的任务十分艰巨。

例如，页岩气地质评价参数测定的关键实验设备包括页岩聚集离子束与电子束双束系统、等温吸附仪、现场解吸测定装置、孔隙度测定装置、脉冲法页岩基质渗透率测试装置等目前尚未实现商业化生产；长水平井钻完井装备有待突破；压裂所需高性能快速可钻式桥塞、大马力压裂车等设备和工具国内基本上不具备;微地震监测技术和设备目前主要被国外技术服务公司垄断,国内尚无自主技术等(刘洪林,2014)。

我国目前的工艺技术研究与装备制造两个环节分离,使得装备制造企业不能很好地掌握工艺技术的发展和要求,只单纯以装备产品制造为主,缺乏技术服务和提供技术解决方案的能力。同时,装备制造企业规模普遍较小,研发投入有限,技术资源分散,自主创新能力薄弱,产品结构集中在中低端,缺乏持续发展的能力。

可见,借鉴美国页岩气勘探开发技术和装备,尽快开发、研制更适合中国的页岩气开采技术和装备,实现技术、装备国产化,还需要长期的经验积累,还有很长一段路要走。

#### (三) 基础设施不成熟

EIA 认为,天然气生产基础设施的完善程度是能否成功开发和利用页岩气的重要因素。美国高度成熟的天然气工业体系为页岩气的革命性发展奠定了基础设施条件。美国建成了四通八达的天然气管网和城市供气网络,天然气管网长度达 $48\times10^4$ km,上游天然气生产商 6 800 多家,天然气管道运营商 160 多家,天然气交易商 250 多家,有近 1 200 个地区配气公司和 6 500 多个终端用户(陈永昌,2012)。发达的管网使众多中小厂商可以方便地将自己生产的页岩气出售给交易商,大大减少了页岩气开发在末端环节的前期投入,降低了市场风险,迅速实现了页岩气开发的市场化和商品化。

与美国相比,我国天然气管网较少,现有管网系统还很不成熟。我国油气管道总长度仅有 $9.3\times10^4$ km,并且分布不均,归大型石油企业所有,开放程度不够。这些基础设施能否被页岩气开发、利用与共享还取决于多种因素,不利于中小企业页岩气入网。完善的基础设施会大大降低页岩气的开采和运输成本,提升页岩气开发的经济性,早日促成页岩气的商业利用,但我国现有的基础设施条件将是制约页岩气商业利用的重要因素之一。

我国页岩气开发还处在起步阶段,核心技术、核心装备还没有突破,商业化运作模式还远未成型,探索阶段势必存在较高风险。

### 三、经济风险

#### (一) 成本投资巨大

页岩气的勘探开发利用需要巨大的资金投入。我国目前的页岩气勘探程度较低,前期尚需大量的探井钻探、实验测试、地球物理信息采集及理论研究等工作量和资金投入来发展认识,摸清规律。中期的测试与开发阶段的技术工艺更加复杂,难度大,成本高。美国广泛应用井工厂生产模式,在良好的市场和政策条件下,大规模推广应用先进技术,大幅提高了产量,降低了开发成本。我国页岩气开发条件更加复杂,部分核心技术和关键设备工具还依赖于国际公司的技术支持和进口,造成开发成本居高不下,完成一口水平井钻完井及压裂所用的金钱和时间成本相当于美国的 3～4 倍。例如,北美地区页岩气开发井的平均成本折算为人民币一般为(2 500～3 000)万元/口,而我国目前页岩气单口开发井成本为(6 000～7 000)万元/口。由于页岩气品位较低,需要靠大规模开采来获得效益,因此开发阶段需要持续不断地增加钻井数量和投资来保持规模。此外,我国地形地貌条件复杂和输送管道等基础设施不成熟也是增加成本的重要原因。

### (二) 采收率低

页岩气资源含气丰度低，品位低，开发具有单井产量低、递减快、生产周期长等特点，开发者需要相当长的一段时间才能获得经济效益，在此之前，投资成本将呈螺旋式增长。页岩气采收率一般为5%～33%(表8-3)，远低于常规油气。采收率高低与页岩气藏品质和开发技术密切相关。较低的可采性既增加了勘探目标的资源风险，也对开发规模(钻井数量、技术难度、资金投入、投资期)提出了较高要求。

表8-3　美国典型页岩气区基本特征

| 盆　地 | 阿巴拉契亚 | 密执安 | 伊利诺斯 | 福特沃斯堡 | 圣胡安 | 阿科马 | |
|---|---|---|---|---|---|---|---|
| 页岩名称 | Ohio | Antrim | New Albany | Barnett | Lewis | Woodford | Fayetteville |
| 时　代 | 泥盆纪 | 泥盆纪 | 泥盆纪 | 早石炭世 | 早白垩世 | 晚泥盆世 | 早石炭世 |
| 埋深/m | 610～1 524 | 183～730 | 183～1 494 | 1 981～2 591 | 914～1 829 | 1 829～3 353 | 3 048～4 115 |
| 采收率/% | 17.5 | 26.0 | 12.0 | 13.5 | 33.0 | 5.0 | 8.0 |

注：表中数据据 Curtis，2002；Warlick，2006；Montgomery，2005；Hill，2002；Bowker，2007；龙鹏宇，2011 等修编。

### (三) 天然气价格波动

由于页岩气开发成本偏高，天然气的价格水平将直接决定页岩气开采的经济性，也决定着未来页岩气的发展前景。由于北美页岩气的成功开发，自2007年以来，全球天然气总产能转为过剩，国际天然气气价格呈逐步下降趋势，近两年长期低位徘徊，未来一段时间内的天然气价格走势仍不确定。页岩气开发投资获得收益之前，需要经过很长时间的勘探、开发和开采阶段。在这期间，天然气价格上涨或下跌都会对收益产生巨大影响。我国对天然气的终端价格实行政府定价，总体偏低，使得页岩气早期开采的风险加大。

未来一段时间，随着技术进步、规模开发有效降低成本，或气价上涨，页岩气开发的经济性可能随之上升。在目前的低经济效益甚至亏损形势下，各企业仍对页岩气保持高涨兴趣，是因为他们相信，世界对能源需求的不断上涨会很快促使天然气价格稳定上涨，为他们带来丰厚利润。

## 四、政策风险

页岩气的开发可能会对世界能源结构和地缘政治产生不可预知的战略影响。例如，美国由于充足的页岩气产量实现了能源自给，大大降低了对曾经的能源进口国的依赖，使其外交政策有了更多选择性。美国由原来的天然气消费国变成了与加拿大等出口国形成竞争的产气国，而欧洲页岩气的勘探开发以及从美国进口页岩气的尝试也将降低欧洲地区对俄罗斯天然气的依赖。

我国政府高度重视页岩气资源的勘探和开发，2011年，批准页岩气成为新的独立矿种，实行一级管理；多部委发布指导性文件，表明了政府在开发页岩气上的积极态度；设立了国家973、国家自然科学基金等页岩气专项科研项目；组织国内能源公司、行业组织、学术机构开展页岩气资源调查和学术研讨；鼓励外资以合资合作的方式进入页岩气的勘探和开发领域；近年不断加大政府的支持力度，实行了页岩气开发利用补贴政策。

但在政策上，页岩气的开发仍然面临着诸多的困难，例如对探矿权、采矿权及天然气价格的限制等。页岩气产业要想取得快速发展还需要政府进一步的扶植政策支持，例如放宽对探矿权的限制，开放市场，鼓励具有资金和技术实力的中外多种投资主体进入页岩气勘查开发领域；加强基础设施建设，授予民营企业管道自由接入权，提供相应的融资平台；实行天然气市场定价；减免关键设备、关键技术的关税等。同时，也不能排除随着我国页岩气开发形势逐渐明朗后，政府调整能源战略布局，加大对其他新能源产业的激励，而减少页岩气行业补贴的风险。

## 五、环境风险

页岩气开发的核心技术是水平钻井和水力压裂技术。1992 年之前，美国的页岩气开发以直井为主，单井产量低且生产周期短，这与页岩储层致密及天然气的吸附态赋存等特殊性有关。水平井能够最大限度地穿越页岩地层和页岩裂缝，最大限度地增加渗流面积，特别是对于相对较薄的页岩储层更具有优势。从 2003 年水平井大规模应用于 Barnett 页岩中后，页岩气年产量直线增长。Barnett 页岩实际钻井经验表明，从水平井中获得的估计最终采收率大约是直井的三倍，页岩的基质渗透率极低(一般小于 0.1 mD)，绝大多数需要经过压裂改造后才能获得较理想的产量。水力压裂从 1986 年开始用于美国页岩储层增产作业中，早期主要采用氮气泡沫压裂和凝胶压裂，其中前者在某些特殊条件下仍然使用，后者则由于成本太高且对地层损害较大而停止使用。目前采用的主要是清水压裂，在清水中加入少量的减阻剂、稳定剂、表面活性剂等添加剂作为压裂液，输送支撑剂，可以在不减产的前提下节约 30%的成本，并减小了地层损害。压裂的方式主要是多级压裂、同步压裂、水力喷射压裂和重复压裂等。

从开发页岩气必须实施工艺技术可以看出，页岩气的规模开发不仅将会耗费大量的用水，还可能引起天然气和压裂液渗漏，造成环境污染，这些过程主要发生在钻井和压裂阶段。环保主义者认为，页岩天然气的生产有可能污染地下水源，极大威胁人类及自然界的可持续发展。在美国的纪录短片“天然气之国(GASLAND)”中，部分环保人士对页岩气开发中引起的环境问题进行了专题报道，引起了世界各国相关人士的关注，法国政府甚至明令禁止页岩气的勘探开发，引起热议。

实际上，任何地下固体矿产、液体矿产和气体矿产的开发都会不同程度地造成环境问题，这些问题终将会通过工艺和技术的发展和改进得以控制和消除，但这仍需要一个过程。对于我国页岩气勘探开发中可能出现的环境问题，我们需要认真分析、客观对待，在借鉴美国等国家已有环境问题的基础上，针对我国地质特点，积极预防和避免出现类似问题，发展更为科学合理的页岩气勘探开发技术。

### (一) 耗　水

据估计，一口水平井进行一次水力压裂约需用水 25 000 $m^3$，而页岩气的商业性开发需要一定规模的近井距井网，总用水量巨大。我国是一个水资源缺乏国家，如此大量用水势必会影响到周边的生活和生产用水，大量抽取地下水也会对周边生活造成负面影响。使用后的工程用水部分可以回收，但回收后的大部分水很难通过处理使其恢复可用性。该问题对于水资源缺乏的地区(例如我国北方地区)更为突出，引起部分相关人士的担忧。

## (二)环境污染

在页岩气开发中,水平钻井和压裂都可能造成地下天然气和压裂液的渗漏,污染地下水、地表水和空气(表 8-4)。

表 8-4　页岩气开发可能引起的环境污染问题

| 污染方式 | | 污染性质 | 污染机理 | 主要原因 | 开发环节 | 可能后果 |
|---|---|---|---|---|---|---|
| 地下污染 | 压裂液进入地下水 | 物理、化学污染 | 渗　流 | 压裂液窜层 | 压　裂 | 生活、工业用水有毒 |
| | 天然气进入地下水 | 物理污染 | $CH_4$溶解、$H_2S$形成硫酸盐、$CO_2$引起溶解和沉淀 | 天然气渗漏 | 钻井、压裂 | 生活、工业用水易燃 |
| | 岩石脆裂 | 物理污染 | 地应力失衡 | 岩石破碎 | 钻井、压裂 | 地面下陷、诱发地震 |
| 地表污染 | 天然气进入地表水 | 物理污染 | $CH_4$溶解、$H_2S$形成硫酸盐、减少水中$O_2$溶解量 | 天然气渗漏 | 钻井、压裂 | 生活、工业用水易燃,鱼类死亡 |
| | 压裂液进入地表水 | 物理、化学污染 | 化学反应 | 压裂液渗漏 | 压　裂 | 动植物疾病 |
| 空气污染 | $CH_4$进入空气 | 物理污染 | | 天然气渗漏 | 钻井、压裂 | 易燃、易爆 |
| | $H_2S$等气体进入空气 | | | | 钻井、压裂 | 有　毒 |

目前普遍应用的清水压裂是在清水中加入适量的减阻剂、稳定剂、表面活性剂或线性凝胶,以少量的砂作为支撑剂(表 8-5)的压裂作业方法。为了进一步减弱清水压裂液可能带来的危害,还可以进一步净化压裂液。

表 8-5　水力压裂液添加剂类型、成分及作用(据 Chesapeake Energy,2010)

| 添加剂类型 | 主要化合物 | 作　用 | 含量/% |
|---|---|---|---|
| 酸 | 盐　酸 | 有助于溶解矿物和造缝 | 0.123 |
| 抗菌剂 | 戊二醛 | 清除生成腐蚀性产物的细菌 | 0.001 |
| 破乳剂 | 过硫酸铵 | 使凝胶剂延迟破裂 | 0.010 |
| 缓蚀剂 | 甲酰胺 | 防止套管腐蚀 | 0.002 |
| 交联剂 | 硼酸盐 | 当温度升高时保持压裂液的黏度 | 0.007 |
| 减阻剂 | 原油馏出物 | 减小清水的摩擦因子 | 0.088 |
| 凝　胶 | 瓜胶或羟乙基纤维素 | 增加清水的浓度以便携砂 | 0.056 |
| 金属控制剂 | 柠檬酸 | 防止金属氧化物沉淀 | 0.004 |
| 防塌剂 | 氯化钾 | 使携砂液卤化以防止流体与地层黏土反应 | 0.060 |
| pH 调整剂 | 碳酸钠或碳酸钾 | 保持其他成分的有效性,如交联剂 | 0.011 |
| 防垢剂 | 乙二醇 | 防止管道内结垢 | 0.043 |
| 表面活性剂 | 异丙醇 | 减小压裂液的表面张力并提高其返回率 | 0.085 |
| 支撑剂 | 石英砂、陶粒 | 使裂缝保持张开以便气体能够溢出 | 8.950 |

### （三）其他问题

有观点提出，由于压裂引起的岩层破碎和开发引起的地层压力下降均有可能诱发地震和地面沉降。在常规油气田区，由于地下流体的长期、大量抽采，引起地面沉降的实例已有发现（例如大庆油田、大港油田等）。

上述问题在美国页岩气开发早期的个别地区已有发现，主要是由于压裂过度引起窜层、压裂段与断裂带连通等原因造成，压裂作业的工程失败个例在任何类型油气开发过程中都存在。页岩气的开发并没有比其他类型油气开发带来更大的环境问题，例如致密砂岩油气的压裂开发同样需要大量的水；聚合物注入、化学驱等开发方式在各地均有应用，都会不同程度上对深层地下水造成一定污染。美国页岩气取得今天的巨大成就与其几十年的探索和实践是分不开的，在探索早期，页岩气开发井的工程设计、开发工艺和技术均不够成熟，并未考虑到环境污染问题，随后的技术发展均针对该问题进行了改进。例如，将凝胶压裂改进为清水压裂，将大型压裂改进为多级压裂，发展压裂检测技术，发展无水压裂技术等。随着技术的进步和发展，页岩气开发引起的环境问题将会逐步减弱。

对我国而言，美国几十年的页岩气勘探开发实践已为我们奠定了良好的技术基础，使我们少走弯路，在规模性页岩气开发实施之前已经清楚地知道面临的环境问题，并积极应对。与其他类型油气资源相比，我们将付出更少的环境代价。

我国页岩气地质条件复杂，南、北方人文、地理、地下和地表条件均具有较大差异，在页岩气勘探开发和环境保护对策上都应区别对待。

我国南方地区地貌复杂，水系发达，地下水埋藏浅，地下水、地表水和大气水交替活跃，一旦发生地下水和地表水污染，很容易造成大面积影响，因此对压裂液组成应十分谨慎，尽量减少化学剂的使用，发展少水压裂和无水压裂技术。南方地区构造变动强，断裂发育复杂，易发生压裂液窜层和天然气渗漏；古生界页岩气储层成岩作用强，脆性大，埋藏浅，极易压裂，但压裂缝不易控制，需要重点考虑发展定向压裂技术。南方地区资源匮乏，页岩气勘探开发若能形成商业性规模，将对我国南方的经济发展产生深远影响，对南方地区政治、经济、社会及人文等发展均具有战略性意义。相对而言，由于页岩气开发可能引起的局部的、可控的环境问题完全可以通过工艺和技术改进避免和消除。

我国北方地区地表条件相对较好，但水资源匮乏，应重视工程用水的回收和重复使用，重点发展少水或无水压裂技术；北方地区上古生界、中生界和新生界泥页岩层系埋深大，不易压裂，多数有利区位于已成熟开发常规油气田内部，宜重视多类型油气的综合勘探开发，降低成本，提高效率。

近年来，地方政府与民间资本积极筹备。加快页岩气的勘探开发，尽快实现页岩气在我国的规模性、工业性开发已是众望所归。但在热情高涨的同时，我们应当冷静地思考和分析页岩气的大规模勘探开发带来的负面影响。美国、法国等国家已有呼声提出页岩气开发中引起的环境问题。我国人口密度大，生态环境相对脆弱，更应该对页岩气勘探开发中可能引起的环境问题慎之又慎，在科学分析、认识该问题的基础上采取措施积极应对。

# 参考文献


包书景,2012. 我国发展页岩气资源面临的机遇与挑战[J]. 石油与装备,43(2):55-56.

曹国权,1990. 试论“胶南地体”[J]. 山东地质,6(2):1-10.

陈安定,2010. 排烃定量研究[J]. 复杂油气藏,3(4):1-5.

陈波,兰正凯,2009. 上扬子地区下寒武统页岩气资源潜力[J]. 中国石油勘探(3):10-14.

陈建渝,唐大卿,杨楚鹏,2003. 非常规含气系统的研究和勘探进展[J]. 地质科技情报,22(4):55-59.

陈丕基,曹美珍,潘华璋,等,1980. 山东中生代陆相地层问题[J]. 地层学杂质,4(4):301-309.

陈清华,宋若微,戴俊生,等,1994. 胶莱盆地重磁资料解释与构造特征分析[J]. 地球物理学进展,9(3):70-79.

陈祥,严永新,章新文,等,2011. 南襄盆地泌阳凹陷陆相页岩气形成条件研究[J]. 石油实验地质,33(2):137-147.

陈永昌,2012. 我国页岩气开发面临的机遇、风险及对策建议[J]. 石油规划设计,23(5):7-12.

崔永君,杨锡禄,张庆铃,2003. 煤对超临界甲烷的吸附特征[J]. 天然气工业,23(3):131-133.

代金友,张一伟,熊琦华,等,2003. 成岩作用对储集层物性贡献比率研究[J]. 石油勘探与开发,30(4):54-55,71.

戴金星,1999. 中国煤成气研究二十年的重大进展[J]. 石油勘探与开发,26(3):1-10.

戴志坚,张祖波,李秉智,2001. 国内外油气田开发实验仪器的发展现状综述[J]. 中国仪器表(2):1-3.

董大忠,程克明,王世谦,等,2009. 页岩气资源评价方法及其在四川盆地的应用[J]. 天然气工业,29(5):33-39.

董大忠,程克明,王玉满,等,2010. 中国上扬子区下古生界页岩气形成条件及特征[J]. 石油与天然气地质,31(3):288-299.

董大忠,邹才能,李建忠,等,2011. 页岩气资源潜力与勘探开发前景[J]. 地质通报,30(2):324-336.

范柏江,庞雄奇,师良,2012. 烃源岩排烃门限在生排油气作用中的应用[J]. 西南石油大学学报(自然科学版),34(5):65-70.

方俊华,朱炎铭,魏伟,等,2010. 页岩等温吸附异常初探[J]. 吐哈油气,15(4):317-320.

冯爱国，张建平，石元会，等，2013. 中扬子地区涪陵区块海相页岩气层特征[J]. 特种油气藏，20(5)：15-19.

付强，张金川，温珍河，1995. 美国的油气资源评价史及其对中国的借鉴[J]. 海洋地质动态(7)：7-9.

关德师，牛嘉玉，郭丽娜，等，1995. 中国非常规油气地质[M]. 北京：石油工业出版社.

关绍曾，1989. 山东莱阳盆地早白垩世中期非海相介形类[J]. 微体古生物学报，6(2)：179-188.

郭少斌，王义刚，2012. 快速评价泥页岩含气性及游离气含量的方法[J]. 中国科技财富，2012(1)：128.

郝黎明，郝石生，2000. 松辽盆地朝长地区未熟、低熟烃源岩排烃研究[J]. 石油实验地质，22(1)：64-70.

何发岐，朱彤，2012. 陆相页岩气突破和建产的有利目标——以四川盆地下侏罗统为例[J]. 石油实验地质，34(3)：246-251.

胡国艺，谢增业，李剑，等，2001. 西加拿大盆地古生界烃源岩特征及对鄂尔多斯盆地气源岩的认识[J]. 海相油气地质，6(3)：17-21.

胡涛，马正飞，姚虎卿，2002. 甲烷超临界高压吸附等温线研究[J]. 天然气工业，27(3)：36-40.

胡文海，陈冬晴，1995. 美国油气田分布规律和勘探经验[M]. 北京：石油工业出版社.

黄金亮，邹才能，李建忠，等，2012. 川南下寒武统筇竹寺组页岩气形成条件及资源潜力[J]. 石油勘探与开发，39(1)：69-75.

黄金亮，邹才能，李建忠，等，2012. 川南志留系龙马溪组页岩气形成条件与有利区分析[J]. 煤炭学报，37(5)：782-787.

贾成业，贾爱林，邓怀群，2009. 概率法在油气储量计算中的应用[J]. 天然气工业，11(26)：83-85.

贾承造，赵文智，魏国齐，等，2002. 国外天然气勘探与研究最新进展及发展趋势[J]. 天然气工业，21(4)：5-9.

江怀友，宋新民，安晓璇，等，2008. 世界页岩气资源与勘探开发技术综述[J]. 天然气技术，2(6)：26-30.

江蓝，2007. 国内外地质实验室测试技术装备的跟踪及发展趋势[J]. 岩矿测试，26(6)：472-476.

姜福杰，庞雄奇，姜振学，等，2010. 渤海海域沙三段烃源岩评价及排烃特征[J]. 石油学报，31(6)：906-912.

姜在兴，熊继辉，王留奇，等，1993. 胶莱盆地下白垩统莱阳组沉积作用和沉积演化[J]. 石油大学学报，17(2)：8-15.

李爱芬，凡田友，赵琳，2011. 裂缝性油藏低渗透岩心自发渗吸实验研究[J]. 油气地质与采收率，18(5)：67-77.

李春荣，潘继平，刘占红，2007. 世界大油气田形成的构造背景及其对勘探的启示[J]. 海洋石油，27(3)：34-40.

李德豪，2007. 加拿大推动可持续发展战略的策略及实践[J]. 环境科学与技术，30(4)：

56-58.
李桂群,范德江,任景民,1994. 胶莱盆地发育演化及其油气前景探讨[J]. 青岛海洋大学学报,24(3):413-419.
李国玉,金之钧,等,2005. 新编世界含油气盆地图集[M]. 北京:石油工业出版社.
李金良,张岳桥,柳宗泉,等,2007. 胶莱盆地沉积-沉降史分析与构造演化[J]. 中国地质,134(2):240-250.
李金良,2006. 胶莱盆地沉积分析及构造演化[D]. 北京:中国地质科学院.
李鹏,罗小平,邓已寻,等,2012. 查干凹陷巴二段烃源岩评价及排烃特征研究[J]. 天然气技术与经济,6(4):8-12.
李树枝,2006. 加拿大的矿产勘查开发统计及对我国的启示[J]. 国土资源情报(12):1-6.
李双建,肖开华,沃玉进,等,2008. 南方海相上奥陶统—下志留统优质烃源岩发育的控制因素[J]. 沉积学报,26(5):54-62.
李湘涛,石文睿,郭美瑜,等,2014. 涪陵页岩气田焦石坝区海相页岩气层特征研究[J]. 石油天然气学报,36(11):11-15.
李新景,胡素云,程克明,2007. 北美裂缝性页岩气勘探开发的启示[J]. 石油勘探与开发,34(4):392-400.
李延钧,刘欢,刘家霞,等,2011. 页岩气地质选区及资源潜力评价方法[J]. 西南石油大学学报,33(2):28-34.
李艳丽,2009. 页岩气储量计算方法探讨[J]. 天然气地球科学,20(3):466-470.
李玉喜,乔德武,姜文利,等,2011. 页岩气含气量和页岩气地质评价综述[J]. 地质通报,30(2-3):308-316.
李玉喜,张金川,姜生玲,等,2012. 页岩气地质综合评价和目标优选[J]. 地学前缘,19(5):332-338.
刘洪林,2014. 中国页岩气产业、技术装备发展现状及其对策研究[J]. 非常规油气,1(2):78-82.
刘洪营,熊敏,刘德汉,等,2008. 莱阳凹陷烃源岩中的石油包裹体及油气初次运移研究[J]. 沉积学报,26(1):163-167.
刘华,李凌,吴智平,2006. 胶莱盆地烃源岩分布及有机地球化学特征[J]. 石油实验地质,28(6):574-580.
刘葵,张岳桥,张峰,2002. USGS“2000 年世界油气评价”储量增长预测方法[J]. 中国地质矿产经济(9):41-44.
刘立峰,姜振学,周新茂,等,2010. 烃源岩生烃潜力恢复与排烃特征分析——以辽河西部凹陷古近系烃源岩为例[J]. 石油勘探与开发,37(3):378-384.
卢春红,纪友亮,潘春孚,2012. 地震属性在沉积相研究中的应用——以莱阳凹陷白垩系莱阳组水南段为例[J]. 特种油气藏,19(5):38-41.
马京长,王勃,刘飞,等,2008. 高煤阶煤的吸附特征分析[J]. 天然气技术,2(6):31-34.
马正飞,刘晓勤,姚虎卿,等,2006. 吸附理论与吸附分离技术的进展[J]. 南京工业大学学报(自然科学版),28(1):100-106.
聂海宽,张金川,张培先,等,2009. 福特沃斯盆地 Barnett 页岩气藏特征及启示[J]. 地质科技情报,28(2):87-93.

聂海宽,张金川,2011. 页岩气储层类型和特征研究——以四川盆地及其周缘下古生界为例[J]. 石油实验地质,33(3):219-232.

聂海宽,张金川,2012. 页岩气聚集条件及含气量计算——以四川盆地及其周缘下古生界为例[J]. 地质学报,86(2):349-359.

潘仁芳,伍媛,宋争,2009. 页岩气勘探的地球化学指标及测井分析方法初探[J]. 中国石油勘探(3):6-9.

庞雄奇,陈章明,陈发景,1997. 排油气门限的基本概念、研究意义与应用[J]. 现代地质,11(4):510-520.

庞雄奇,李素梅,金之均,等,2004. 排烃门限存在的地质地球化学证据及其应用[J]. 地球科学——中国地质大学学报,29(4):384-390.

蒲泊伶,蒋有录,王毅,等,2010. 四川盆地下志留统龙马溪组页岩气成藏条件及有利地区分析[J]. 石油学报,31(2):225-230.

钱凯,赵庆波,汪泽成,等,1997. 煤层甲烷气勘探开发理论与实验测试技术[M]. 北京:石油工业出版社.

秦勇,2003. 中国煤层气勘探与开发[M]. 徐州:中国矿业大学出版社.

任拥军,查明,2003. 胶莱盆地东北部白垩系烃源岩有机地球化学特征[J]. 石油大学学报,27(5):16-20.

申延平,2007. 加拿大油气资源勘探开发财税制度体系[J]. 中国国土资源经济(9):27-31.

斯伦贝谢公司,2006. 页岩气藏的开采[J]. 油田新技术(3):19-21.

孙超,朱晓敏,2006. 页岩气与深盆气成藏的相似与相关性[A]. 第四届油气藏机理与资源评价国际学术研讨会论文集[C].

孙海成,汤达祯,蒋廷学,等,2011. 页岩气储层压裂改造技术[J]. 油气地质与采收率,18(4):90-97.

孙海成,汤达祯,2011. 四川盆地南部构造页岩气储层压裂改造技术[J]. 吉林大学学报(地球科学版),41(增刊 1):34-39.

谭茂金,张松扬,2010. 页岩气储层地球物理测井研究进展[J]. 地球物理学进展,25(6):2024-2030.

唐华风,程日辉,白云风,等,2003. 胶莱盆地构造演化规律[J]. 世界地质,33(3):246-251.

陶一川,范兰芝,1989. 排烃效率研究的一种新方法及应用实例[J]. 地球科学,14(3):259-269.

田永东,李宁,2007. 煤对甲烷吸附能力的影响因素[J]. 西安科技大学学报,27(2):247-250.

仝志刚,赵志刚,杨树春,等,2012. 低勘探程度盆地烃源岩热演化及排烃史研究[J]. 石油实验地质,34(3):319-329.

王广源,张金川,李晓光,等,2010. 辽河东部凹陷古近系页岩气聚集条件分析[J]. 西安石油大学学报(自然科学版),25(2):1-5.

王克,查明,2005. 考虑烃源岩非均质性的排烃模型[J]. 石油与天然气地质,26(4):440-449.

王兰生,邹春艳,郑平,等,2009. 四川盆地下古生界存在页岩气的地球化学依据[J]. 天然气工业,29(5):59-62.

王明,庞雄奇,李洪奇,等,2008. 滨北地区烃源岩排烃特征研究及有利区带预测[J]. 西南石油大学学报(自然科学版),3(1):25-29.

王琪,丁国瑜,乔学军,等,2000. 天山现今地壳快速缩短与南北地块的相对运动[J]. 科学通报,45(14):1538-1542.

王起新,孙维吉,2008. 阜新盆地煤层气资源可采性模糊数学评价[J]. 天然气工业,28(7):39-42.

王社教,李登华,李建忠,等,2011. 鄂尔多斯盆地页岩气勘探潜力分析[J]. 天然气工业,31(12):40-46.

王社教,王兰生,黄金亮,等,2009. 上扬子区志留系页岩气成藏条件[J]. 天然气工业,29(5):45-50.

王世谦,陈更生,董大忠,等,2009. 四川盆地下古生界页岩气藏形成条件与勘探前景[J]. 天然气工业,29(5):51-58.

王香增,张金川,曹金舟,等,2012. 陆相页岩气资源评价初探:以延长直罗—下寺湾区中生界长 7 段为例[J]. 地学前缘,19(2):192-197.

王玉满,董大忠,李建忠,等,2012. 川南下志留统龙马溪组页岩气储层特征[J]. 石油学报,33(4):551-561.

王增林,王敬,刘慧卿,等,2011. 非均质油藏开发规律研究[J]. 油气地质与采收率,18(5):63-66.

王志刚,2015. 涪陵页岩气勘探开发重大突破与启示[J]. 石油与天然气地质,36(1):1-6.

吴智平,李凌,李伟,等,2004. 胶莱盆地莱阳期原型盆地的沉积格局及有利油气勘探区选择[J]. 大地构造与成矿学,28(3):330-337.

徐波,郑姚慧,唐玄,等,2009. 页岩气和根缘气成藏特征及成藏机理对比研究[J]. 石油天然气学报,31(1):26-30.

徐波,李敬含,李晓革,等,2011. 辽河油田东部坳陷页岩气成藏条件及含气性评价[J]. 石油学报,32(3):450-457.

徐士林,包书景,2009. 鄂尔多斯盆地三叠系延长组页岩气形成条件及有利发育区预测[J]. 天然气地球科学,23(3):460-465.

燕乃玲,夏健明,2007. 加拿大资源与环境管理的特点及对中国的启示[J]. 决策咨询通讯,5:56-60.

阳安成,李德茂,赵儒,1999. 区带含油气地质概率分析[J]. 天然气地球科学,10(5):23-27.

杨振恒,李志明,沈宝剑,等,2009. 页岩气成藏条件及我国黔南坳陷页岩气勘探前景浅析[J]. 中国石油勘探,3:24-28.

叶军,曾华盛,2008. 川西须家河组泥页岩气成藏条件与勘探潜力[J]. 天然气工业,28

(12)18-25.
页岩气地质与勘探开发实践丛书编委会,2009. 北美地区页岩气勘探开发新进展[M]. 北京:石油工业出版社.
殷鹏飞,柳广弟,刘成林,等,2011. 中美页岩气资源评价的现状及启示[J]. 当代石油化工(11):7-12.
于鹏,2012. 辽河东部凸起 C—P 页岩气聚集地质条件[J]. 西南石油大学学报(自然科学版),34(4):23-28.
于洋,2011. 对数正态分布的几个性质及其参数估计[J]. 廊坊师范学院学报(自然科学版),11(5):8-11.
余静贤,张望平,赵清顺,等,1982. 青海、甘肃民和盆地晚侏罗世—早白垩世孢粉组合[J]. 中国地质科学院地质研究所所刊,5:111-126.
张大伟,李玉喜,张金川,等,2012. 全国页岩气资源潜力调查评价[M]. 北京:地质出版社.
张大伟,2012.《页岩气发展规划(2011—2015 年)》解读[J]. 天然气工业,32(4):6-8.
张大伟,2012. 加强对外合作,促进页岩气勘探开发[J]. 中国国土资源经济(5):11-14.
张大伟,2011. 我国页岩气探采与利用路径思考[J]. 资源论坛(8):7-8.
张金川,汪宗余,聂海宽,等,2008. 页岩气及其勘探研究意义[J]. 现代地质,22(4):640-646.
张金川,徐波,聂海宽,等,2008. 中国页岩气资源勘探潜力[J]. 天然气工业,28(6):136-140.
张金川,姜生玲,唐玄,等,2009. 我国页岩气富集类型及资源特点[J]. 天然气工业,29(12):1-6.
张金川,金之均,袁明生,2004. 页岩气成藏机理和分布[J]. 天然气工业,24(7):15-18.
张金川,林腊梅,李玉喜,等,2012. 页岩气资源评价方法与技术:概率体积法[J]. 地学前缘,19(2):184-191.
张金川,林腊梅,李玉喜,等,2012. 页岩油分类与评价. 地学前缘,19(5):322-331.
张金川,聂海宽,徐波,等,2008. 四川盆地页岩气成藏地质分析[J]. 天然气工业,2008,28(2):1-6.
张金川,徐波,聂海宽,等,2007. 中国天然气勘探的两个重要领域[J]. 天然气工业,27(11):1-6.
张金川,薛会,张德明,等,2003. 页岩气及其成藏机理[J]. 现代地质,17(4):466.
张金川,金之钧,袁明生,等,2003. 天然气成藏机理序列[J]. 地学前缘,10(1):92.
张金华,魏伟,钟太贤,2011. 国外页岩气资源储量评价方法分析[J]. 中外能源,16(9):38-42.
张抗,谭云冬,2009. 世界页岩气资源潜力和开采现状及中国页岩气发展前景[J]. 当代石油石化,17(3):9-18.
张美玲,李建明,郭战峰,等,2015. 涪陵焦石坝地区五峰组龙马溪组富有机质泥页岩层序地层与沉积相研究[J]. 长江大学学报(自然科学版),12(11):17-21.
张士万,孟志勇,郭战峰,等,2014. 涪陵地区龙马溪组页岩储层特征及其发育主控因素

[J]. 天然气工业,34(12):16-24.
张卫东,郭敏,姜在兴,2011. 页岩气评价指标与方法[J]. 天然气地球科学,22(6):1093-1099.
张湘宁,任宏斌,2003. 对外合作油气资源评价方法探讨[J]. 石油学报,24(1):9-14.
张小平,2008. 胶体、界面与吸附教程[M]. 广州:华南理工大学出版社.
赵靖舟,方朝强,张洁,等,2011. 由北美页岩气勘探开发看我国页岩气选区评价[J]. 西安石油大学学报(自然科学版),26(2):1-9.
赵鹏飞,余杰,杨磊,2011. 页岩气储量评价方法[J]. 海洋地质前沿,27(7):57-63.
郑得文,2007. 煤层气资源储量评估方法与理论研究[D]. 浙江:浙江大学.
中国石油集团经济技术研究院,2015. 国内外油气行业发展报告.
钟玲文,郑玉柱,员争荣,等,2002. 煤在温度和压力综合影响下的吸附性能及气含量预测[J]. 煤炭学报,27(6):581-585.
周理,李明,周亚平,2000. 超临界甲烷在高表面活性炭上的吸附测量及其理论分析[J]. 中国科学:B辑,30(1):49-56.
周理,周亚平,孙艳,等,2004. 超临界吸附及气体代油燃料技术研究进展[J]. 自然科学进展,14(6):615-623.
周庆凡,2001. 美国地质调查所新一轮世界油气资源评价[J]. 海洋石油(1):1-7.
周文,苏瑗,王付斌,等,2011. 鄂尔多斯盆地富县区块中生界页岩气成藏条件与勘探方向[J]. 地质勘探,31(2):29-33.
周叶,王家华,1995. 单井控制面积权衡储量计算中控制面积的确定[J]. 西安石油学院学报,10(1):26-45.
周勇,纪友亮,张善文,等,2011. 胶莱盆地莱阳凹陷莱阳组低渗透砂岩储层特征及物性控制因素[J]. 石油学报,32(4):611-620.
朱华,姜文利,边瑞康,等,2009. 页岩气资源评价方法体系及其应用——以川西坳陷为例[J]. 天然气工业,29(12):130-134.
朱彤,包书景,王烽,2012. 四川盆地陆相页岩气形成条件及勘探开发前景[J]. 天然气工业,32(9):1-6.
朱豫川,刘建仪,张广东,等,2009. 气井产量递减规律分析方法对比分析[J]. 天然气勘探与开发,32(1):28-31.
祝厚勤,刘平兰,庞雄奇,等,2008. 生烃潜力法研究烃源岩排烃特征的原理及应用[J]. 石油地质(3):5-9.
宗国洪,施央申,王秉海,等,1998. 济阳盆地中生代构造特征与油气[J]. 地质评论,44(3):289-294.
邹才能,董大忠,王社教,等,2010. 中国页岩气形成机理、地质特征及资源潜力[J]. 石油勘探与开发,37(6):641-653.
邹才能,陶士振,袁选俊,等,2009. “连续型”油气藏及其在全球的重要性:成藏、分布与评价[J]. 石油勘探与开发,36(6):669-682.
ADAMSON,1998. Physical chemistry of surfaces[J]. Langmuir,14(1):7271-7277.
ALAN R C,KEVIN M B,2001. Lake-type controls on petroleum source rock potential

in nonmarine basins[J]. AAPG Bulletin,85(6):1033-1053.

AMBASTHA A K,1993. Evaluation of material balance analysis methods for volumetric,abnormally-pressured gas reservoirs[J]. The Journal of Canadian Petroleum Technology,32(8):19-24.

AMBROSE W A,AYERS J W B,2007. Geologic controls on transgressive-regressive cycles in the upper Pictured Cliffs Sandstone and coal geometry in the lower Fruitland Formation,northern San Juan basin,New Mexico and Colorado[J]. AAPG Bulletin,91(8):1099-1122.

ANDREA F,ANDREW D,2005. Geochemical characteristics of oil and source rocks and implications for petroleum systems, Talara basin, northwest Peru[J]. AAPG Bulletin,89(11):1519-1545.

ARRINGTON J R,1960. Predicting the size of crude reserves is key to evaluating exploration programs[J]. Oil and Gas Journal,58(9):130-134.

ARTHUR S,BRIAN B,STEVE R,2001. Reservoir characteristics of Devonian cherts and their control on oil recovery:Dollarhide field,west Texas[J]. AAPG Bulletin,85(1):35-50.

ASAKAWA T,1995. Outlook for unconventional natural gas resources[J]. Journal of the Janpanise Association for Petroleum Technology,60(2):128-135.

BASHIR A K,ATILLA A,ERIC M,2003. A new process-based methodology for analysis of shale smear along normal faults in the Niger Delta[J]. AAPG Bulletin,87(3):445-463.

BERG R R,1975. Cappilary pressure in stratigraphic traps[J]. AAPG Bulletin,59(6):939-956.

BOWKER K A,2003. Recent development of the Barnett Shale play,Fort Worth basin[J]. West Texas Geological Society Bulletin,42(6):4-11.

BOWKER K A,2007. Barnett shale gas production,Fort Worth basin:issues and discussion[J]. AAPG Bulletin,91(4):523-533.

BUSTIN R M,2005. Gas shale tapped for big pay[J]. AAPG Explorer(2):6-8.

BUTLER R M,YEE C T,2000. Progress in the in-situ recovery of heavy oils and bitumen[J]. Journal of Canadian Petroleum Technology,41(1):18-29.

CARDOTT B O,1999. Coalbed methane:from mine to gas resource[J]. AAPG Bulletin,83(7):1194-1195.

CROVELLI R A,2000. Analytic resource assessment method for continuous(unconventional) oil and gas accumulations—the"ACCESS"method[J]. US Geological Survey Open-File Report,34:44.

CURTIS B C,MONTGOMERY S L,2002. Recoverable natural gas resource of the United States:Summary of recent estimates [J]. AAPG Bulletin,86(10):1671-1678.

CURTIS J B,2002. Fractured shale-gas system [J]. AAPG Bulletin,86(11):1921-1938.

DANIEL J K, ROSS R, MARC B, 2008. Characterizing the shale gas resource potential of Devonian-Mississippian strata in the Western Canada sedimentary basin: Application of an integrated formation evaluation[J]. AAPG Bulletin, 92(1): 87-125.

DANIEL J K, ROSS R, MARC B, 2009. The importance of shale composition and pore structure upon gas torage potential of shale gas reservoirs[J]. Marine and Petroleum Geology, 26: 916-927.

DANIEL J K, ROSS R, 2007. Impact of mass balance calculations on adsorption capacities in microporous shale gas reservoirs[J]. Fuel, 86: 2696-2706.

DAVID B, 2006. Barnett may have Arkansas cousin[J]. AAPG Explorer, 27(2): 8-11.

DAVID F M, 2007. History of the Newark East field and the Barnett shale as a gas reservoir [J]. AAPG Bulletin, 91(4): 399-403.

EWING T E, 2006. Mississippian Barnett shale, Fort Worth basin: North-central Texas: Gas-shale play with multi-trillion cubic foot potential: discussion[J]. AAPG Bulletin, 90: 963-966.

FISHER M K, WRIGHT C A, DAVIDSON B M, 2005. Integrating Fracture-Mapping technologies to improve stimulations in the Barnett shale[J]. SPE Production and Facilities, 20(2): 85-93.

FITZGERALD J E, SUDIBANDRIYO M, PAN Z, et al, 2003. Modeling the adsorption of pure gases on coals with the SLD model[J]. Carbon, 1(12): 335-345.

GARETH R L, 2008. Lower Cretaceous gas shales in northeastern British Columbia, Part Ⅱ: evaluation of regional potential gas resources[J]. Bulletin of Canadian Petroleum Geology, 56(1): 22-61.

HARTMAN C, 2009. Shale gas core analyses required for gas reserve estimates[R].

HILL D G, NELSON C R, 2000. Gas productive fractured shales—an overview and update[J]. Gas TIPs, 6(2): 4-13.

HILL D G, NELSON C R, 2000. Reservoir properties of the Upper Cretaceous Lewis shale, a new natural gas play in the San Juan basin[J]. AAPG Bulletin, 84(8): 1240-1250.

HILL D G, LOMBARDI T E, 2002. Fractured gas shale potential in New York [J]. Ontario Petroleum Institute Annual Conference, 41: 1-16.

IBACH L E J, 1982. Relationship between sedimentation rate and total organic carbon content in ancient marine sediments[J]. AAPG Bulletin, 66(2): 170-188.

JAMES W S, 2002. Resource-assessment perspectives for unconventional as systems [J]. AAPG Bulletin, 86(12): 1993-1999.

JARVIE D M, RONALD J H, TIM E R, 2007. Unconventional shale-gas systems: The Mississippian Barnett shale of north-central Texas as one model for thermogenic shale-gas assessment[J]. AAPG Bulletin, 91(4): 475-499.

JARVIE D M, 2012. Components and processes affecting components and processes affecting producibility and commerciality of shale resource systems [R]. Wuxi, China:Shale Oil Symposium.

JARVIE D,2004. Evaluation of hydrocarbon generation and storage in Barnett shale, Fort Worth basin,Texas[R]. Texas:Humble Geochemical Services Division.

JEFFREY B J,1987. Capillary pressure techniques:Application to exploration and development geology[J]. AAPG Bulletin,71(10):1196-1209.

JOHN M S,THOMAS R,2001. Potential salinity-driven free convection in a shale-rich sedimentary basin:Example from the Gulf of Mexico basin in South Texas[J]. AAPG Bulletin,85(11):2089-2110.

KING G R,1993. Material balance techniques for coal seam and Devonian shale gas reservoirs[J]. SPE Reservoir Engineering,8(1):67-72.

KLETT T R,CHARPENTIER R R,2003. FORSPAN model user's guide[R]. U. S. Geological Survey Open-File Report.

KLETT T R,GAUTIER D L,AHLBRANDT T S,2005. An evaluation of the U. S. Geological Survey World Petroleum Assessment 2000[J]. AAPG Bulletin,89(8):1033-1042.

KUUSKRAA V A,2007. The unconventional gas resources base[J]. OGJ unconventional gas article,24:1-14.

LAUGHREY C D,RUBLE T E,LEMMENS H,et al,2011. Black shale diagenesis:Insights from integrated high-definition analyses of Post-Mature Marcellus formation rocks,Northeastern Pennsylvania[J]. AAPG Annual Convention and Exhibition,8:10-13.

LAW B E,CURTIS J B,2002. Introduction to unconventional petroleum systems[J]. AAPG Bulletin,86(11):1851-1852.

LAW B E,DICKINSON W W,1985. Conceptual model for origin of abnormally pressured gas accumulation in low-permeability reservoirs[J]. AAPG Bulletin,69(8):1295-1304.

LAW B E,ULMISHEK G F,CLAYTON J L,et al,1998. Basin-centered gas evaluated in Dnieper-Donets basin,Donbas foldbelt,Ukraine[J]. Oil and Gas Journal,96(47):74-77.

LAW B E,2002. Basin-centered gas systems[J]. AAPG Bulletin,86(11):1891-1919.

LOUISE S D,2006. Barnett shale,a stimulating play[J]. AAPG Explorer,27(2):12-15.

MARTINEAU D F,2007. History of the Newark East field and the Barnett shale as a gas reservoir [J]. AAPG Bulletin,91(4):399-403.

MARTINI A M,WALTER L M,KU T C W,et al,2003. Microbial production and modification of gases in sedimentary basins:A geochemical case study from a Devonian shale gas play,Michigan basin[J]. AAPG Bulletin,87(8):1355-1375.

MAVOR M ,2003. Barnett shale gas-in-place volume including sorbed and free Gas volume [J]. AAPG Southwest Section Meeting,3:1-4.

MCMASTER G E,1981. Gas reservoirs,Deep basin,Western Canada[J]. The Journal of Canadian Petroleum Technology,20(3):62-66.

MENON P G,1968. Adsorption of gases at high pressure[J]. Chemical Review,1(3):3057-3060.

MILICI R C,2007. Autogenic gas(Self sourced) from shales—An example from the Appalachian basin[J]. The Future of Energy Gases,70(15):253-278.

MOFFAT D H,WEALE K E,1955. Sorption by coal of methane at high pressure[J]. Fuel,34:449-462.

MONTGOMERY S L,JARVIE D M,BOWKER K A,2005. Mississippian Barnett shale,Fort Worth basin,North central Texas:Gas-shale play with multi-trillion cubic foot potential[J]. AAPG Bulletin,89:155-175.

MONTGOMERY S L,1999. Powder River basin,Wyoming:An expanding coalbed methane (CBM) play[J]. AAPG Bulletin,83:1207-1222.

MORROW N R,1970. Physics and thermodynamics of capillary action in porous media [J]. Industrial and Engineering Chemistry,62:32-56.

PEDERSON T F,CALVERT S E,1990. Anoxia versus productivity—what controls the formation of organic-carbon-rich sediments and sedimentary rocks? [J]. AAPG Bulletin,74:454-466.

PETER E,PETER S D,ATILLA A,2005. Structure,petrophysics,and diagenesis of shale entrained along a normal fault at Black Diamond Mines,California-Implications for fault seal[J]. AAPG Bulletin,89(9):1113-1137.

POLLASTRO R M,JARVIE D M,HILL R J,et al,2007. Geologic framework of the Mississippian Barnett shale,Barnett—Paleozoic total petroleum system,Bend arch-Fort Worth basin,Texas[J]. AAPG Bulletin,91(4):405-436.

POLLASTRO R M,2007. Total petroleum system assessment of undiscovered resources in the giant Barnett shale continuous(unconventional) gas accumulation, Fort Worth basin,Texas[J]. AAPG Bulletin,91(4):551-578.

ROSS D K,BUSTIN R M,2008. Characterizing the shale gas resource potential of Devonian-Mississippian strata in the Western Canada sedimentary basin:Application of an integrated formation evaluation[J]. AAPG Bulletin,92(1):87-125.

SALLY J S,FRANK G E,WILLIAM R A,2004. Textural and sequence-stratigraphic controls on sealing capacity of Lower and Upper Cretaceous shales,Denver basin, Colorado[J]. AAPG Bulletin,88(8):1185-1206.

SCHETTLER P D,PARMELY C R,1990. The measurement of gas desorption isotherms for Devonian shale [J]. Gas Shales Technology Review,7(1):4-9.

SCHMOKER J W,1981. Determination of organic-matter content of Appalachian Devonian shales from gamma-ray logs[J]. AAPG Bulletin,62:1285-1298.

SCHMOKER J W,1996. Gas in the Uinta basin,Utah-Resources in continuous accumulations[J]. Mountain Geology,33(4):95-104.

SCHMOKER J W,1999. Geological survey assessment model for continuous(unconventional) oil and gas accumulations—The"FORSPAN"model [J]. Geological Survey Bulletin,2168:12.

SCHMOKER J W,2002. Resource-assessment perspectives for unconventional as systems[J]. AAPG Bulletin,86(12):1993-1999.

SIDDIQUI F I,LAKE L W,1992. A dynamic theory of hydrocarbon migration[J]. Mathematical Geology,24:305-327.

SPENCER C W,1989. Review of characteristics of low-permeability gas reservoirs in Western United States[J]. AAPG Bulletin,73(5):613-629.

TAN Z M,GUBBINS K E,1990. Adsorption in Carbon micropores at supercritical temperature[J]. Journal of Physical Chemistry,94(15):6061-6069.

TILLEY B J,1989. Thermal history of Alberta Deep basin,comparative study of fluid in clusions and vitriite reflectance data[S]. AAPG Bulletin,73(10):1206-1222.

WALTER B,AYERS J,2002. Coalbed gas systems,resources,and production and a review of contrasting cases from the San Juan and Powder River basins[J]. AAPG Bulletin,86(11):1853-1890.

WARLICK D,2006. Gas shale and CBM development in North America[J]. Oil and Gas Financial Journal,3(11):1-5.

XIOMARA M,MARQUEZ E W,1996. Microfractures due to overpressures caused by thermal cracking in well-sealed Upper Devonian reservoirs,Deep Alberta basin[J]. AAPG Bulletin,80(4):570-588.

ZHOU L A,2001. Simple isotherm equation for modeling the adsorption equilibria on porous solids over wide range temperatures[J]. Langmuir,17(18):5501-5503.